LE VISUEL DU CORPS HUMAIN

FRANÇAIS | ANGLAIS

Catalogage avant publication de Bibliothèque et Archives
nationales du Québec et Bibliothèque et Archives Canada

Vedette principale au titre :
Le Visuel du corps humain

Comprend un index.

ISBN 978-2-7644-0860-5

1. Corps humain - Encyclopédies. 2. Anatomie humaine - Encyclopédies. 3. Physiologie humaine - Encyclopédies. 4. Dictionnaires illustrés français.

QP11.V57 2009   612.003   C2009-940139-8

Dépôt légal : 2009
Bibliothèque nationale du Québec
Bibliothèque nationale du Canada

Le Visuel du corps humain a été conçu et créé par
Les Éditions Québec Amérique inc.
329, rue de la Commune Ouest, 3e étage
Montréal (Québec) H2Y 2E1
Canada
T : 514.499.3000
F : 514.499.3010

© Les Éditions Québec Amérique inc., 2009. Tous droits réservés.

Il est interdit de reproduire ou d'utiliser le contenu de cet ouvrage, sous quelque forme et par quelque moyen que ce soit — reproduction électronique ou mécanique, y compris la photocopie et l'enregistrement — sans la permission écrite de Les Éditions Québec Amérique inc.

Nous reconnaissons l'aide financière du gouvernement du Canada par l'entremise du Programme d'aide au développement de l'industrie de l'édition (PADIÉ) pour nos activités d'édition.

Les Éditions Québec Amérique inc. tiennent également à remercier les organismes suivants pour leur appui financier :

Gouvernement du Québec — Programme de crédits d'impôts pour l'édition de livres — Gestion SODEC.

Les Éditions Québec Amérique bénéficient du programme de subvention globale du Conseil des Arts du Canada. Elles tiennent également à remercier la SODEC pour son appui financier.

Imprimé et relié en Chine.
10 9 8 7 6 5 4 3 2 1   14 13 12 11 10 9
PO 405, Version 1.0
www.quebec-amerique.com

Éditrice
Caroline Fortin
Directrice éditoriale
Martine Podesto
Rédactrice en chef
Anne Rouleau
Conceptrices graphiques
Mélanie Giguère-Gilbert
Josée Noiseux
Graphistes
Émilie Corriveau
Pascal Goyette
Danielle Quinty
Illustrateurs
Directeur artistique : Sylvain Bélanger
Danielle Bader
Manuela Bertoni
Jocelyn Gardner
Mélanie Giguère-Gilbert
Alain Lemire
Raymond Martin
Émilie McMahon
Anouk Noël
Programmeur
Éric Gagnon
Responsables de la production
Nathalie Fréchette
Véronique Loranger
Préimpression
Julien Brisebois
François Hénault
Karine Lévesque
Réviseurs linguistiques
Myriam Caron Belzile
Claude Frappier
Veronica Schami
Validation scientifique du contenu
Dr Éric Philippe

Le présent ouvrage s'inscrit dans un vaste projet encyclopédique touchant le domaine de la santé. Quelque 300 experts d'Amérique et d'Europe ont participé à la validation scientifique des illustrations et des textes produits dans le cadre de ce projet.

Sylvie Louise Avon, D.M.D., M. Sc., CS (ODQ), FRCD(C), Faculté de médecine dentaire, Université Laval ; Dr Abdel-Rahmène Azzouzi, M.D., Ph. D., service d'urologie, CHU d'Angers ; Stéphane Barrette, M.D., hématologue-oncologue, CHU Sainte-Justine ; Louise Beaulac-Baillargeon, B. Pharm., Ph. D., Faculté de pharmacie, Université Laval ; Dr Khaled Benabed, hématologue, CHU de Caen ; Dr Mehdi Benkhadra, département d'anesthésie-réanimation, hôpital Le Bocage, Dijon ; Céline Bergeron, M.D., FRCPC, MSC, pneumologue, Centre hospitalier de l'Université de Montréal ; Christina Blais, Dt. P., M. Sc., département de nutrition, Université de Montréal ; Pierre Blondeau, service d'ophtalmologie, CHU de Sherbrooke ; Gilles Boire, M.D. M. Sc., service de rhumatologie, Université de Sherbrooke ; Andrée Boucher, M.D., endocrinologue, Centre hospitalier de l'Université de Montréal ; Mickaël Bouin, M.D., Ph. D., gastroentérologue, Centre hospitalier de l'Université de Montréal ; Guylain Boulay, Ph. D., département de pharmacologie, Université de Sherbrooke ; Sylvain Bourgoin, Ph. D., département d'anatomie-physiologie, Université Laval ; André Cantin, M.D., département de médecine, Université de Sherbrooke ; Michel Cayouette, Ph. D., Unité de recherche en neurobiologie cellulaire, Institut de recherches cliniques de Montréal ; Fatiha Chandad, Ph. D., Faculté de médecine dentaire, Université Laval ; Bernard Cortet, département de rhumatologie, CHU de Lille ; Olivier Dereure, M.D., Ph. D., service de dermatologie, Université de Montpellier I ; Serge Dubé, M.D., F.R.C.S.C., chirurgien général, hôpital Maisonneuve-Rosemont, Montréal ; Jean-Jacques Dufour, M.D., service d'otorhinolaryngologie, Centre hospitalier de l'Université de Montréal et Hôpital général juif de Montréal ; Louis-Gilles Durand, O.Q., Ph. D., Ing., Laboratoire de génie biomédical, Institut de recherches cliniques de Montréal ; Wael El Haggan, M.D., néphrologue, CHU de Caen ; Martin Fortin, département de médecine de famille, Université de Sherbrooke ; Jean-Marc Frapier, chirurgie cardiovasculaire, CHU de Montpellier ; Catherine Fressinaud, M.D., Ph. D., neurologue, CHU d'Angers ; Dr Dominique Garrel, département de nutrition, Université de Montréal ; Serge Gauthier, M.D., FRCPC, Centre McGill d'études sur le vieillissement ; Franck Geneviève, M.D., Laboratoire d'hématologie biologique, CHU d'Angers ; Jérémie Gerard, Laboratoire d'hématologie, CHU d'Angers ; Philippe Geslin, service de cardiologie, CHU d'Angers ; Marc Girard, M.D., CHU Sainte-Justine ; Dr Philippe Granier, service de médecine nucléaire, Centre hospitalier Antoine Gayraud, Carcassonne ; Daniel Grenier, Ph. D., Faculté de médecine dentaire, Université Laval ; Pavel Hamet, M.D., Ph. D., FRCPC, FCAHS, service de médecine génique, Centre hospitalier de l'Université de Montréal ; Luc Hittinger, Fédération de cardiologie, hôpital Henri Mondor, Créteil ; Thierry Jeanfaivre, M.D., département de pneumologie, CHU d'Angers ; Francine Jolicoeur, Ph. D., Centre intégré du cancer du sein, Centre hospitalier de l'Université de Montréal ; Dre Chantal Kohler, M.D., Ph. D., département d'histologie, cytologie et embryologie, Université Henri Poincaré, Nancy ; Stéphane Labialle, Ph. D., département d'obstétrique et gynécologie, Université McGill ; Pierre Lalonde, M.D., psychiatre, Université de Montréal ; Bernard Lambert, M.D., gynécologue, Centre hospitalier de l'Université de Montréal ; Dr Patrice Le Floch-Prigent, Laboratoire d'anatomie de l'UFR de Médecine, Paris ; Tony Leroux, Ph. D., audiologiste, Université de Montréal et Institut Raymond-Dewar ; Gérard Lorette, service de dermatologie, CHU de Tours ; Jean-Pierre Marie, M.D., département d'hématologie et d'oncologie médicale, Hôtel-Dieu de Paris ; René Martin, département de médecine de famille, Université de Sherbrooke ; M. Anne Mayoux-Benhamou, M.D. Ph. D., service de médecine physique et réadaptation, hôpital Cochin, Paris ; Hortensia Mircescu, M.D., service d'endocrinologie, Centre hospitalier de l'Université de Montréal ; Michel Mondain, M.D., Ph. D., Université Montpellier I ; Didier Mouginot, Ph. D., Faculté de médecine, Université Laval ; Georges Mourad, M.D., service de néphrologie et transplantation, hôpital Lapeyronie, Montpellier ; Nicole Normandin, Ph. D., École d'orthophonie et d'audiologie, Université de Montréal ; Luc L. Oligny, M. Sc, M.D., pathologiste pédiatrique et moléculaire, CHU Sainte-Justine ; Philippe Orcel, Secrétaire général de la Société française de rhumatologie ; Dr Farid Ouacel, chirurgie orthopédique et traumatologie, CHU d'Angers ; Pierre Pagé, M.D., chirurgien cardiaque, hôpital du Sacré-Coeur de Montréal et Institut de cardiologie de Montréal ; Aleth Perdriger, M.D., Ph. D., Centre hospitalo-universitaire de Rennes ; Dr Daniel Picard, département de radiologie, oncologie et médecine nucléaire, Centre hospitalier de l'Université de Montréal ; Luc Picard, service de neuroradiologie diagnostique et thérapeutique, CHU de Nancy ; Dr Claude Poirier, pneumologue, Centre hospitalier de l'Université de Montréal ; Jean-Pierre Raynauld Ph. D., département de physiologie, Université de Montréal ; Eric Renard, M.D., Ph. D., Service des maladies endocriniennes, CHU de Montpellier ; Nathalie Renaud, O.D., optométriste, Jean-Paul Rocca, Ph. D., odontologiste, CHU de Nice ; Pierre Rochcongar, Unité de biologie et médecine du sport, CHU de Rennes ; Dr José Sahel, service d'hépato-gastroentérologie et de pancréatologie, hôpital de la Conception, Marseille ; Louis-Georges Ste-Marie, M.D., Laboratoire des maladies osseuses, Centre hospitalier de l'Université de Montréal ; Laurent Salez, Ph. D., immunologiste, Scienscrib, Montréal ; Dr Thierry Six, gynécologue-obstétricien, CHU de Caen ; Ann-Muriel Steff, Pharm. D., Ph. D., LAB Recherche inc. ; Daniel Thomas, Institut de cardiologie, Groupe hospitalier Pitié-Salpêtrière, Paris ; Hervé Trillaud, M.D., Ph. D., service d'imagerie diagnostique et thérapeutique, CHU de Bordeaux ; Guy Vallancien, Université Paris Descartes ; Elvire Vaucher, Ph. D., École d'optométrie, Université de Montréal ; Dr Monique Vincens, M.D., Ph. D., endocrinologue et pharmacologue, Université Paris VII ; Catherine Vincent, M.D., hépatologue, Centre hospitalier de l'Université de Montréal.

Présentation

Le Visuel du corps humain est un atlas familial qui permet d'explorer les grands systèmes et appareils du corps humain. L'ouvrage présente une collection d'images en haute définition des différentes parties du corps, auxquelles sont accolés un ensemble de termes et de courtes définitions. Des textes complémentaires (introductions et encadrés) fournissent un complément d'information sur les caractéristiques et les fonctions de tous les systèmes traités.

Structure

L'ouvrage est divisé en 14 grands thèmes, chacun d'eux étant précédé d'une double page d'introduction qui présente une brève mise en contexte. À l'intérieur des thèmes, les titres et les sous-titres permettent de classer les illustrations en sous-catégories, ce qui facilite le repérage à partir de la table des matières. L'ouvrage comprend également un glossaire de termes anatomiques courants ainsi qu'un index contenant tous les termes, titres, titres d'illustrations et sous-titres utilisés dans l'ouvrage.

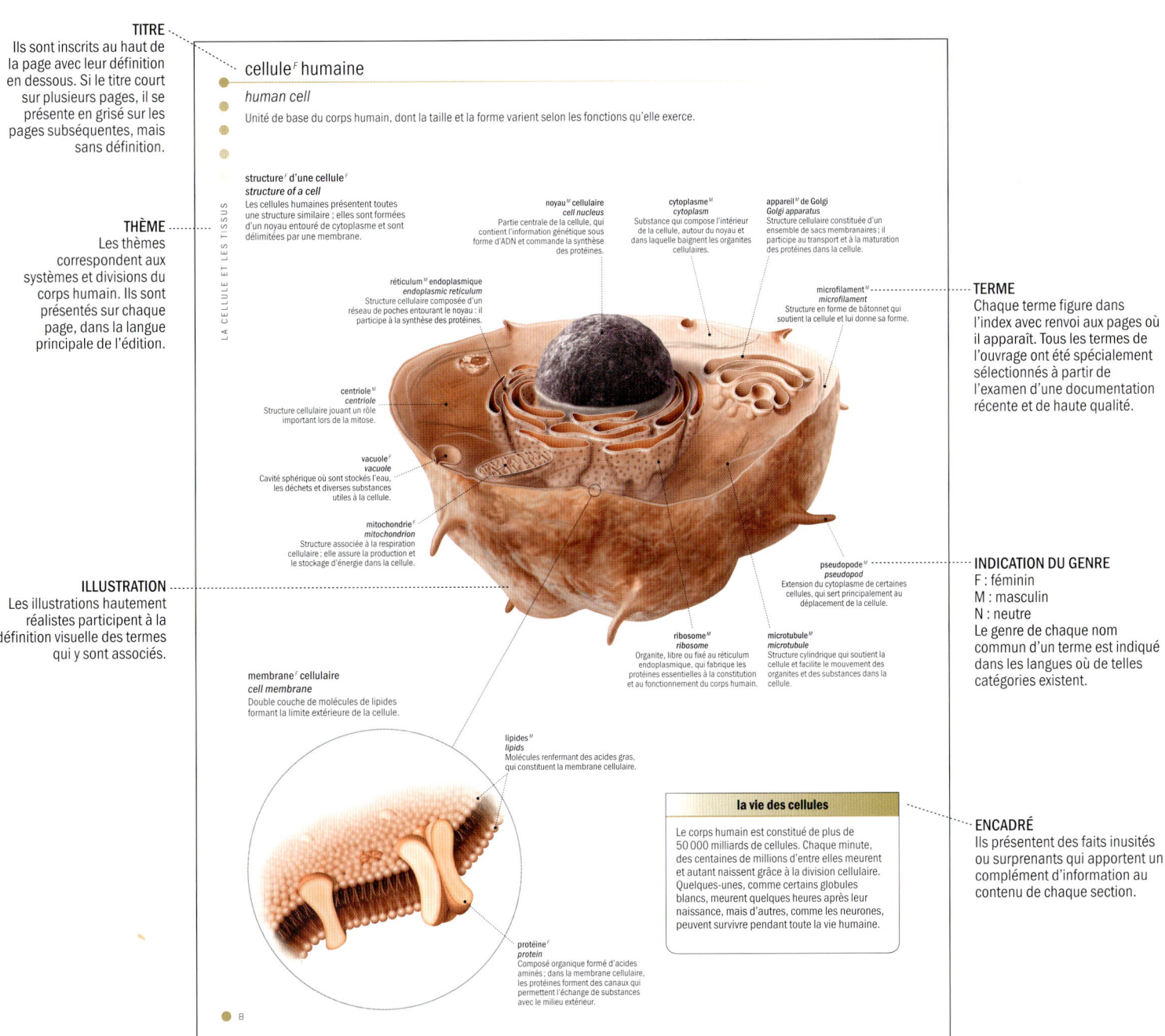

TITRE
Ils sont inscrits au haut de la page avec leur définition en dessous. Si le titre court sur plusieurs pages, il se présente en grisé sur les pages subséquentes, mais sans définition.

THÈME
Les thèmes correspondent aux systèmes et divisions du corps humain. Ils sont présentés sur chaque page, dans la langue principale de l'édition.

ILLUSTRATION
Les illustrations hautement réalistes participent à la définition visuelle des termes qui y sont associés.

TERME
Chaque terme figure dans l'index avec renvoi aux pages où il apparaît. Tous les termes de l'ouvrage ont été spécialement sélectionnés à partir de l'examen d'une documentation récente et de haute qualité.

INDICATION DU GENRE
F : féminin
M : masculin
N : neutre
Le genre de chaque nom commun d'un terme est indiqué dans les langues où de telles catégories existent.

ENCADRÉ
Ils présentent des faits inusités ou surprenants qui apportent un complément d'information au contenu de chaque section.

Table des matières

La cellule et les tissus   **6**
    cellule humaine   8
    tissu   10
    mitose   12
    ADN   13

La morphologie   **14**
    homme   16
    femme   18

Le squelette   **20**
    os   22
    principaux os   24
    crâne   26
    colonne vertébrale   28
    cage thoracique   30
    bassin   31
    main   32
    pied   33

Les muscles   **34**
    muscle   36
    principaux muscles   38
    tête et cou   40
    thorax et abdomen   41
    membre supérieur   42
    membre inférieur   44

Les articulations   **46**
    principales articulations   48
    articulations cartilagineuses   49
    articulations synoviales   50

Le système nerveux   **56**
    structure du système nerveux   58
    neurone   59
    influx nerveux   60
    tissu nerveux   60
    système nerveux central   61
    système nerveux périphérique   67

Le système cardiovasculaire   **72**
    sang   74
    circulation sanguine   76
    vaisseaux sanguins   77
    cœur   82

Le système lymphatique   **84**
    organes du système lymphatique   86

L'appareil digestif   **88**
    organes de l'appareil digestif   90
    bouche   91
    dents   92
    tube digestif   94
    pancréas   97
    foie   98

L'appareil respiratoire   **100**
    organes de l'appareil respiratoire   102
    voies respiratoires supérieures   103
    poumons   105

L'appareil urinaire   **108**
    organes de l'appareil urinaire   110
    vessie   111
    rein   112

L'appareil reproducteur   **114**
    organes génitaux masculins   116
    organes génitaux féminins   118

Les organes des sens   **122**
    vue   124
    audition   128
    olfaction   130
    goût   132
    toucher   134

Le système endocrinien   **138**
    glandes endocrines   140
    glande thyroïde   141
    hypophyse   142
    glande surrénale   143

Glossaire   **144**

Index   **145**

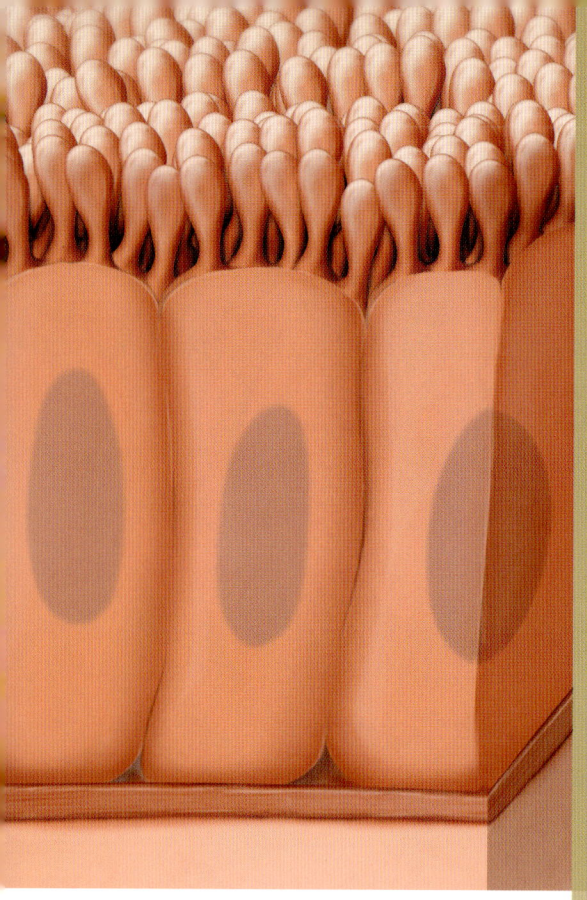

8   cellule humaine

10 tissu

12 mitose

13 ADN

La cellule et les tissus

Le corps humain est formé de différents éléments organisés hiérarchiquement (tissus, organes, appareils et systèmes) dont l'unité fondamentale est la cellule. Les cellules sont le siège d'une activité intense : elles accumulent et restituent de l'énergie, élaborent les protéines qui assurent le bon fonctionnement de l'organisme, et se renouvellent constamment par division cellulaire. Elles conservent également l'ensemble des gènes propres à chaque individu.

cellule[F] humaine
human cell

Unité de base du corps humain, dont la taille et la forme varient selon les fonctions qu'elle exerce.

structure[F] d'une cellule[F]
structure of a cell

Les cellules humaines présentent toutes une structure similaire ; elles sont formées d'un noyau entouré de cytoplasme et sont délimitées par une membrane.

noyau[M] cellulaire
cell nucleus
Partie centrale de la cellule, qui contient l'information génétique sous forme d'ADN et commande la synthèse des protéines.

cytoplasme[M]
cytoplasm
Substance qui compose l'intérieur de la cellule, autour du noyau et dans laquelle baignent les organites cellulaires.

appareil[M] de Golgi
Golgi apparatus
Structure cellulaire constituée d'un ensemble de sacs membranaires ; il participe au transport et à la maturation des protéines dans la cellule.

réticulum[M] endoplasmique
endoplasmic reticulum
Structure cellulaire composée d'un réseau de poches entourant le noyau : il participe à la synthèse des protéines.

microfilament[M]
microfilament
Structure en forme de bâtonnet qui soutient la cellule et lui donne sa forme.

centriole[M]
centriole
Structure cellulaire jouant un rôle important lors de la mitose.

vacuole[F]
vacuole
Cavité sphérique où sont stockés l'eau, les déchets et diverses substances utiles à la cellule.

mitochondrie[F]
mitochondrion
Structure associée à la respiration cellulaire ; elle assure la production et le stockage d'énergie dans la cellule.

pseudopode[M]
pseudopod
Extension du cytoplasme de certaines cellules, qui sert principalement au déplacement de la cellule.

ribosome[M]
ribosome
Organite, libre ou fixé au réticulum endoplasmique, qui fabrique les protéines essentielles à la constitution et au fonctionnement du corps humain.

microtubule[M]
microtubule
Structure cylindrique qui soutient la cellule et facilite le mouvement des organites et des substances dans la cellule.

membrane[F] cellulaire
cell membrane
Double couche de molécules de lipides formant la limite extérieure de la cellule.

lipides[M]
lipids
Molécules renfermant des acides gras, qui constituent la membrane cellulaire.

protéine[F]
protein
Composé organique formé d'acides aminés ; dans la membrane cellulaire, les protéines forment des canaux qui permettent l'échange de substances avec le milieu extérieur.

la vie des cellules

Le corps humain est constitué de plus de 50 000 milliards de cellules. Chaque minute, des centaines de millions d'entre elles meurent et autant naissent grâce à la division cellulaire. Quelques-unes, comme certains globules blancs, meurent quelques heures après leur naissance, mais d'autres, comme les neurones, peuvent survivre pendant toute la vie humaine.

LA CELLULE ET LES TISSUS

8

cellule^F humaine

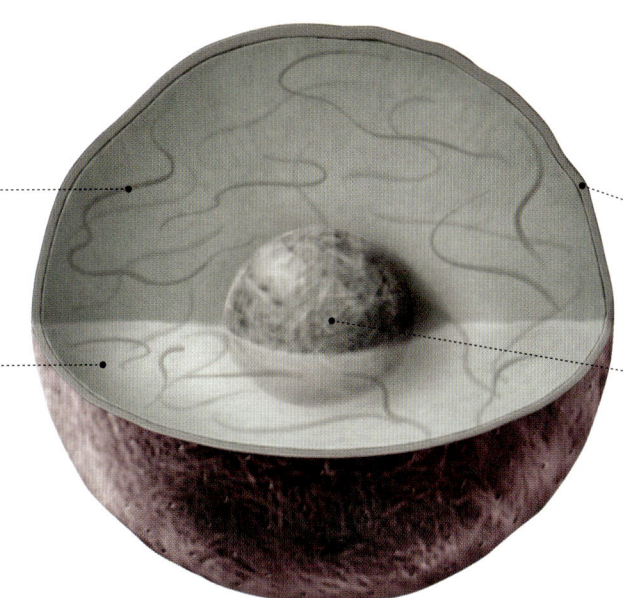

noyau^M cellulaire
cell nucleus
Partie centrale de la cellule, qui contient l'information génétique sous forme d'ADN et commande la synthèse des protéines.

chromatine^F
chromatin
Substance constituée de protéines et d'ADN, contenue dans le noyau, elle s'organise en chromosomes pendant la mitose.

enveloppe^F nucléaire
nuclear envelope
Membrane entourant le noyau.

nucléoplasme^M
nucleoplasm
Substance qui compose l'intérieur du noyau cellulaire, dans lequel baignent notamment la chromatine et le nucléole.

nucléole^M
nucleolus
Corpuscule sphérique contenu dans le noyau et intervenant dans la synthèse des ribosomes.

LA CELLULE ET LES TISSUS

exemples^M de cellules^F
examples of cells
Le corps humain comprend environ 200 types de cellules, qui présentent des particularités et des aspects très divers, selon les fonctions qu'elles exercent dans l'organisme.

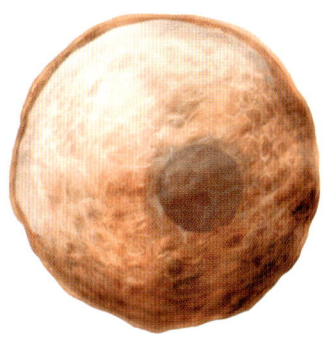

ovule^M
ovum
Cellule reproductrice femelle mature, produite par l'ovaire ; après fécondation par un spermatozoïde, elle permet le développement de l'embryon.

spermatozoïde^M
spermatozoon
Cellule reproductrice mâle mature et mobile, produite par le testicule ; élément constitutif principal du sperme, il est destiné à féconder un ovule.

fibre^F musculaire
muscle fiber
Cellule contractile constitutive des muscles.

ostéocyte^M
osteocyte
Cellule mature constituant le tissu osseux.

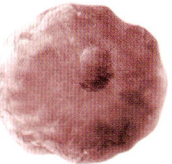

chondrocyte^M
chondrocyte
Cellule constituant le cartilage.

adipocyte^M
fat cell
Cellule composant l'essentiel du tissu adipeux et assurant la synthèse, le stockage et la libération des lipides.

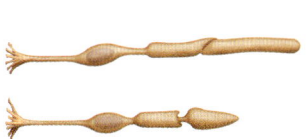

photorécepteur^M
photoreceptor
Cellule de la rétine capable de capter les rayons lumineux et de les traduire en signaux nerveux.

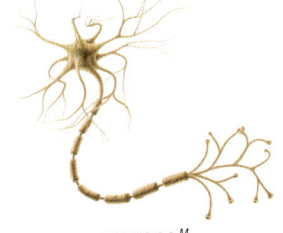

neurone^M
neuron
Cellule du système nerveux assurant le transport d'informations sous la forme de signaux électriques et chimiques.

globule^M blanc
white blood cell
Cellule sanguine appartenant au système immunitaire, jouant ainsi un rôle essentiel dans la défense de l'organisme.

globule^M rouge
red blood cell
Cellule sanguine qui transporte l'oxygène des poumons vers les tissus, et le gaz carbonique des tissus vers les poumons.

tissu[M]
tissue

Ensemble de cellules possédant une structure semblable et remplissant des fonctions similaires ou complémentaires. Quatre types de tissus primaires constituent la trame de l'organisme : le tissu épithélial, le tissu conjonctif, le tissu musculaire et le tissu nerveux.

LA CELLULE ET LES TISSUS

tissu[M] épithélial
epithelium
Tissu formé de cellules organisées en couches ; il assure des fonctions de revêtement, de sécrétion ou de protection.

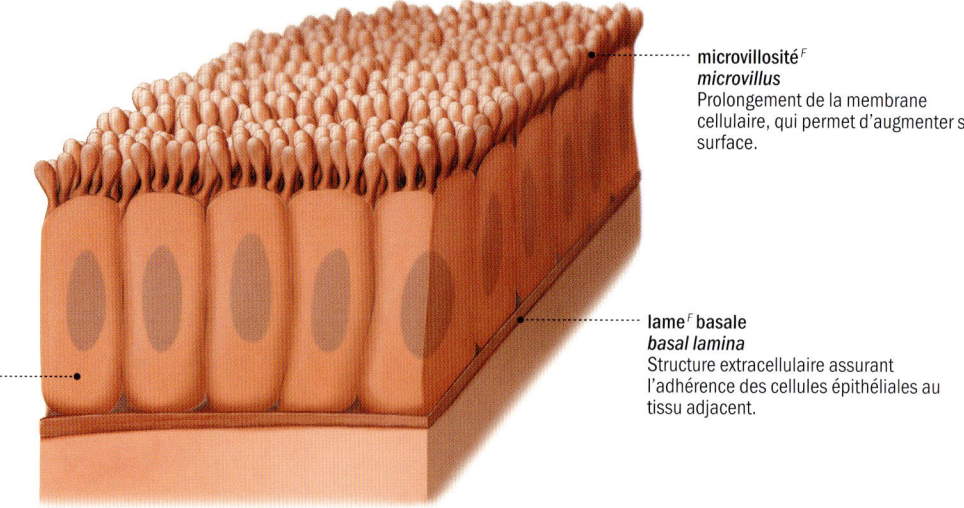

microvillosité[F] / *microvillus*
Prolongement de la membrane cellulaire, qui permet d'augmenter sa surface.

cellule[F] épithéliale / *epithelial cell*
Cellule qui compose le tissu épithélial.

lame[F] basale / *basal lamina*
Structure extracellulaire assurant l'adhérence des cellules épithéliales au tissu adjacent.

exemples[M] de tissus[M] épithéliaux
examples of epithelia
On distingue les tissus de revêtement, qui recouvrent l'extérieur du corps et les cavités internes (muqueuses, endothéliums, épiderme), et les tissus glandulaires, qui ont des fonctions de sécrétion.

glande[F] exocrine
exocrine gland
Ensemble de cellules sécrétrices dont le produit de sécrétion est destiné à sortir de l'organisme ; elles comprennent notamment les glandes salivaires et sudoripares.

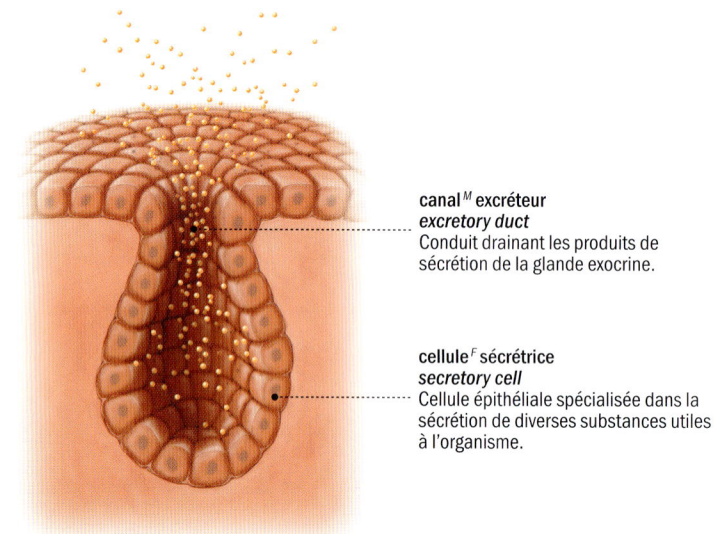

canal[M] excréteur / *excretory duct*
Conduit drainant les produits de sécrétion de la glande exocrine.

cellule[F] sécrétrice / *secretory cell*
Cellule épithéliale spécialisée dans la sécrétion de diverses substances utiles à l'organisme.

muqueuse[F]
mucous membrane
Tissu épithélial humide tapissant une cavité ouverte de l'organisme ; la muqueuse a un rôle d'absorption et de sécrétion (mucus).

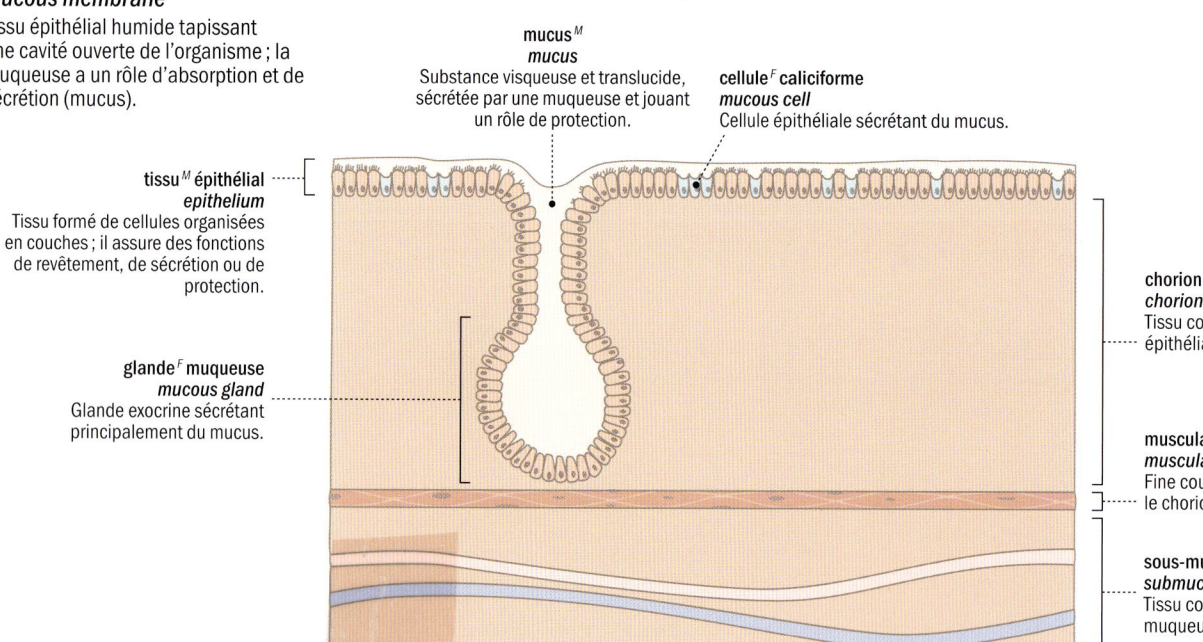

mucus[M] / *mucus*
Substance visqueuse et translucide, sécrétée par une muqueuse et jouant un rôle de protection.

cellule[F] caliciforme / *mucous cell*
Cellule épithéliale sécrétant du mucus.

tissu[M] épithélial / *epithelium*
Tissu formé de cellules organisées en couches ; il assure des fonctions de revêtement, de sécrétion ou de protection.

glande[F] muqueuse / *mucous gland*
Glande exocrine sécrétant principalement du mucus.

chorion[M] / *chorion*
Tissu conjonctif lâche situé sous le tissu épithélial d'une muqueuse.

musculaire[F] muqueuse / *muscularis mucosae*
Fine couche de muscle lisse située sous le chorion.

sous-muqueuse[F] / *submucosa*
Tissu conjonctif situé sous une muqueuse.

tissu^M

exemples^M de tissus^M conjonctifs
examples of connective tissues

Tissu conjonctif : tissu composé de cellules peu nombreuses et de fibres, baignant dans une substance plus ou moins abondante ; il assure des fonctions de soutien, de protection et de remplissage.

tissu^M fibreux
fibrous tissue
Tissu conjonctif caractérisé par une abondance de fibres de collagène ; il forme notamment les tendons et les ligaments.

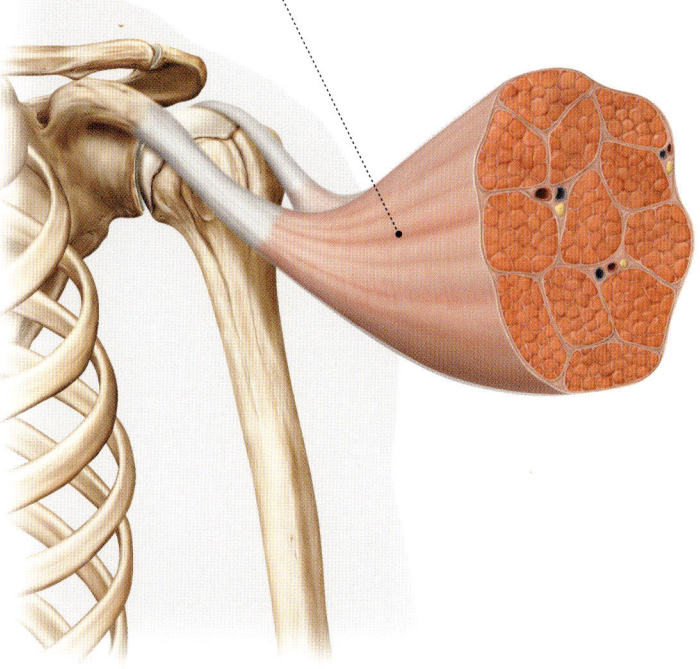

tissu^M adipeux
adipose tissue
Tissu conjonctif essentiellement composé d'adipocytes ; il constitue la réserve énergétique de l'organisme.

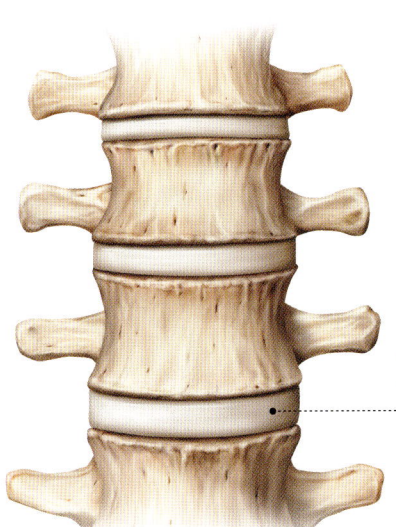

tissu^M cartilagineux
cartilage
Tissu conjonctif dont les cellules sont emprisonnées dans une substance solide ; il recouvre les surfaces articulaires des os et forme certaines parties souples du corps.

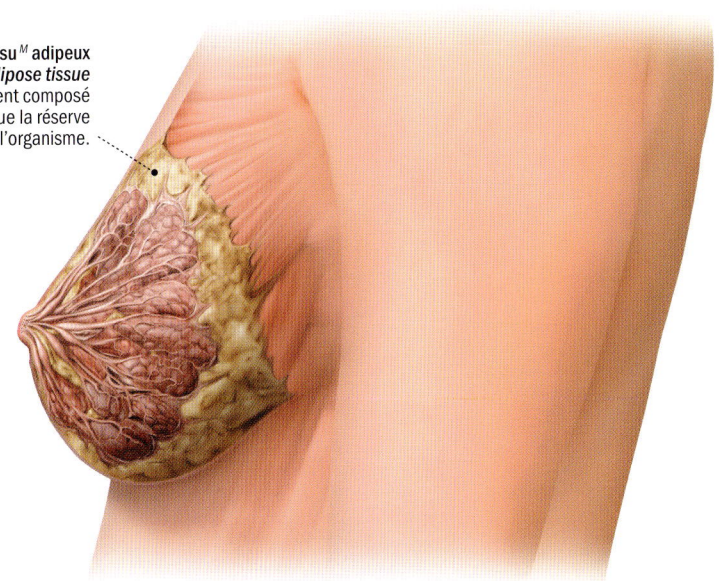

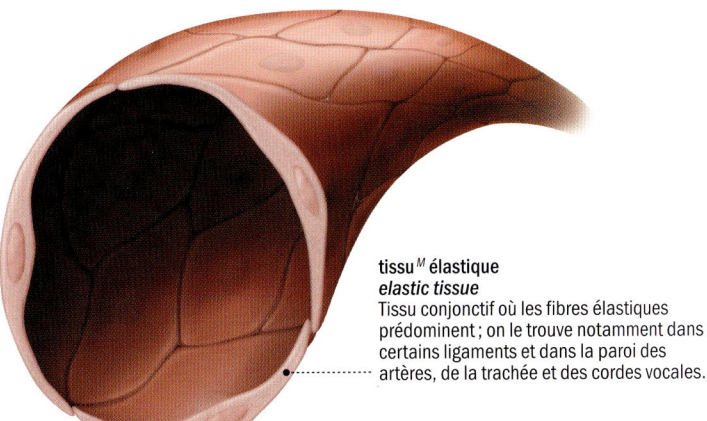

tissu^M élastique
elastic tissue
Tissu conjonctif où les fibres élastiques prédominent ; on le trouve notamment dans certains ligaments et dans la paroi des artères, de la trachée et des cordes vocales.

le plus abondant

Le tissu conjonctif, présent dans tous les organes, est le tissu le plus abondant du corps humain ; il occupe les deux tiers du volume total de tissus.

LA CELLULE ET LES TISSUS

mitose[F]
mitosis

Ensemble des mécanismes de division cellulaire, qui permettent la formation de deux cellules filles identiques à partir d'une cellule mère.

prophase[F]
prophase

Première étape de la mitose, au cours de laquelle la chromatine s'organise sous forme de chromosomes ; les deux paires de centrioles migrent vers des pôles opposés.

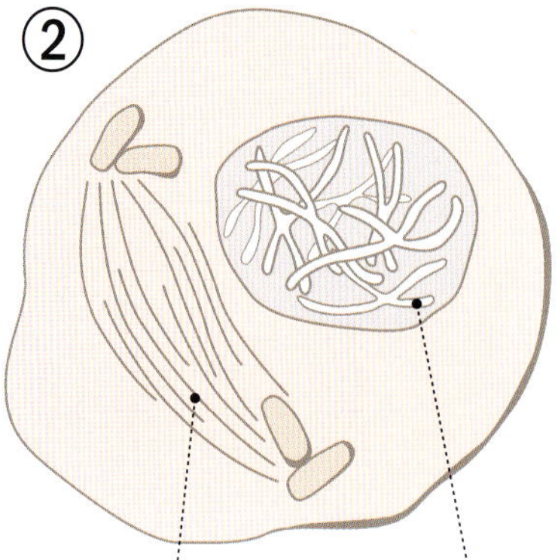

interphase[F]
interphase

Période séparant deux divisions cellulaires successives, pendant laquelle la cellule croît.

métaphase[F]
metaphase

Deuxième étape de la mitose, au cours de laquelle les chromosomes s'alignent au niveau de l'équateur de la cellule, guidés par le fuseau mitotique ; la membrane nucléaire se désagrège.

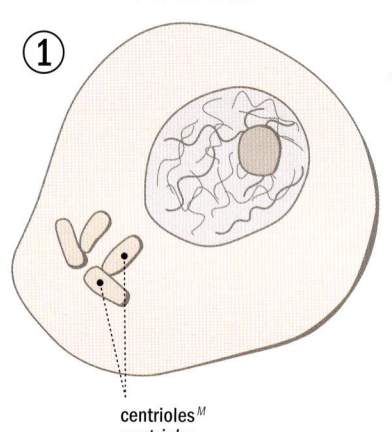
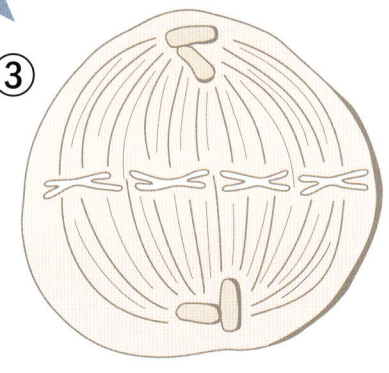

chromosomes[M]
chromosomes
Éléments du noyau cellulaire, composés d'ADN et de protéines, qui portent l'information génétique ; ils sont observables uniquement pendant la division cellulaire.

centrioles[M]
centrioles
Structures cellulaires doubles qui sont dupliquées durant l'interphase.

fuseau[M] mitotique
mitotic spindle
Structure cellulaire éphémère joignant les deux paires de centrioles pendant la mitose.

cytocinèse[F]
cytokinesis

Étape de la mitose au cours de laquelle le cytoplasme se sépare en deux ; la cellule d'origine (ou cellule mère) est remplacée par deux cellules filles identiques.

télophase[F]
telophase

Quatrième étape de la mitose, au cours de laquelle les chromosomes reprennent l'apparence de la chromatine ; une nouvelle membrane nucléaire apparaît pour délimiter deux noyaux.

anaphase[F]
anaphase

Troisième étape de la mitose, au cours de laquelle les chromosomes se divisent en chromatides qui migrent vers l'un ou l'autre pôle de la cellule.

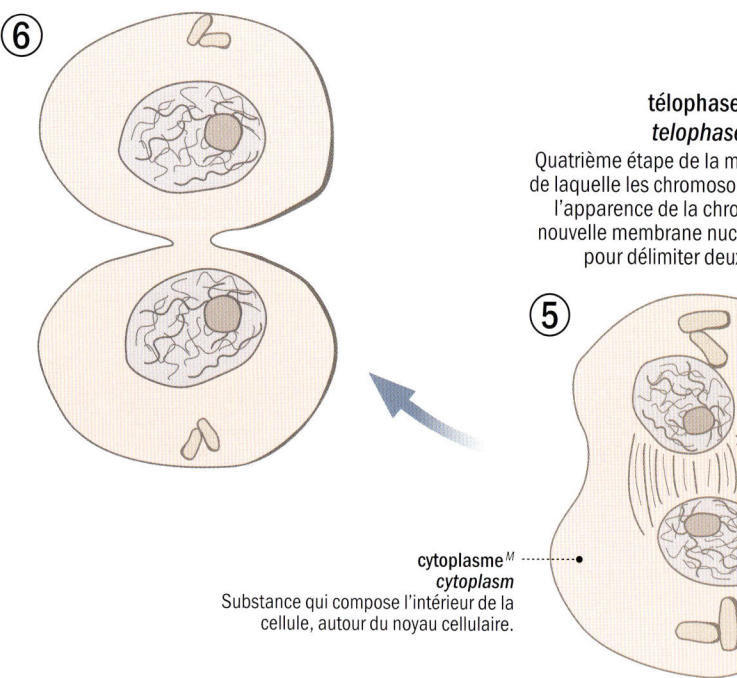
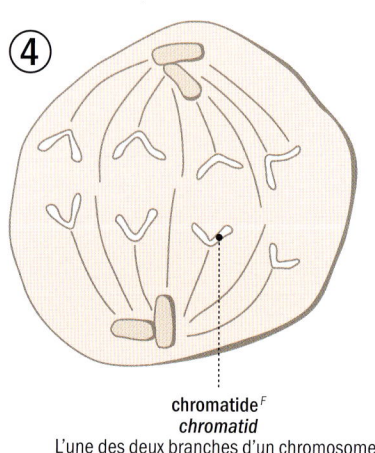

chromatide[F]
chromatid
L'une des deux branches d'un chromosome.

cytoplasme[M]
cytoplasm
Substance qui compose l'intérieur de la cellule, autour du noyau cellulaire.

ADN
DNA

Molécule complexe qui renferme les caractéristiques génétiques (gènes) de chaque individu.

des milliards de copies

Le patrimoine génétique humain est inclus dans 46 chromosomes (22 paires d'autosomes et 1 paire de chromosomes sexuels). Chacune des cellules du corps en possède son propre exemplaire : par exemple, une cellule de la peau contient l'instruction prévoyant la couleur des yeux.

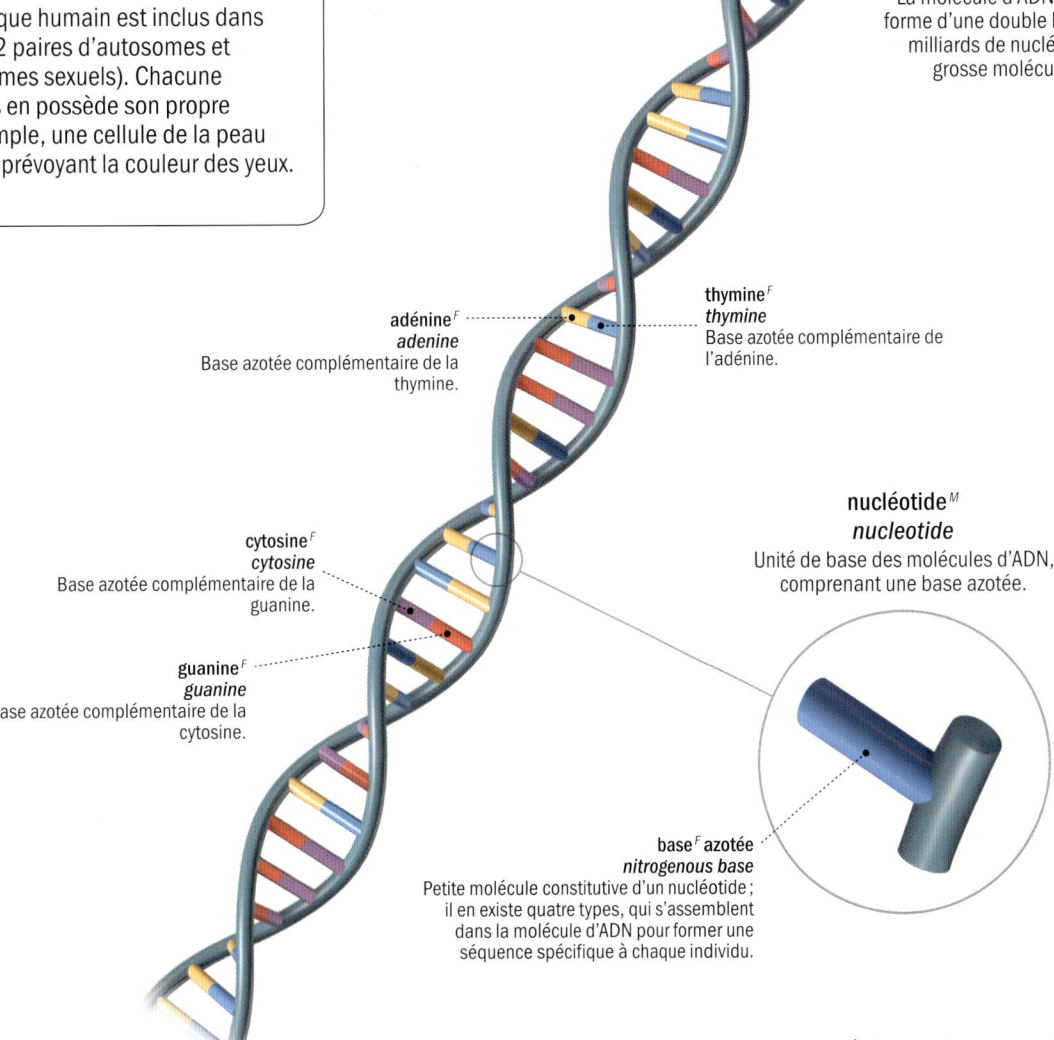

molécule d'ADN
DNA molecule
La molécule d'ADN se présente sous la forme d'une double hélice constituée de milliards de nucléotides ; c'est la plus grosse molécule du corps humain.

adénine
adenine
Base azotée complémentaire de la thymine.

thymine
thymine
Base azotée complémentaire de l'adénine.

nucléotide
nucleotide
Unité de base des molécules d'ADN, comprenant une base azotée.

cytosine
cytosine
Base azotée complémentaire de la guanine.

guanine
guanine
Base azotée complémentaire de la cytosine.

base azotée
nitrogenous base
Petite molécule constitutive d'un nucléotide ; il en existe quatre types, qui s'assemblent dans la molécule d'ADN pour former une séquence spécifique à chaque individu.

chromosomes
chromosomes
Éléments du noyau cellulaire, composés d'ADN et de protéines, qui portent l'information génétique ; ils sont observables uniquement pendant la division cellulaire.

autosome
autosome
Chromosome porteur de caractères héréditaires qui ne sont pas liés au sexe.

chromosomes sexuels
sex chromosomes
Chromosomes responsables de la détermination du sexe.

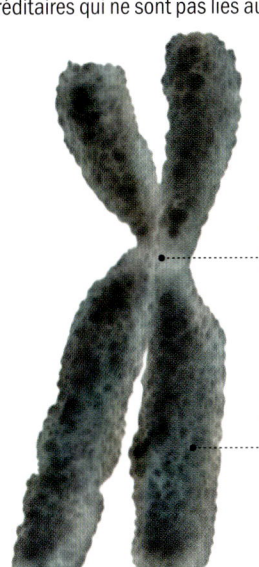

centromère
centromere
Courte portion de chromosome qui unit les deux chromatides.

chromatide
chromatid
L'une des deux branches d'un chromosome, composée d'un bras court et d'un bras long ; au cours de la division cellulaire, les deux chromatides se séparent au niveau du centromère.

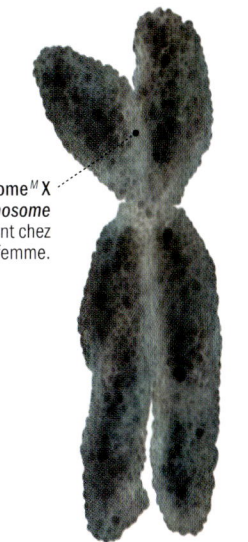

chromosome X
X chromosome
Chromosome sexuel présent chez l'homme et chez la femme.

chromosome Y
Y chromosome
Chromosome sexuel présent uniquement chez l'homme.

16 homme

18 femme

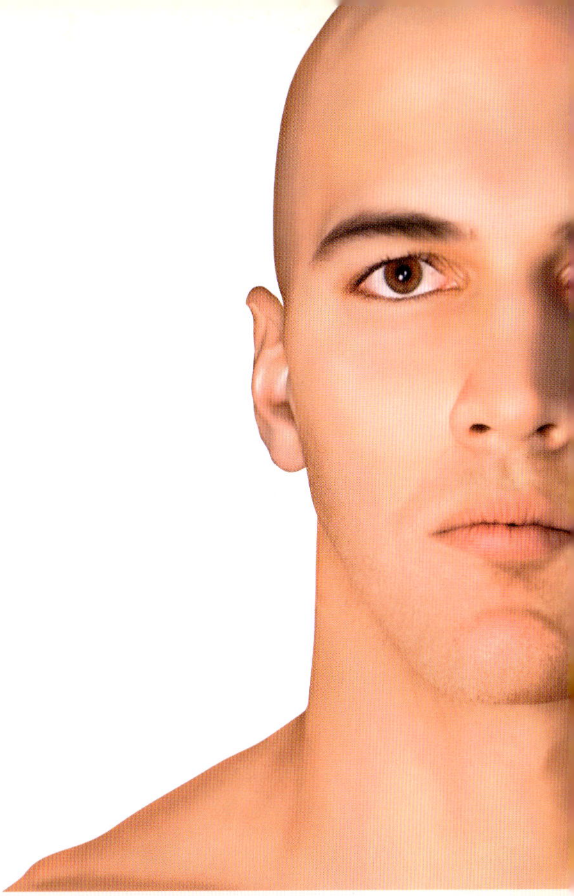

La morphologie

Le corps humain est divisé en quatre grandes régions anatomiques : la tête, qui contient les principaux organes sensoriels ; le tronc, qui renferme la plupart des viscères ; les membres supérieurs, qui assurent la préhension ; et les membres inférieurs, qui permettent la locomotion ainsi que la station debout. Ces parties sont reliées entre elles par des articulations complexes, ce qui leur permet des mouvements indépendants et d'une grande complexité.

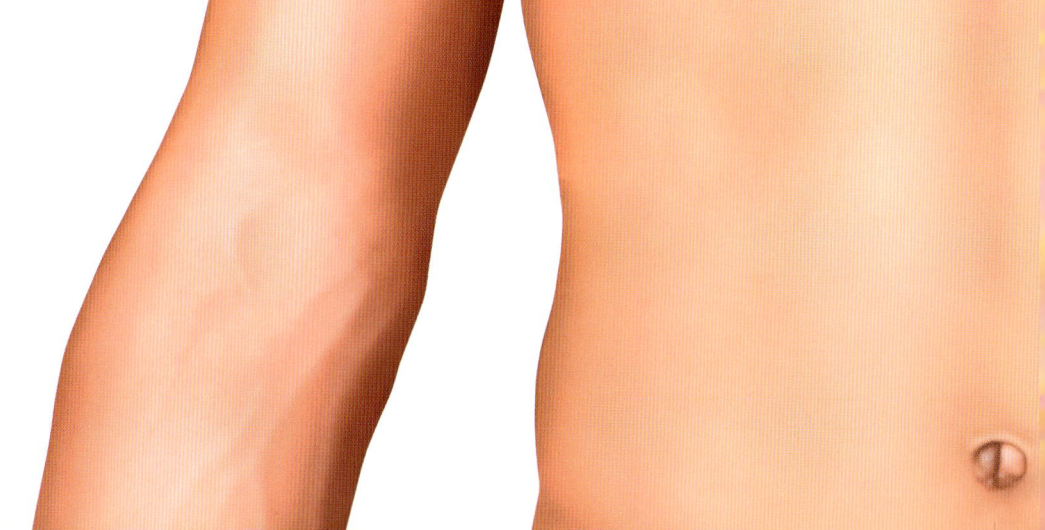

homme[M]
man

Être humain de sexe masculin, dont le squelette est en général plus grand et plus lourd que celui de la femme ; il produit les cellules pouvant féconder l'ovule.

homme[M] : vue[F] antérieure
man: anterior view

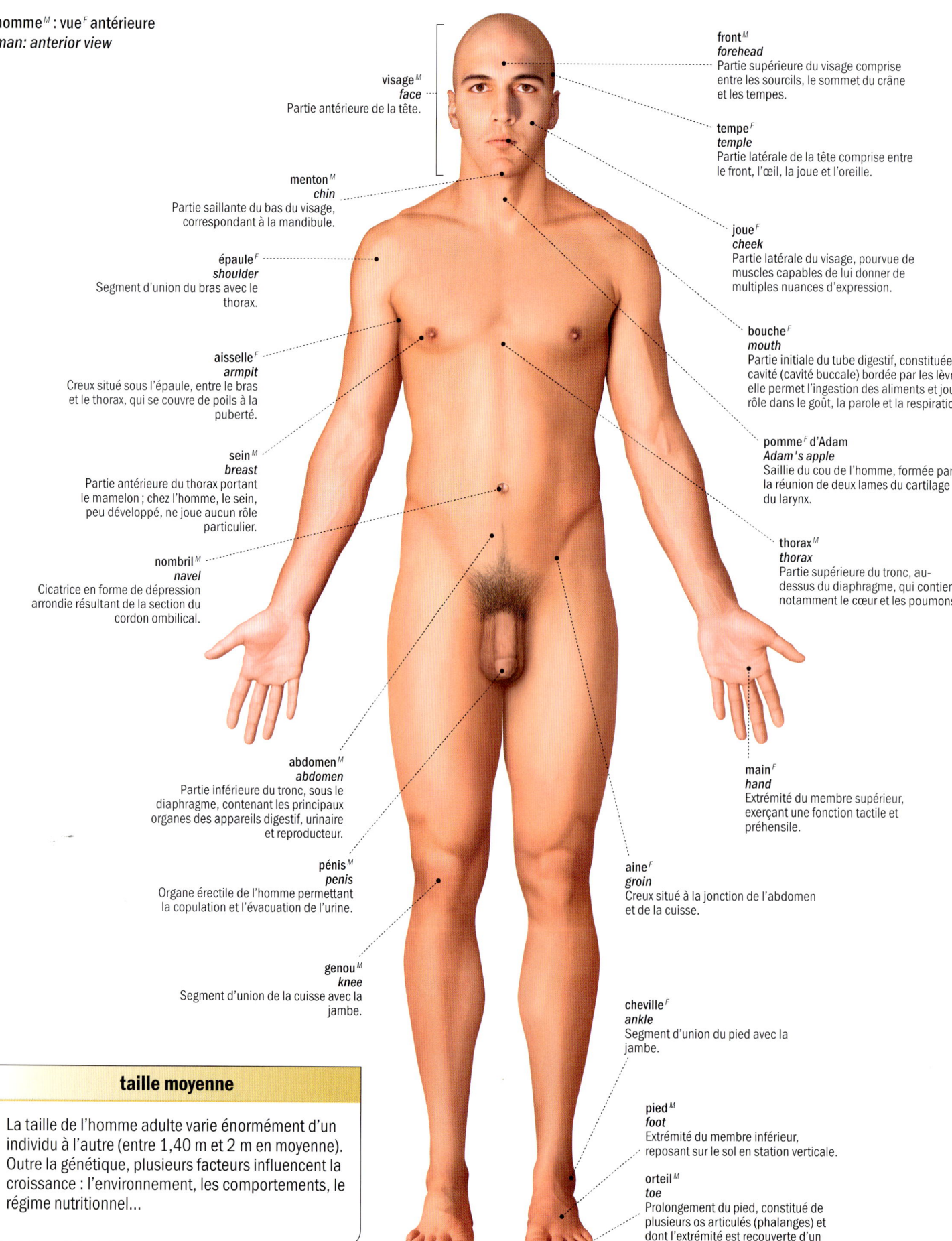

visage[M] / *face* — Partie antérieure de la tête.

menton[M] / *chin* — Partie saillante du bas du visage, correspondant à la mandibule.

épaule[F] / *shoulder* — Segment d'union du bras avec le thorax.

aisselle[F] / *armpit* — Creux situé sous l'épaule, entre le bras et le thorax, qui se couvre de poils à la puberté.

sein[M] / *breast* — Partie antérieure du thorax portant le mamelon ; chez l'homme, le sein, peu développé, ne joue aucun rôle particulier.

nombril[M] / *navel* — Cicatrice en forme de dépression arrondie résultant de la section du cordon ombilical.

abdomen[M] / *abdomen* — Partie inférieure du tronc, sous le diaphragme, contenant les principaux organes des appareils digestif, urinaire et reproducteur.

pénis[M] / *penis* — Organe érectile de l'homme permettant la copulation et l'évacuation de l'urine.

genou[M] / *knee* — Segment d'union de la cuisse avec la jambe.

front[M] / *forehead* — Partie supérieure du visage comprise entre les sourcils, le sommet du crâne et les tempes.

tempe[F] / *temple* — Partie latérale de la tête comprise entre le front, l'œil, la joue et l'oreille.

joue[F] / *cheek* — Partie latérale du visage, pourvue de muscles capables de lui donner de multiples nuances d'expression.

bouche[F] / *mouth* — Partie initiale du tube digestif, constituée d'une cavité (cavité buccale) bordée par les lèvres ; elle permet l'ingestion des aliments et joue un rôle dans le goût, la parole et la respiration.

pomme[F] d'Adam / *Adam's apple* — Saillie du cou de l'homme, formée par la réunion de deux lames du cartilage du larynx.

thorax[M] / *thorax* — Partie supérieure du tronc, au-dessus du diaphragme, qui contient notamment le cœur et les poumons.

main[F] / *hand* — Extrémité du membre supérieur, exerçant une fonction tactile et préhensile.

aine[F] / *groin* — Creux situé à la jonction de l'abdomen et de la cuisse.

cheville[F] / *ankle* — Segment d'union du pied avec la jambe.

pied[M] / *foot* — Extrémité du membre inférieur, reposant sur le sol en station verticale.

orteil[M] / *toe* — Prolongement du pied, constitué de plusieurs os articulés (phalanges) et dont l'extrémité est recouverte d'un ongle.

taille moyenne

La taille de l'homme adulte varie énormément d'un individu à l'autre (entre 1,40 m et 2 m en moyenne). Outre la génétique, plusieurs facteurs influencent la croissance : l'environnement, les comportements, le régime nutritionnel…

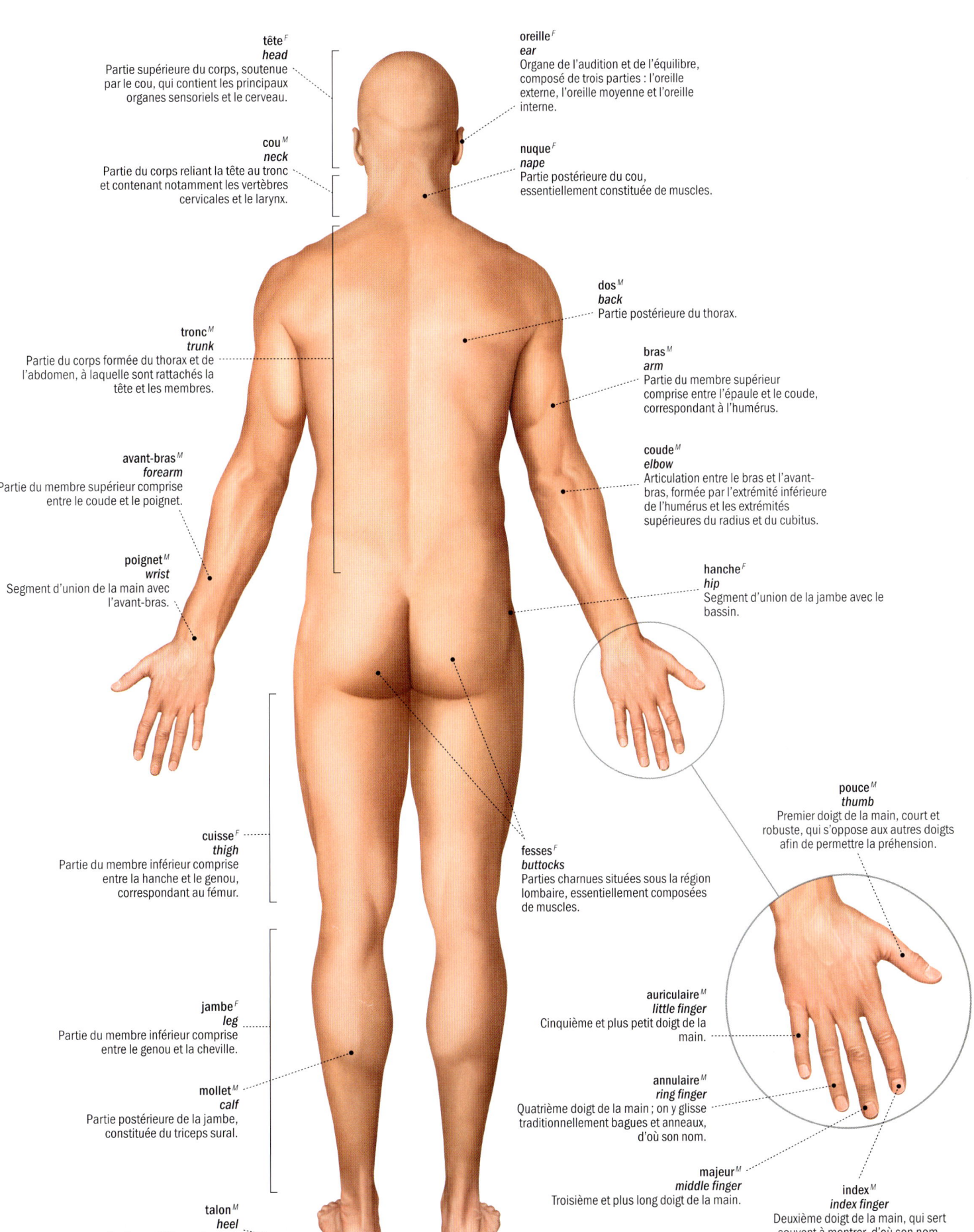

femme[F]

woman

Être humain de sexe féminin capable de concevoir un enfant à partir d'un ovule fécondé par un spermatozoïde.

femme[F] : vue[F] antérieure
woman: anterior view

LA MORPHOLOGIE

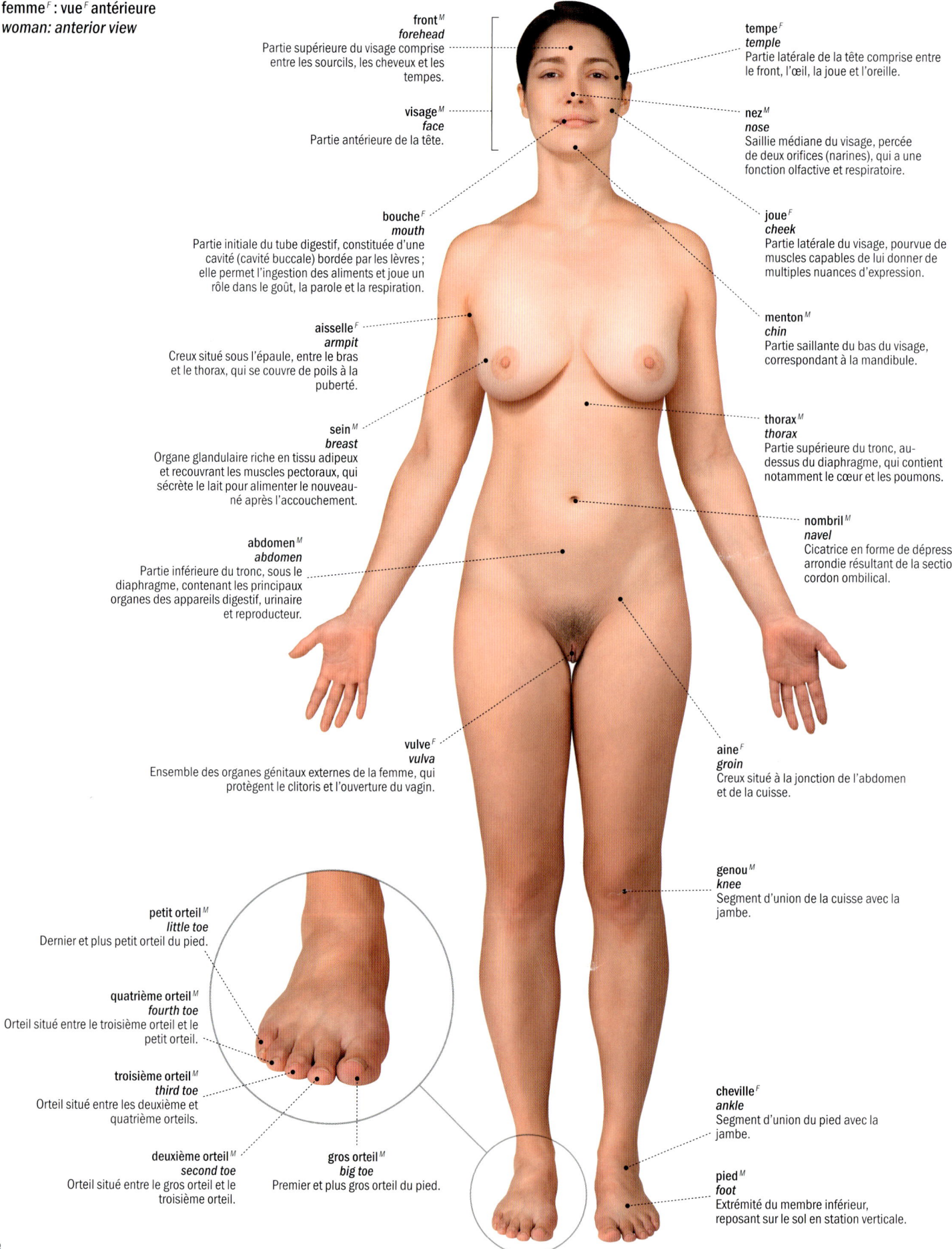

front[M] / *forehead*
Partie supérieure du visage comprise entre les sourcils, les cheveux et les tempes.

visage[M] / *face*
Partie antérieure de la tête.

bouche[F] / *mouth*
Partie initiale du tube digestif, constituée d'une cavité (cavité buccale) bordée par les lèvres ; elle permet l'ingestion des aliments et joue un rôle dans le goût, la parole et la respiration.

aisselle[F] / *armpit*
Creux situé sous l'épaule, entre le bras et le thorax, qui se couvre de poils à la puberté.

sein[M] / *breast*
Organe glandulaire riche en tissu adipeux et recouvrant les muscles pectoraux, qui sécrète le lait pour alimenter le nouveau-né après l'accouchement.

abdomen[M] / *abdomen*
Partie inférieure du tronc, sous le diaphragme, contenant les principaux organes des appareils digestif, urinaire et reproducteur.

vulve[F] / *vulva*
Ensemble des organes génitaux externes de la femme, qui protègent le clitoris et l'ouverture du vagin.

petit orteil[M] / *little toe*
Dernier et plus petit orteil du pied.

quatrième orteil[M] / *fourth toe*
Orteil situé entre le troisième orteil et le petit orteil.

troisième orteil[M] / *third toe*
Orteil situé entre les deuxième et quatrième orteils.

deuxième orteil[M] / *second toe*
Orteil situé entre le gros orteil et le troisième orteil.

gros orteil[M] / *big toe*
Premier et plus gros orteil du pied.

tempe[F] / *temple*
Partie latérale de la tête comprise entre le front, l'œil, la joue et l'oreille.

nez[M] / *nose*
Saillie médiane du visage, percée de deux orifices (narines), qui a une fonction olfactive et respiratoire.

joue[F] / *cheek*
Partie latérale du visage, pourvue de muscles capables de lui donner de multiples nuances d'expression.

menton[M] / *chin*
Partie saillante du bas du visage, correspondant à la mandibule.

thorax[M] / *thorax*
Partie supérieure du tronc, au-dessus du diaphragme, qui contient notamment le cœur et les poumons.

nombril[M] / *navel*
Cicatrice en forme de dépression arrondie résultant de la section du cordon ombilical.

aine[F] / *groin*
Creux situé à la jonction de l'abdomen et de la cuisse.

genou[M] / *knee*
Segment d'union de la cuisse avec la jambe.

cheville[F] / *ankle*
Segment d'union du pied avec la jambe.

pied[M] / *foot*
Extrémité du membre inférieur, reposant sur le sol en station verticale.

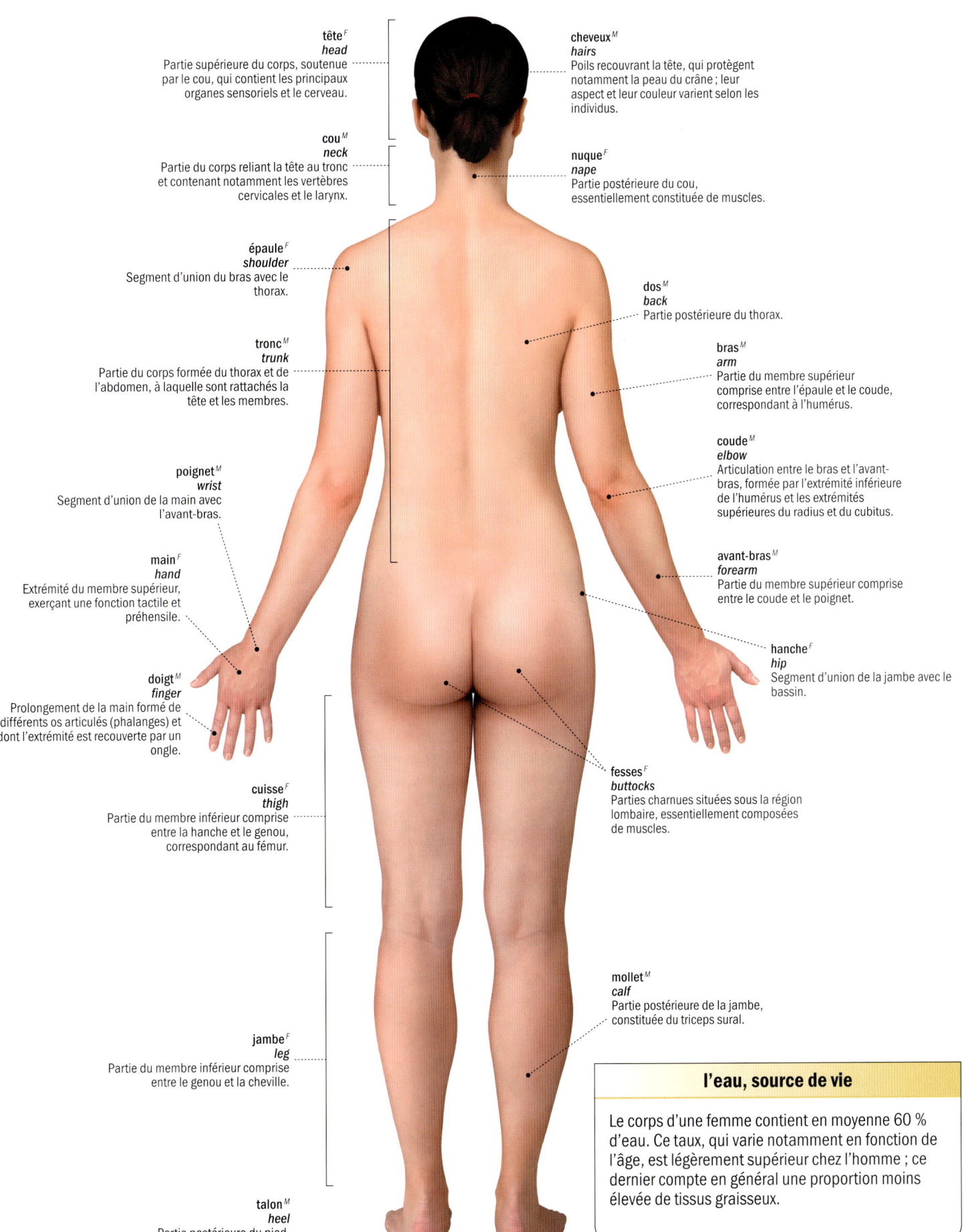

22	os
24	principaux os
26	crâne
28	colonne vertébrale
30	cage thoracique
31	bassin
32	main
33	pied

Le squelette

Le squelette est l'ensemble des os du corps, reliés entre eux par des articulations. On distingue le squelette **axial**, qui comprend les os de la face, le crâne et la colonne vertébrale, sur laquelle **s'insèrent** les côtes. Il est relié aux membres supérieurs par la ceinture scapu**laire et aux** membres inférieurs par le bassin. Chaque partie du squelette remplit **une fonc**tion précise : les os du squelette axial supportent le corps et protègent **les organe**s vitaux, alors que les os des membres permettent une grande variété **de mouve**ments, en plus de contribuer à la stabilité du corps, à la marche et à la **préhension**.

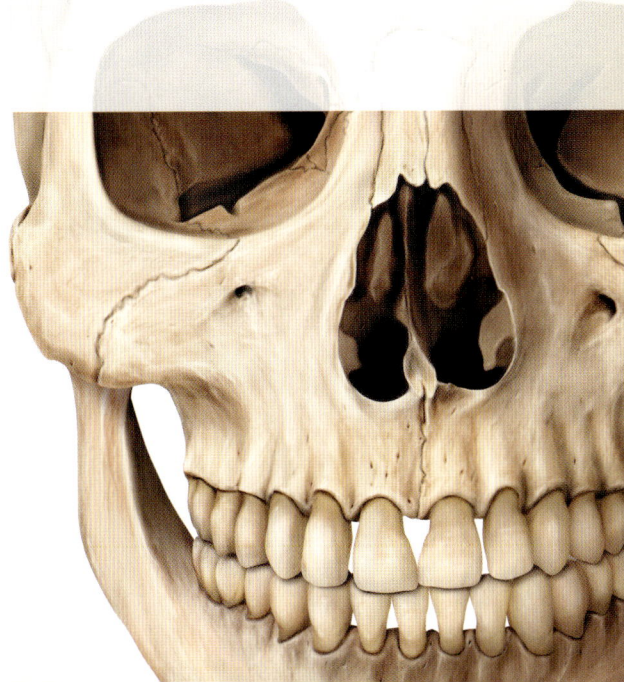

os[M]
bones

Organes rigides qui constituent le squelette ; reliés entre eux par des articulations, ils sont composés majoritairement de tissus osseux riches en sels minéraux.

types[M] d'os[M]
types of bones

On distingue quatre types d'os, selon leur forme : les os plats, les os courts, les os longs et les os irréguliers.

os[M] long
long bone

Os de forme allongée, de dimension très variable, qui constitue notamment les membres supérieurs et inférieurs.

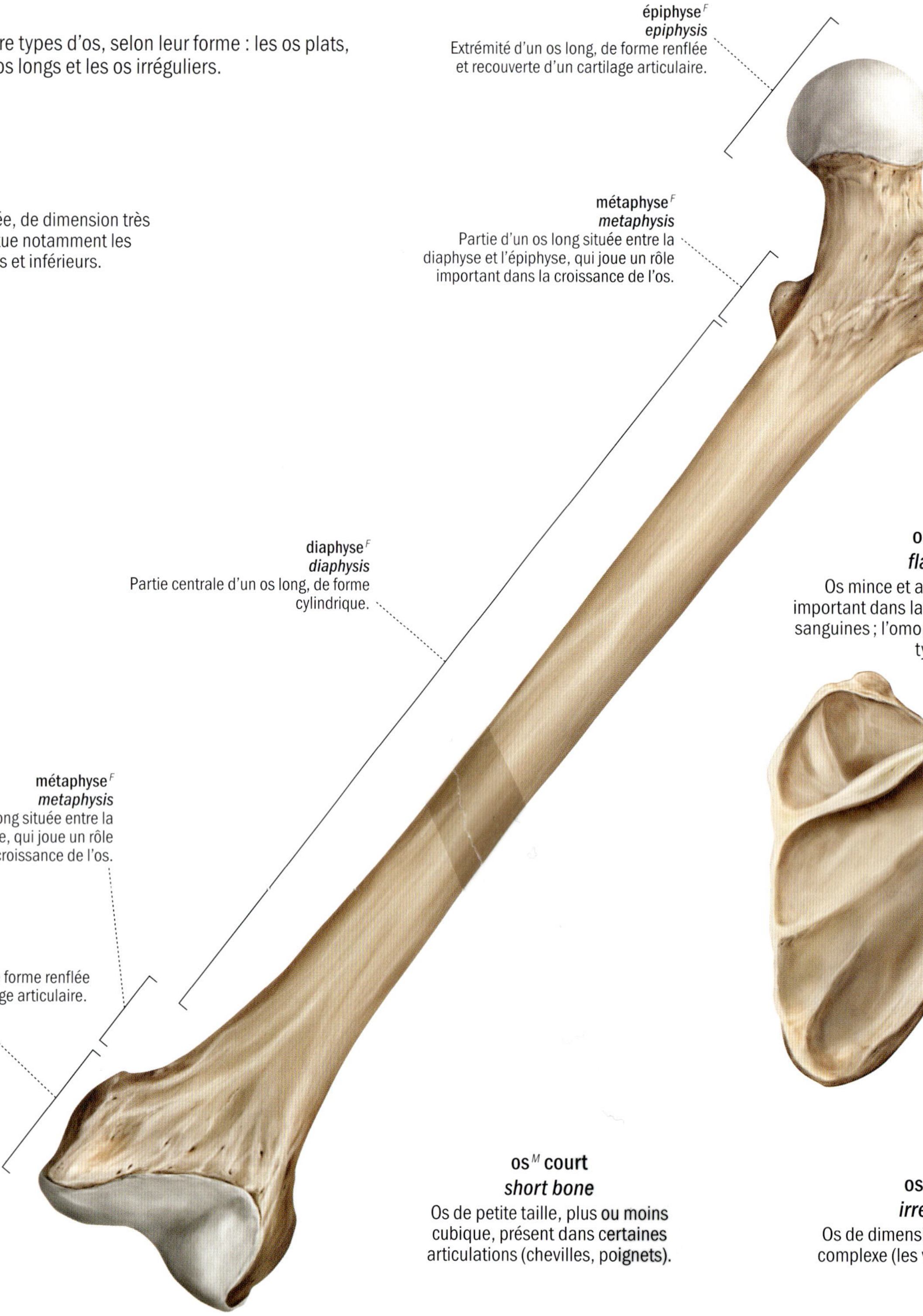

épiphyse[F]
epiphysis
Extrémité d'un os long, de forme renflée et recouverte d'un cartilage articulaire.

métaphyse[F]
metaphysis
Partie d'un os long située entre la diaphyse et l'épiphyse, qui joue un rôle important dans la croissance de l'os.

diaphyse[F]
diaphysis
Partie centrale d'un os long, de forme cylindrique.

os[M] plat
flat bone
Os mince et aplati, jouant un rôle important dans la production des cellules sanguines ; l'omoplate en est un exemple typique.

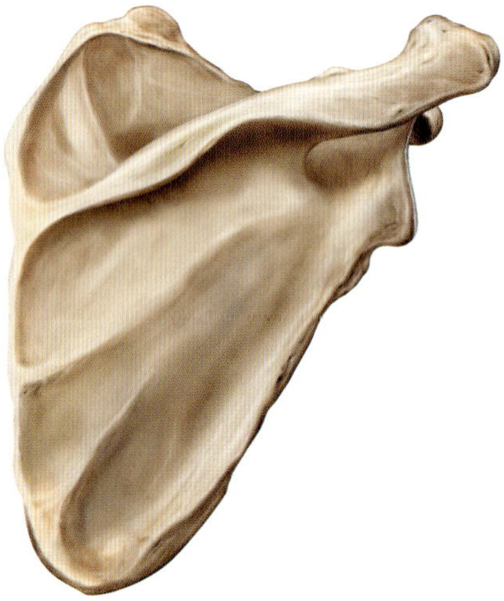

métaphyse[F]
metaphysis
Partie d'un os long située entre la diaphyse et l'épiphyse, qui joue un rôle important dans la croissance de l'os.

épiphyse[F]
epiphysis
Extrémité d'un os long, de forme renflée et recouverte d'un cartilage articulaire.

os[M] court
short bone
Os de petite taille, plus ou moins cubique, présent dans certaines articulations (chevilles, poignets).

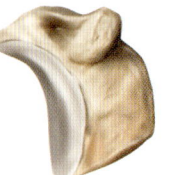

os[M] irrégulier
irregular bone
Os de dimension variable et de forme complexe (les vertèbres, par exemple).

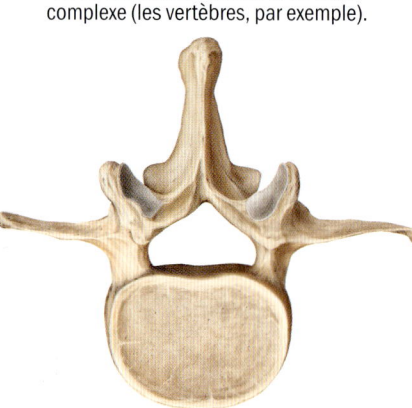

plus solide que l'acier

Après l'émail des dents, l'os est la substance la plus dure du corps humain. À poids égal, un os est trois fois plus résistant qu'une barre d'acier.

os[M]

tissu[M] osseux
bone tissue

Tissu conjonctif solide, riche en calcium et en collagène, formant la majeure partie des os.

coupe[F] d'un os[M] long
cross section of a long bone

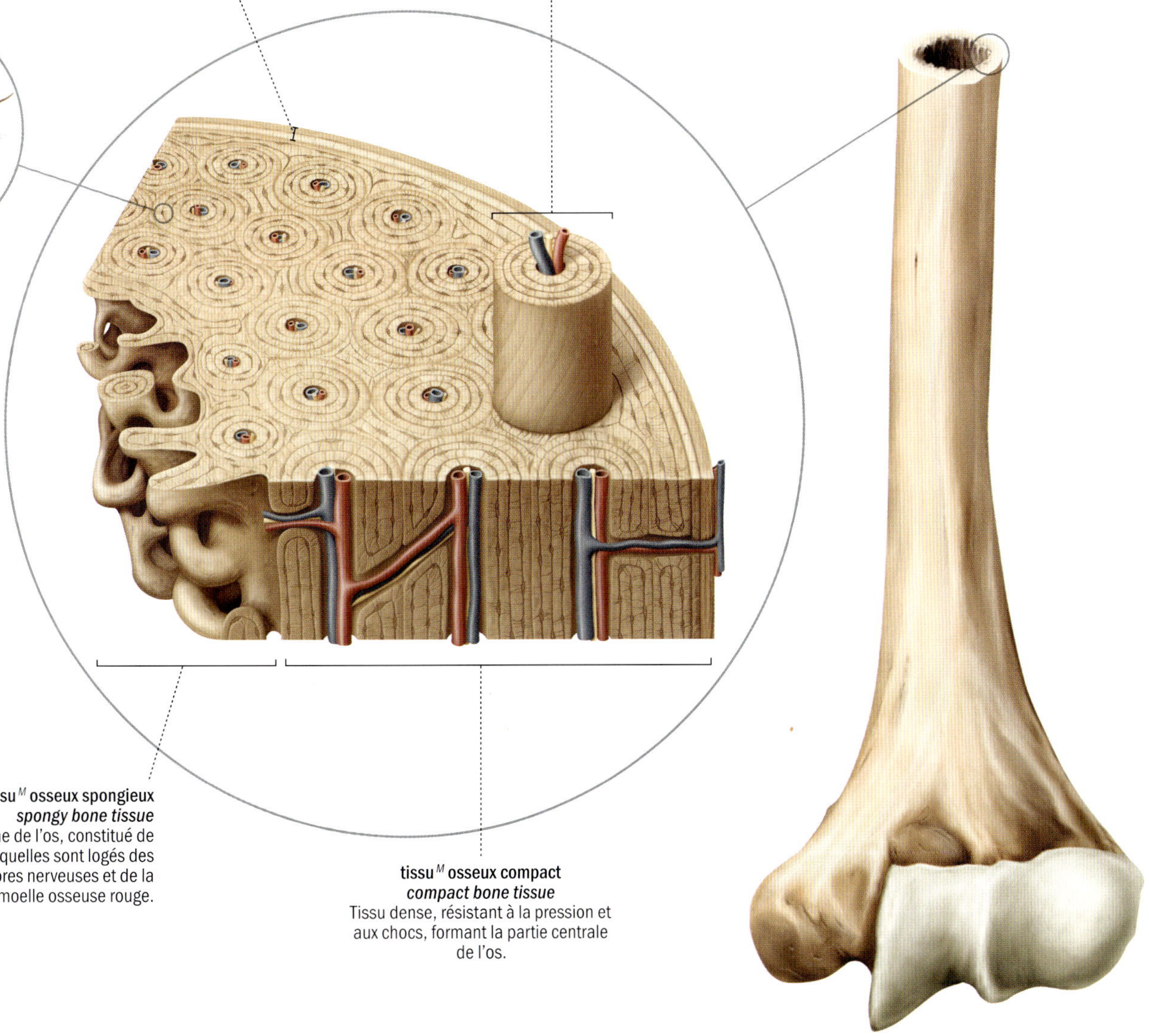

ostéocyte[M] — *osteocyte*
Cellule mature constituant le tissu osseux.

périoste[M] — *periosteum*
Membrane fibreuse recouvrant l'os.

ostéon[M] — *osteon*
Unité de base du tissu osseux compact, constituée de collagène, de vaisseaux sanguins, de fibres nerveuses et d'ostéocytes.

tissu[M] osseux spongieux — *spongy bone tissue*
Tissu formant la partie interne de l'os, constitué de travées osseuses entre lesquelles sont logés des vaisseaux sanguins, des fibres nerveuses et de la moelle osseuse rouge.

tissu[M] osseux compact — *compact bone tissue*
Tissu dense, résistant à la pression et aux chocs, formant la partie centrale de l'os.

LE SQUELETTE

coupe[F] longitudinale d'un fémur[M] adulte
longitudinal section of an adult femur

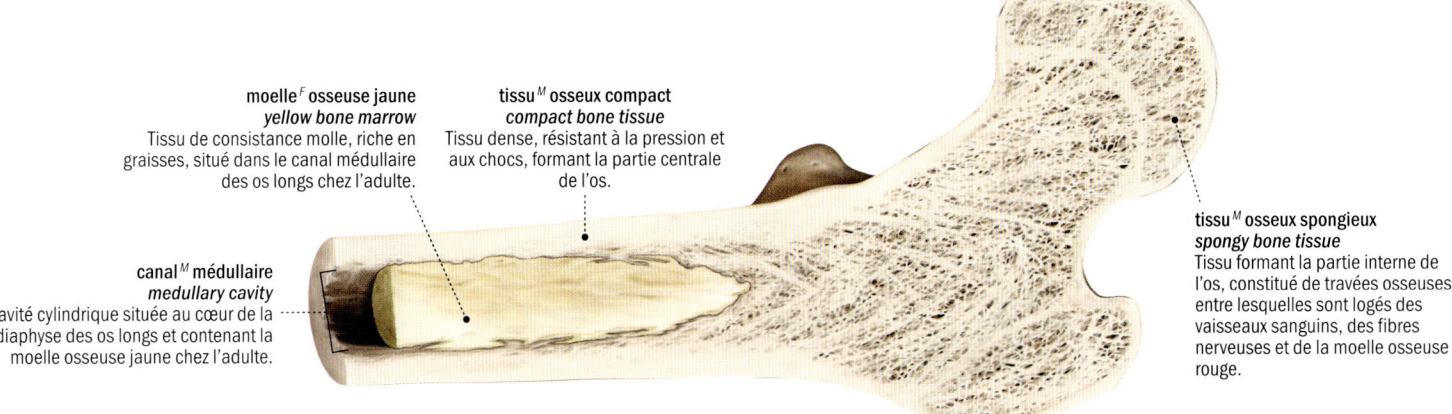

moelle[F] osseuse jaune — *yellow bone marrow*
Tissu de consistance molle, riche en graisses, situé dans le canal médullaire des os longs chez l'adulte.

tissu[M] osseux compact — *compact bone tissue*
Tissu dense, résistant à la pression et aux chocs, formant la partie centrale de l'os.

canal[M] médullaire — *medullary cavity*
Cavité cylindrique située au cœur de la diaphyse des os longs et contenant la moelle osseuse jaune chez l'adulte.

tissu[M] osseux spongieux — *spongy bone tissue*
Tissu formant la partie interne de l'os, constitué de travées osseuses entre lesquelles sont logés des vaisseaux sanguins, des fibres nerveuses et de la moelle osseuse rouge.

23

principaux os[M]

main bones

Le squelette humain est formé de 206 os articulés, de formes et de tailles diverses.

squelette[M] : **vue**[F] **antérieure**
squeleton: anterior view

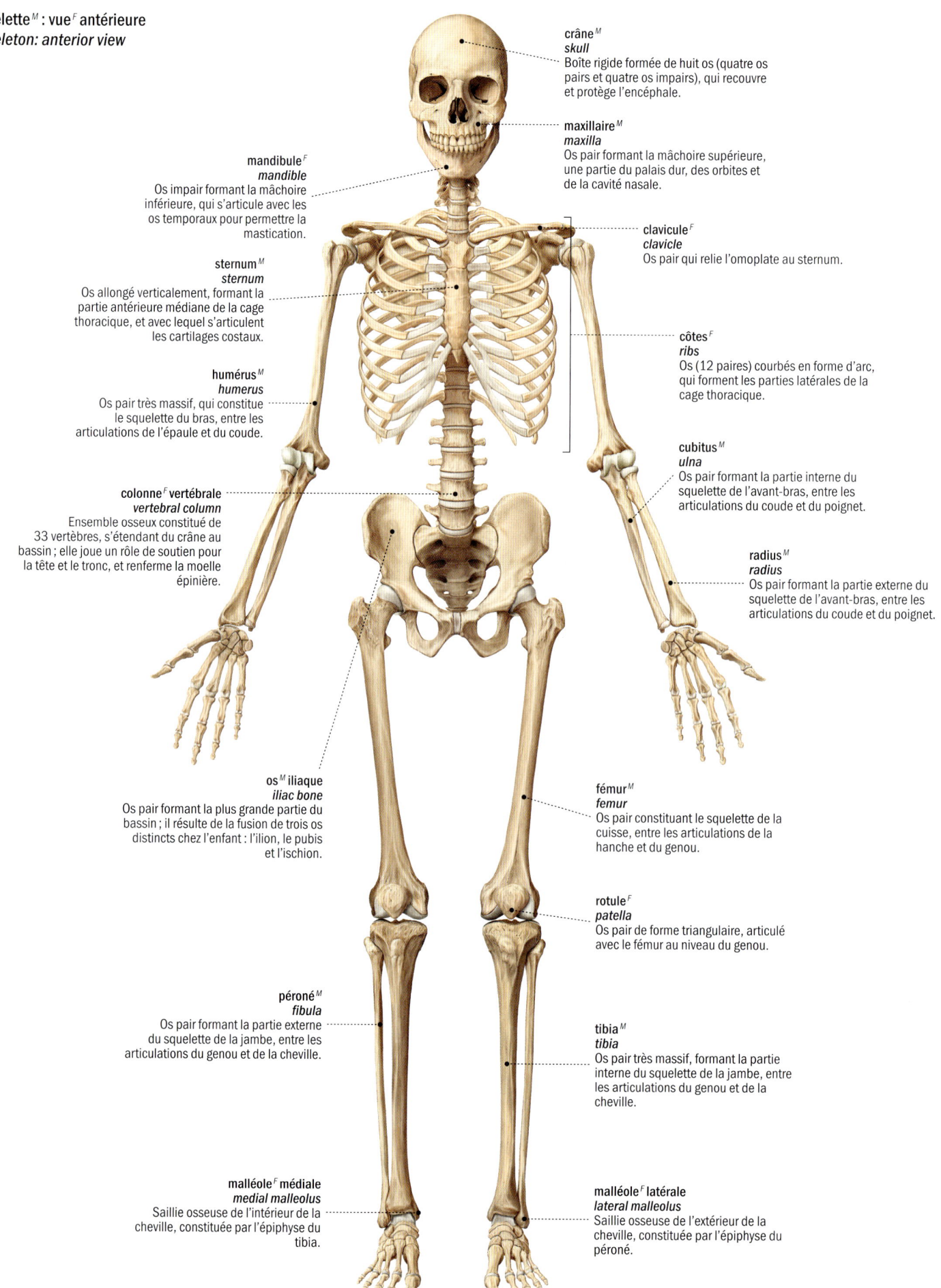

crâne[M]
skull
Boîte rigide formée de huit os (quatre os pairs et quatre os impairs), qui recouvre et protège l'encéphale.

maxillaire[M]
maxilla
Os pair formant la mâchoire supérieure, une partie du palais dur, des orbites et de la cavité nasale.

mandibule[F]
mandible
Os impair formant la mâchoire inférieure, qui s'articule avec les os temporaux pour permettre la mastication.

clavicule[F]
clavicle
Os pair qui relie l'omoplate au sternum.

sternum[M]
sternum
Os allongé verticalement, formant la partie antérieure médiane de la cage thoracique, et avec lequel s'articulent les cartilages costaux.

côtes[F]
ribs
Os (12 paires) courbés en forme d'arc, qui forment les parties latérales de la cage thoracique.

humérus[M]
humerus
Os pair très massif, qui constitue le squelette du bras, entre les articulations de l'épaule et du coude.

cubitus[M]
ulna
Os pair formant la partie interne du squelette de l'avant-bras, entre les articulations du coude et du poignet.

colonne[F] **vertébrale**
vertebral column
Ensemble osseux constitué de 33 vertèbres, s'étendant du crâne au bassin ; elle joue un rôle de soutien pour la tête et le tronc, et renferme la moelle épinière.

radius[M]
radius
Os pair formant la partie externe du squelette de l'avant-bras, entre les articulations du coude et du poignet.

os[M] **iliaque**
iliac bone
Os pair formant la plus grande partie du bassin ; il résulte de la fusion de trois os distincts chez l'enfant : l'ilion, le pubis et l'ischion.

fémur[M]
femur
Os pair constituant le squelette de la cuisse, entre les articulations de la hanche et du genou.

rotule[F]
patella
Os pair de forme triangulaire, articulé avec le fémur au niveau du genou.

péroné[M]
fibula
Os pair formant la partie externe du squelette de la jambe, entre les articulations du genou et de la cheville.

tibia[M]
tibia
Os pair très massif, formant la partie interne du squelette de la jambe, entre les articulations du genou et de la cheville.

malléole[F] **médiale**
medial malleolus
Saillie osseuse de l'intérieur de la cheville, constituée par l'épiphyse du tibia.

malléole[F] **latérale**
lateral malleolus
Saillie osseuse de l'extérieur de la cheville, constituée par l'épiphyse du péroné.

principaux os^M

squelette^M : vue^F postérieure
squeleton: posterior view

la taille des os

Le squelette humain rassemble des os de taille très variable. Le plus long et le plus lourd est le fémur, qui représente à lui seul le quart de la taille d'une personne et supporte la moitié du poids de son corps. Le plus petit est l'étrier, situé dans l'oreille interne, qui mesure à peine 4 mm.

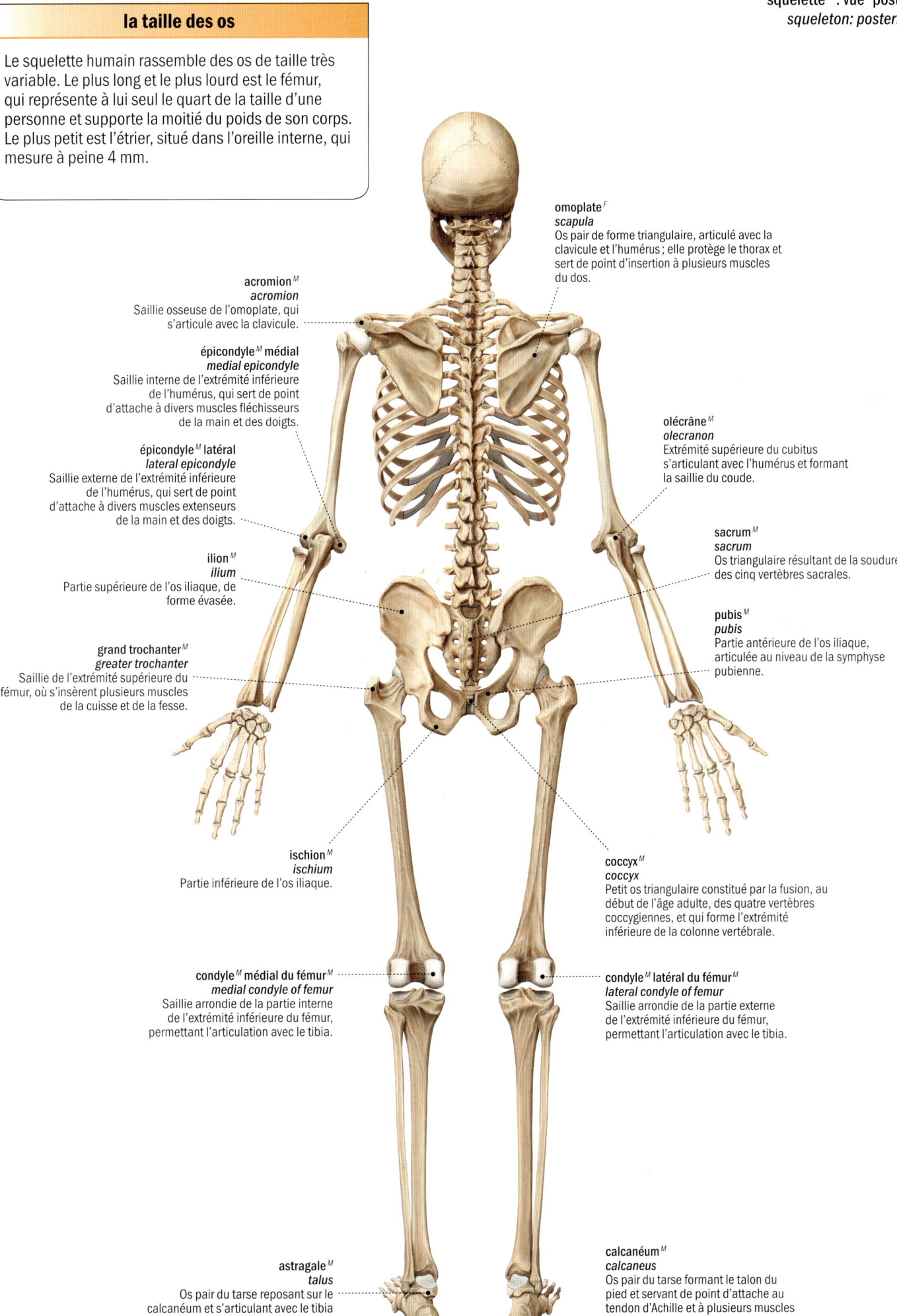

omoplate^F / *scapula*
Os pair de forme triangulaire, articulé avec la clavicule et l'humérus ; elle protège le thorax et sert de point d'insertion à plusieurs muscles du dos.

acromion^M / *acromion*
Saillie osseuse de l'omoplate, qui s'articule avec la clavicule.

épicondyle^M **médial** / *medial epicondyle*
Saillie interne de l'extrémité inférieure de l'humérus, qui sert de point d'attache à divers muscles fléchisseurs de la main et des doigts.

épicondyle^M **latéral** / *lateral epicondyle*
Saillie externe de l'extrémité inférieure de l'humérus, qui sert de point d'attache à divers muscles extenseurs de la main et des doigts.

olécrâne^M / *olecranon*
Extrémité supérieure du cubitus s'articulant avec l'humérus et formant la saillie du coude.

sacrum^M / *sacrum*
Os triangulaire résultant de la soudure des cinq vertèbres sacrales.

ilion^M / *ilium*
Partie supérieure de l'os iliaque, de forme évasée.

pubis^M / *pubis*
Partie antérieure de l'os iliaque, articulée au niveau de la symphyse pubienne.

grand trochanter^M / *greater trochanter*
Saillie de l'extrémité supérieure du fémur, où s'insèrent plusieurs muscles de la cuisse et de la fesse.

ischion^M / *ischium*
Partie inférieure de l'os iliaque.

coccyx^M / *coccyx*
Petit os triangulaire constitué par la fusion, au début de l'âge adulte, des quatre vertèbres coccygiennes, et qui forme l'extrémité inférieure de la colonne vertébrale.

condyle^M **médial du fémur**^M / *medial condyle of femur*
Saillie arrondie de la partie interne de l'extrémité inférieure du fémur, permettant l'articulation avec le tibia.

condyle^M **latéral du fémur**^M / *lateral condyle of femur*
Saillie arrondie de la partie externe de l'extrémité inférieure du fémur, permettant l'articulation avec le tibia.

astragale^M / *talus*
Os pair du tarse reposant sur le calcanéum et s'articulant avec le tibia et le péroné.

calcanéum^M / *calcaneus*
Os pair du tarse formant le talon du pied et servant de point d'attache au tendon d'Achille et à plusieurs muscles du mollet.

LE SQUELETTE

25

crâne[M]

skull

Boîte rigide formée de huit os (quatre os pairs et quatre os impairs), qui recouvre et protège l'encéphale.

crâne[M] : vue[F] latérale
skull: lateral view

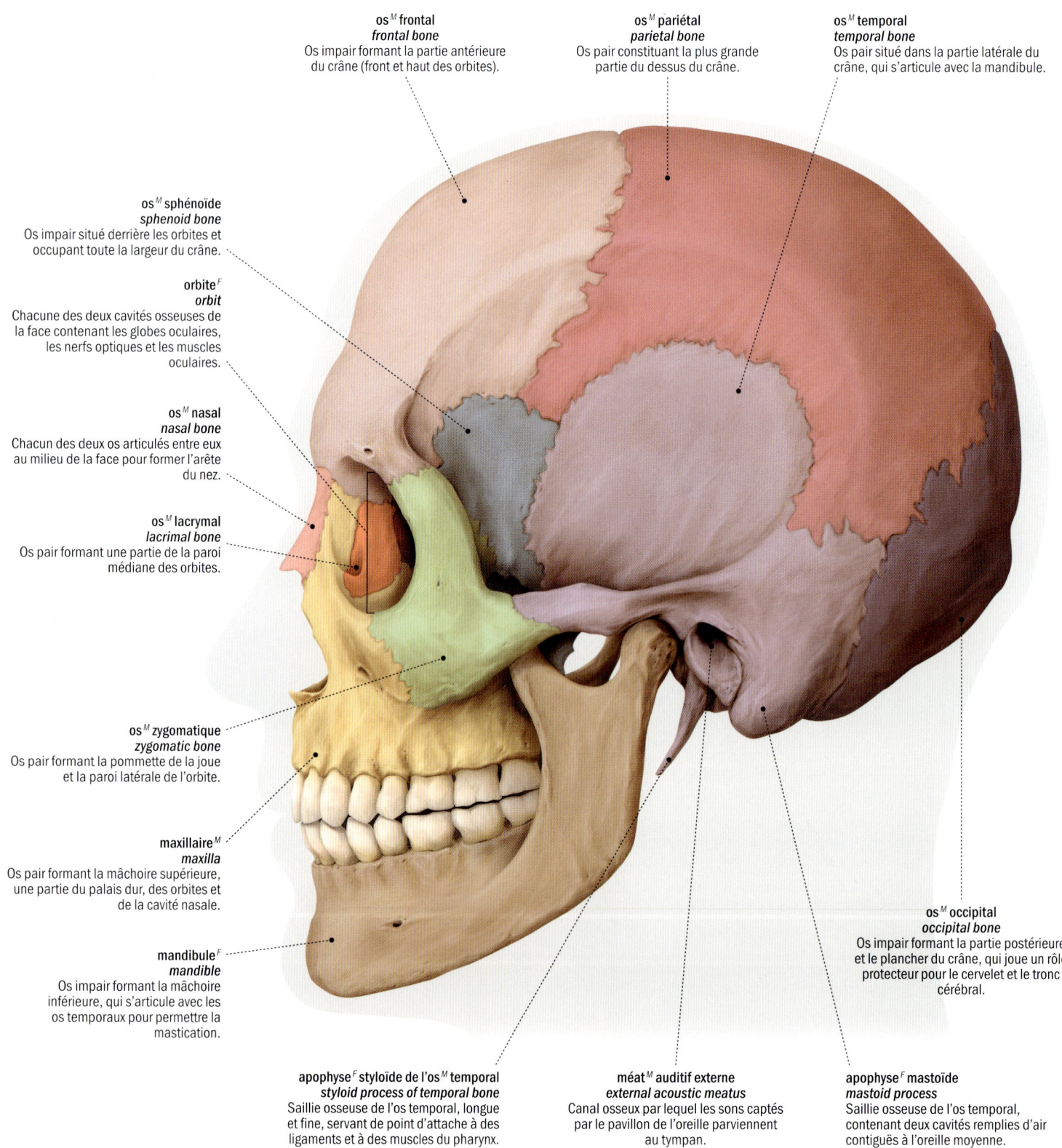

os[M] frontal — *frontal bone*
Os impair formant la partie antérieure du crâne (front et haut des orbites).

os[M] pariétal — *parietal bone*
Os pair constituant la plus grande partie du dessus du crâne.

os[M] temporal — *temporal bone*
Os pair situé dans la partie latérale du crâne, qui s'articule avec la mandibule.

os[M] sphénoïde — *sphenoid bone*
Os impair situé derrière les orbites et occupant toute la largeur du crâne.

orbite[F] — *orbit*
Chacune des deux cavités osseuses de la face contenant les globes oculaires, les nerfs optiques et les muscles oculaires.

os[M] nasal — *nasal bone*
Chacun des deux os articulés entre eux au milieu de la face pour former l'arête du nez.

os[M] lacrymal — *lacrimal bone*
Os pair formant une partie de la paroi médiane des orbites.

os[M] zygomatique — *zygomatic bone*
Os pair formant la pommette de la joue et la paroi latérale de l'orbite.

maxillaire[M] — *maxilla*
Os pair formant la mâchoire supérieure, une partie du palais dur, des orbites et de la cavité nasale.

mandibule[F] — *mandible*
Os impair formant la mâchoire inférieure, qui s'articule avec les os temporaux pour permettre la mastication.

apophyse[F] styloïde de l'os[M] temporal — *styloid process of temporal bone*
Saillie osseuse de l'os temporal, longue et fine, servant de point d'attache à des ligaments et à des muscles du pharynx.

méat[M] auditif externe — *external acoustic meatus*
Canal osseux par lequel les sons captés par le pavillon de l'oreille parviennent au tympan.

apophyse[F] mastoïde — *mastoid process*
Saillie osseuse de l'os temporal, contenant deux cavités remplies d'air contiguës à l'oreille moyenne.

os[M] occipital — *occipital bone*
Os impair formant la partie postérieure et le plancher du crâne, qui joue un rôle protecteur pour le cervelet et le tronc cérébral.

crâne[M]

face[F] inférieure du crâne[M]
bottom of skull

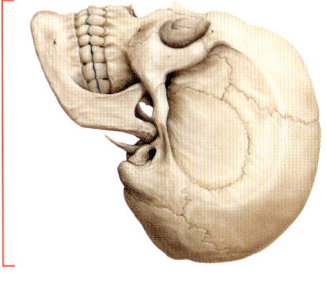
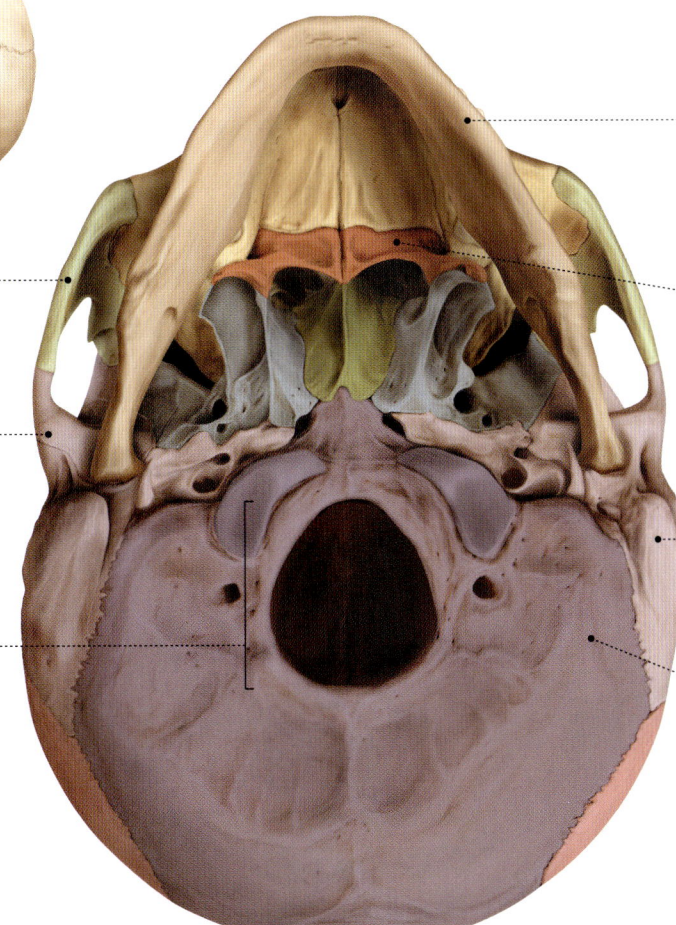

os[M] zygomatique
zygomatic bone
Os pair formant la pommette de la joue et la paroi latérale de l'orbite.

apophyse[F] zygomatique
zygomatic process
Saillie de l'os temporal, qui forme la limite supérieure de la joue.

trou[M] occipital
foramen magnum
Orifice de l'os occipital par lequel passe notamment le bulbe rachidien.

mandibule[F]
mandible
Os impair formant la mâchoire inférieure, qui s'articule avec les os temporaux pour permettre la mastication.

os[M] palatin
palatine bone
Os impair formant l'arrière du palais dur.

os[M] temporal
temporal bone
Os pair situé dans la partie latérale du crâne, qui s'articule avec la mandibule.

os[M] occipital
occipital bone
Os impair formant la partie postérieure et le plancher du crâne, qui joue un rôle protecteur pour le cervelet et le tronc cérébral.

coupe[F] sagittale du crâne[M]
sagittal section of skull

des os mobiles

À la naissance, les os du crâne ne sont pas totalement soudés. Ils sont liés par des membranes, les fontanelles, et conservent une certaine mobilité afin de permettre à la tête du nouveau-né de se déformer lors de l'accouchement, puis au crâne de s'adapter à la croissance du cerveau pendant les premières années de la vie.

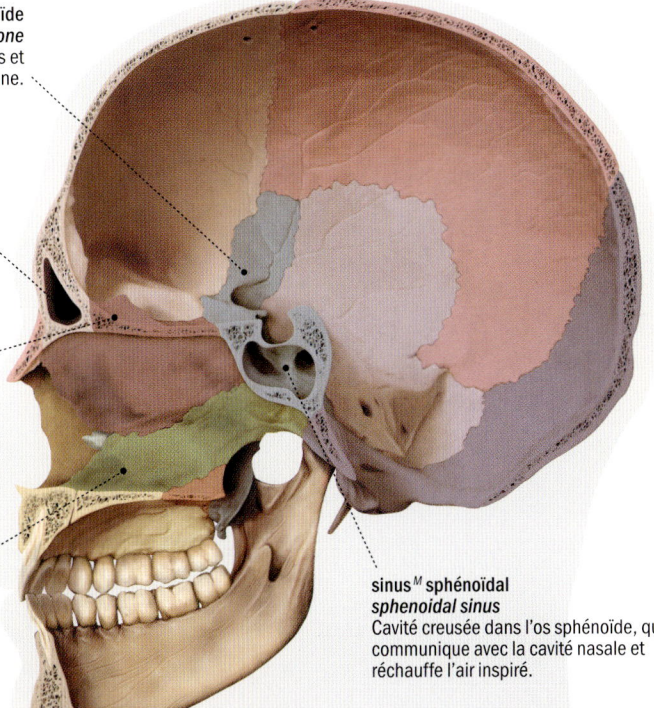

os[M] sphénoïde
sphenoid bone
Os impair situé derrière les orbites et occupant toute la largeur du crâne.

sinus[M] frontal
frontal sinus
Cavité creusée dans l'os frontal, qui communique avec la cavité nasale et réchauffe l'air inspiré.

os[M] ethmoïde
ethmoid bone
Os impair de forme irrégulière, situé derrière la cavité nasale, à la jonction de la face et du crâne.

vomer[M]
vomer
Os impair situé dans la partie postérieure et inférieure de la cavité nasale.

sinus[M] sphénoïdal
sphenoidal sinus
Cavité creusée dans l'os sphénoïde, qui communique avec la cavité nasale et réchauffe l'air inspiré.

LE SQUELETTE

27

colonne[F] vertébrale

vertebral column

Ensemble osseux constitué de 33 vertèbres, s'étendant du crâne au bassin ; la colonne vertébrale joue un rôle de soutien pour la tête et le tronc, et contient la moelle épinière.

colonne[F] vertébrale : vue[F] antérieure
vertebral column: anterior view

axis[M]
axis
Deuxième vertèbre cervicale, qui possède une apophyse verticale permettant le pivotement de l'atlas et les mouvements de rotation du crâne.

vertèbre[F] proéminente
vertebra prominens
Dernière vertèbre cervicale, qui possède une apophyse épineuse saillante et qui sert de transition entre les vertèbres cervicales et thoraciques.

disque[M] intervertébral
intervertebral disk
Structure cartilagineuse plate et arrondie séparant deux vertèbres, dont l'élasticité permet la mobilité de la colonne vertébrale.

atlas[M]
atlas
Première vertèbre cervicale, s'articulant avec le crâne au niveau du trou occipital.

vertèbres[F] cervicales
cervical vertebrae
Vertèbres (7) très mobiles formant la partie supérieure de la colonne vertébrale, au niveau du cou.

vertèbres[F] thoraciques
thoracic vertebrae
Vertèbres (12) supportant les côtes, situées au niveau du thorax.

nombre variable

Le nombre de vertèbres coccygiennes constituant le coccyx peut varier selon les individus. La plupart en comptent quatre, mais certains en ont trois ou cinq.

vertèbres[F] lombaires
lumbar vertebrae
Vertèbres (5) massives situées sous les vertèbres thoraciques, au niveau de l'abdomen.

sacrum[M]
sacrum
Os triangulaire résultant de la soudure des cinq vertèbres sacrales.

coccyx[M]
coccyx
Petit os triangulaire constitué par la fusion, au début de l'âge adulte, des quatre vertèbres coccygiennes, et qui forme l'extrémité inférieure de la colonne vertébrale.

vertèbres[F] sacrales
sacral vertebrae
Vertèbres (5) situées sous les vertèbres lombaires et qui se soudent pour former le sacrum.

vertèbres[F] coccygiennes
coccygeal vertebrae
Vertèbres (4) situées sous le sacrum et dont la fusion constitue le coccyx.

colonne[F] vertébrale

colonne[F] vertébrale : vue[F] latérale
vertebral column: lateral view

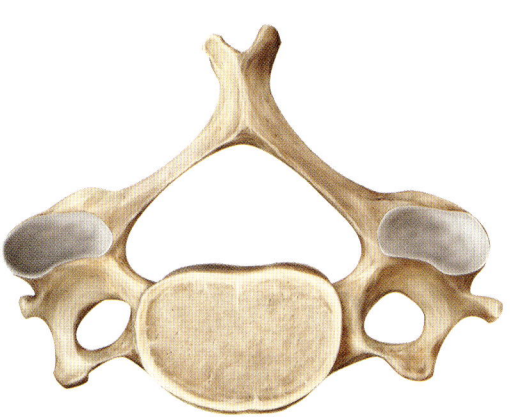

vertèbre[F] cervicale
cervical vertebra
Chacune des sept vertèbres très mobiles formant la partie supérieure de la colonne vertébrale, au niveau du cou.

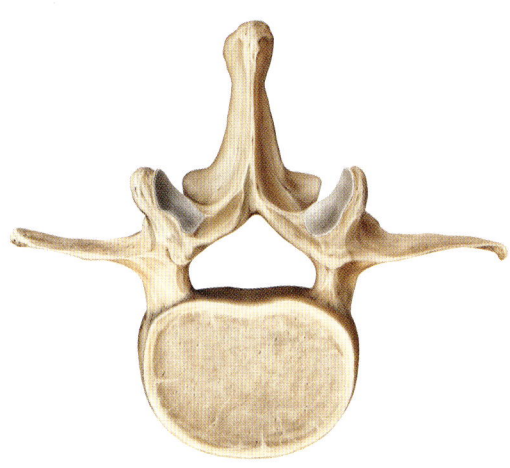

vertèbre[F] lombaire
lumbar vertebra
Chacune des cinq vertèbres massives situées sous les vertèbres thoraciques, au niveau de l'abdomen.

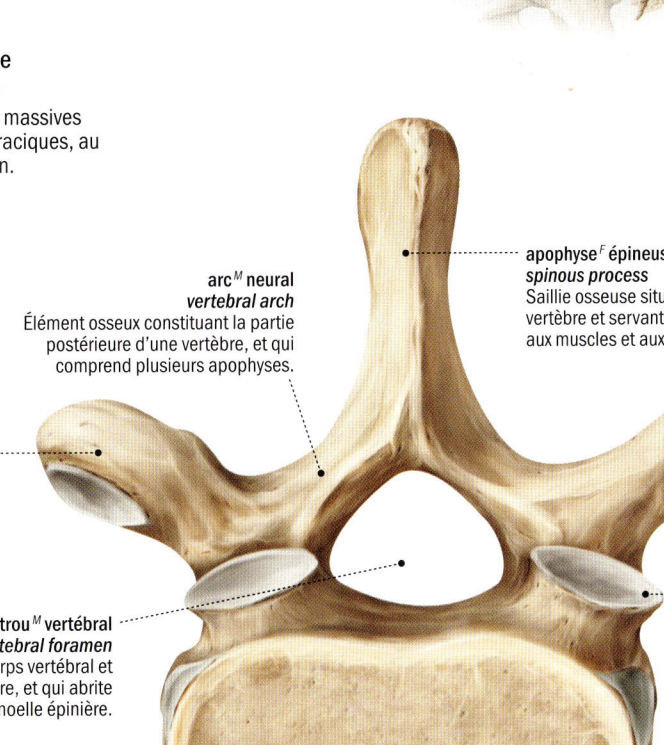

lordose[F] cervicale
cervical lordosis
Courbure concave normale de la colonne vertébrale au niveau des vertèbres cervicales.

cyphose[F]
kyphosis
Courbure convexe normale de la colonne vertébrale au niveau des vertèbres thoraciques.

lordose[F] lombaire
lumbar lordosis
Courbure concave normale de la colonne vertébrale au niveau des vertèbres lombaires.

vertèbre[F] thoracique
thoracic vertebra
Chacune des 12 vertèbres supportant les côtes, situées au niveau du thorax.

arc[M] neural
vertebral arch
Élément osseux constituant la partie postérieure d'une vertèbre, et qui comprend plusieurs apophyses.

apophyse[F] transverse
transverse process
Saillie osseuse située sur le côté d'une vertèbre et qui sert de point d'attache à des ligaments.

trou[M] vertébral
vertebral foramen
Orifice délimité par le corps vertébral et l'arc neural d'une vertèbre, et qui abrite la moelle épinière.

apophyse[F] épineuse
spinous process
Saillie osseuse située à l'arrière d'une vertèbre et servant de point d'attache aux muscles et aux ligaments du dos.

apophyse[F] articulaire
articular process
Excroissance osseuse située sur l'arc neural d'une vertèbre et permettant son articulation avec les vertèbres adjacentes.

corps[M] vertébral
vertebral body
Élément osseux se présentant sous la forme d'un disque épais et constituant la partie antérieure d'une vertèbre.

LE SQUELETTE

cage[F] thoracique
thoracic cage

Structure osseuse constituée des 12 paires de côtes, des 12 vertèbres thoraciques et du sternum ; elle renferme et protège les organes du thorax et joue un rôle dans la respiration.

cage[F] thoracique : vue[F] antérieure
thoracic cage: anterior view

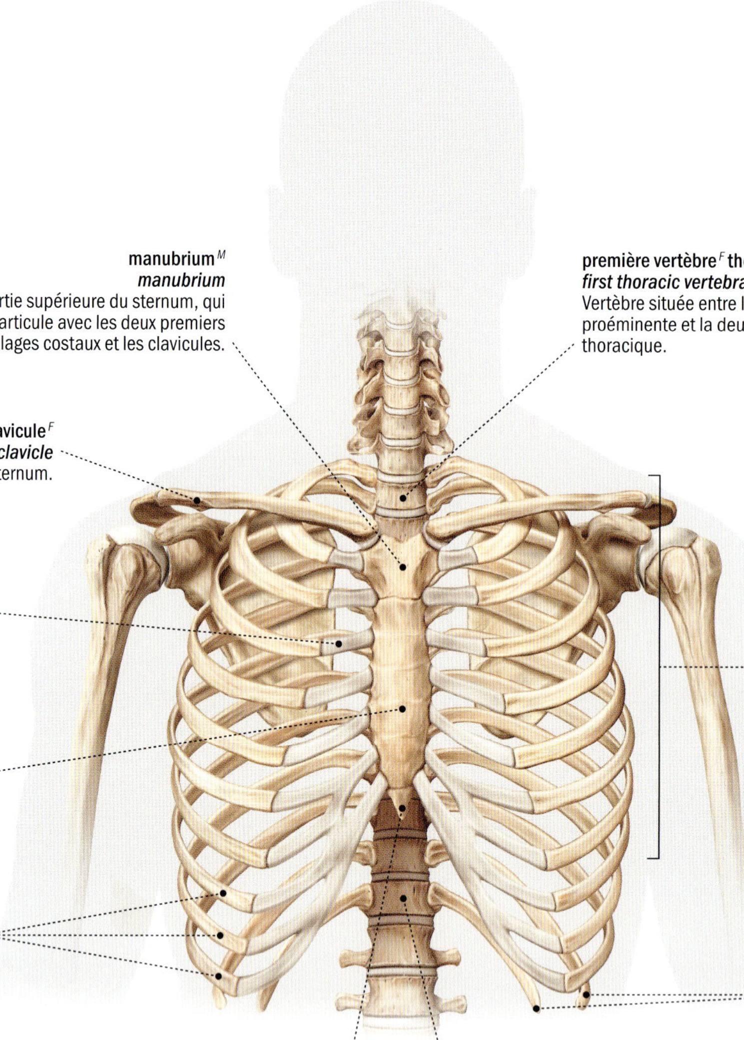

manubrium[M]
manubrium
Partie supérieure du sternum, qui s'articule avec les deux premiers cartilages costaux et les clavicules.

première vertèbre[F] thoracique
first thoracic vertebra
Vertèbre située entre la vertèbre proéminente et la deuxième vertèbre thoracique.

clavicule[F]
clavicle
Os pair qui relie l'omoplate au sternum.

cartilage[M] costal
costal cartilage
Structure de tissu conjonctif prolongeant une côte et s'articulant avec le sternum.

vraies côtes[F]
true ribs
Côtes (7 paires) possédant un cartilage costal propre, situées dans la partie supérieure de la cage thoracique.

sternum[M]
sternum
Os allongé verticalement, formant la partie antérieure médiane de la cage thoracique, et avec lequel s'articulent les cartilages costaux.

fausses côtes[F]
false ribs
Côtes (3 paires) partageant le même cartilage costal, situées sous les vraies côtes.

côtes[F] flottantes
floating ribs
Côtes (2 paires) dont l'extrémité antérieure n'est pas rattachée au sternum, qui forment la partie inférieure de la cage thoracique.

apophyse[F] xiphoïde
xiphoid process
Excroissance osseuse triangulaire située à l'extrémité inférieure du sternum.

douzième vertèbre[F] thoracique
twelfth thoracic vertebra
Dernière vertèbre thoracique, située entre la onzième vertèbre thoracique et la première vertèbre lombaire.

coupe[F] transversale de la cage[F] thoracique
transverse section of thoracic cage

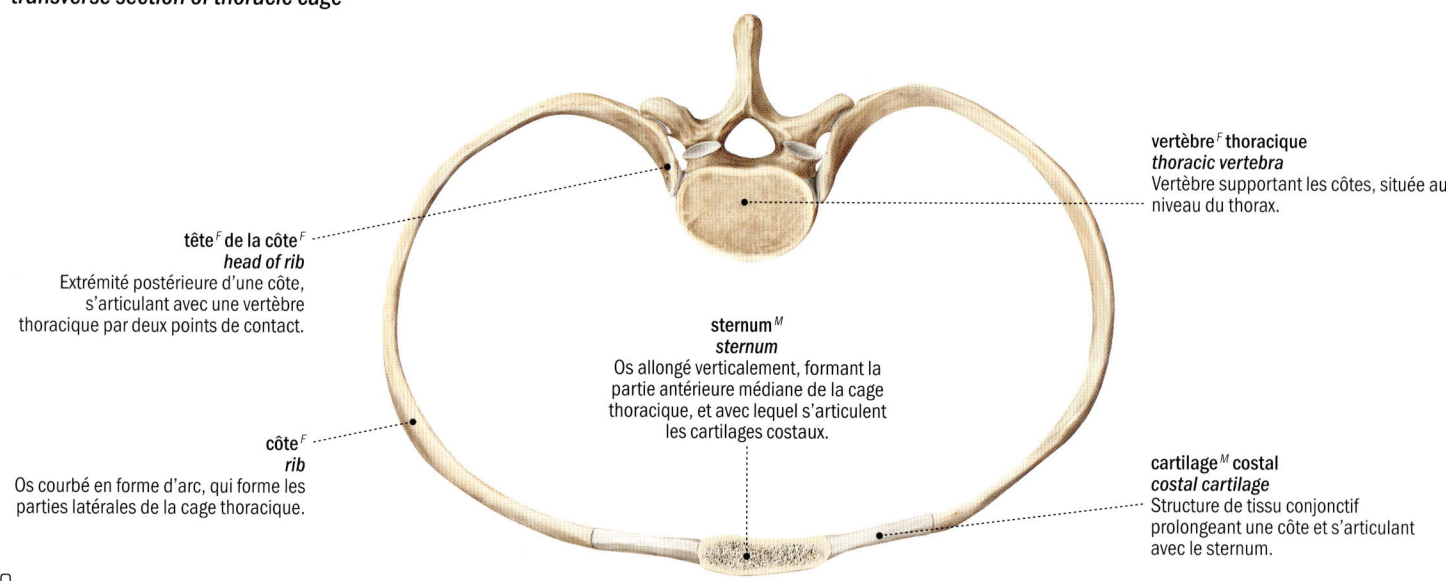

vertèbre[F] thoracique
thoracic vertebra
Vertèbre supportant les côtes, située au niveau du thorax.

tête[F] de la côte[F]
head of rib
Extrémité postérieure d'une côte, s'articulant avec une vertèbre thoracique par deux points de contact.

sternum[M]
sternum
Os allongé verticalement, formant la partie antérieure médiane de la cage thoracique, et avec lequel s'articulent les cartilages costaux.

côte[F]
rib
Os courbé en forme d'arc, qui forme les parties latérales de la cage thoracique.

cartilage[M] costal
costal cartilage
Structure de tissu conjonctif prolongeant une côte et s'articulant avec le sternum.

bassin[M]
pelvis

Ensemble d'os en forme d'anneau, constitué du sacrum, du coccyx et des deux os iliaques, qui relie les os des membres inférieurs au squelette axial.

bassin[M] de l'homme[M] : vue[F] antérieure
man's pelvis: anterior view

sacrum[M]
sacrum
Os triangulaire résultant de la soudure des cinq vertèbres sacrales.

ilion[M]
ilium
Partie supérieure de l'os iliaque, de forme évasée.

pubis[M]
pubis
Partie antérieure de l'os iliaque, articulée au niveau de la symphyse pubienne.

coccyx[M]
coccyx
Petit os triangulaire constitué par la fusion, au début de l'âge adulte, des quatre vertèbres coccygiennes, et qui forme l'extrémité inférieure de la colonne vertébrale.

ischion[M]
ischium
Partie inférieure de l'os iliaque.

acétabulum[M]
acetabulum
Cavité de l'os iliaque dans laquelle s'articule la tête du fémur.

foramen[M] obturé
obturator foramen
Orifice de l'os iliaque délimité par le pubis, l'ischion et l'acétabulum ; il est presque entièrement fermé par une membrane.

symphyse[F] pubienne
pubic symphysis
Articulation cartilagineuse peu mobile reliant les deux pubis.

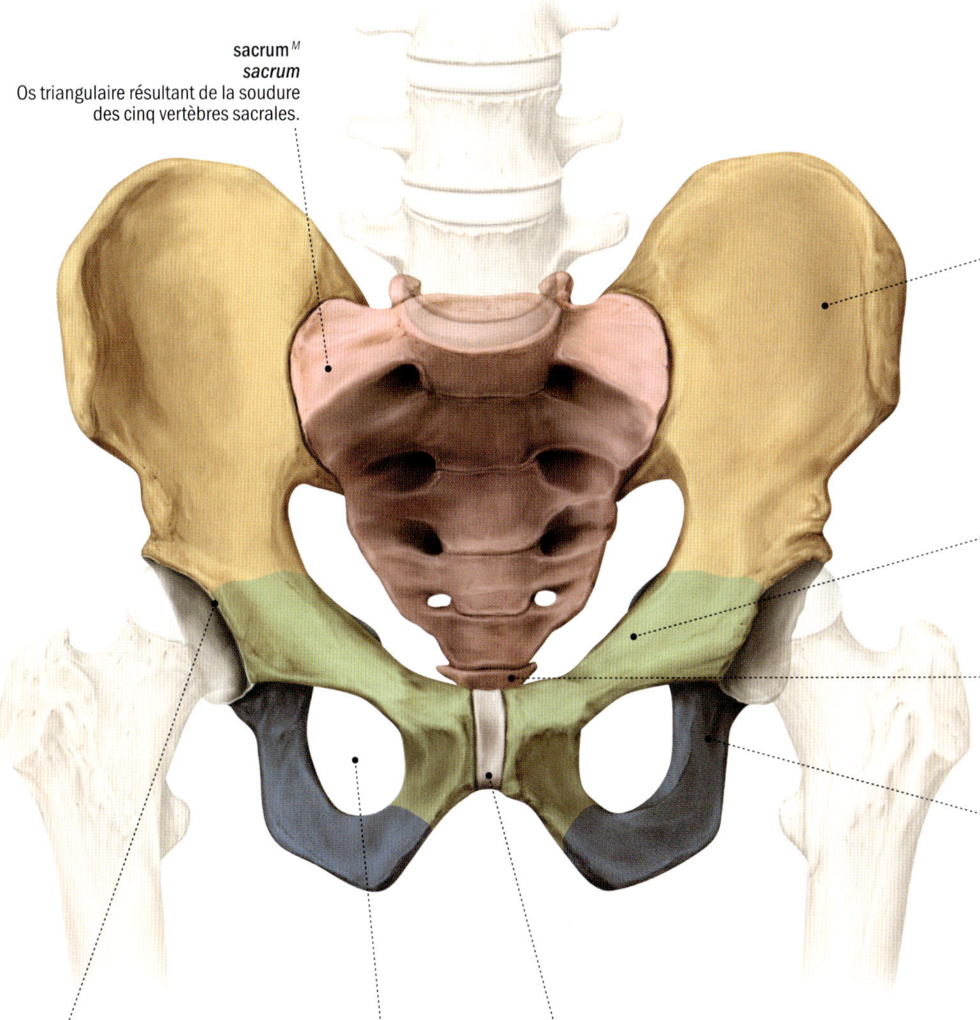

bassin[M] de la femme[F] : vue[F] antérieure
woman's pelvis: anterior view
Le bassin de la femme est plus large et moins massif que celui de l'homme, et se caractérise par des ischions plus écartés.

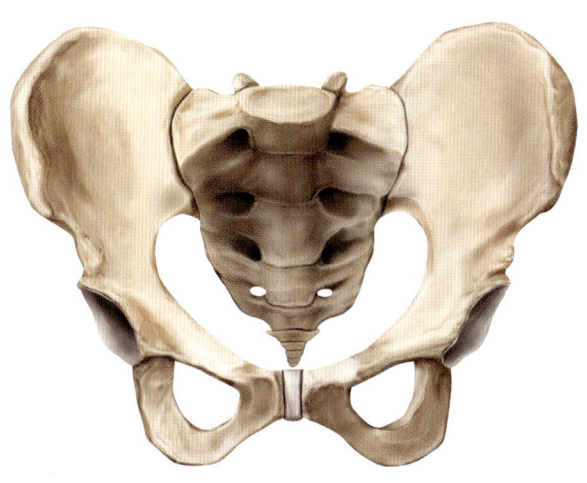

une démarche typique

La disposition particulière des os du bassin de la femme modifie l'orientation des acétabulums, ce qui provoque un déhanchement caractéristique pendant la marche.

main[F]
hand

Extrémité du membre supérieur, exerçant une fonction tactile et préhensile ; le squelette de la main compte 27 os.

main[F] : vue[F] antérieure
hand: anterior view

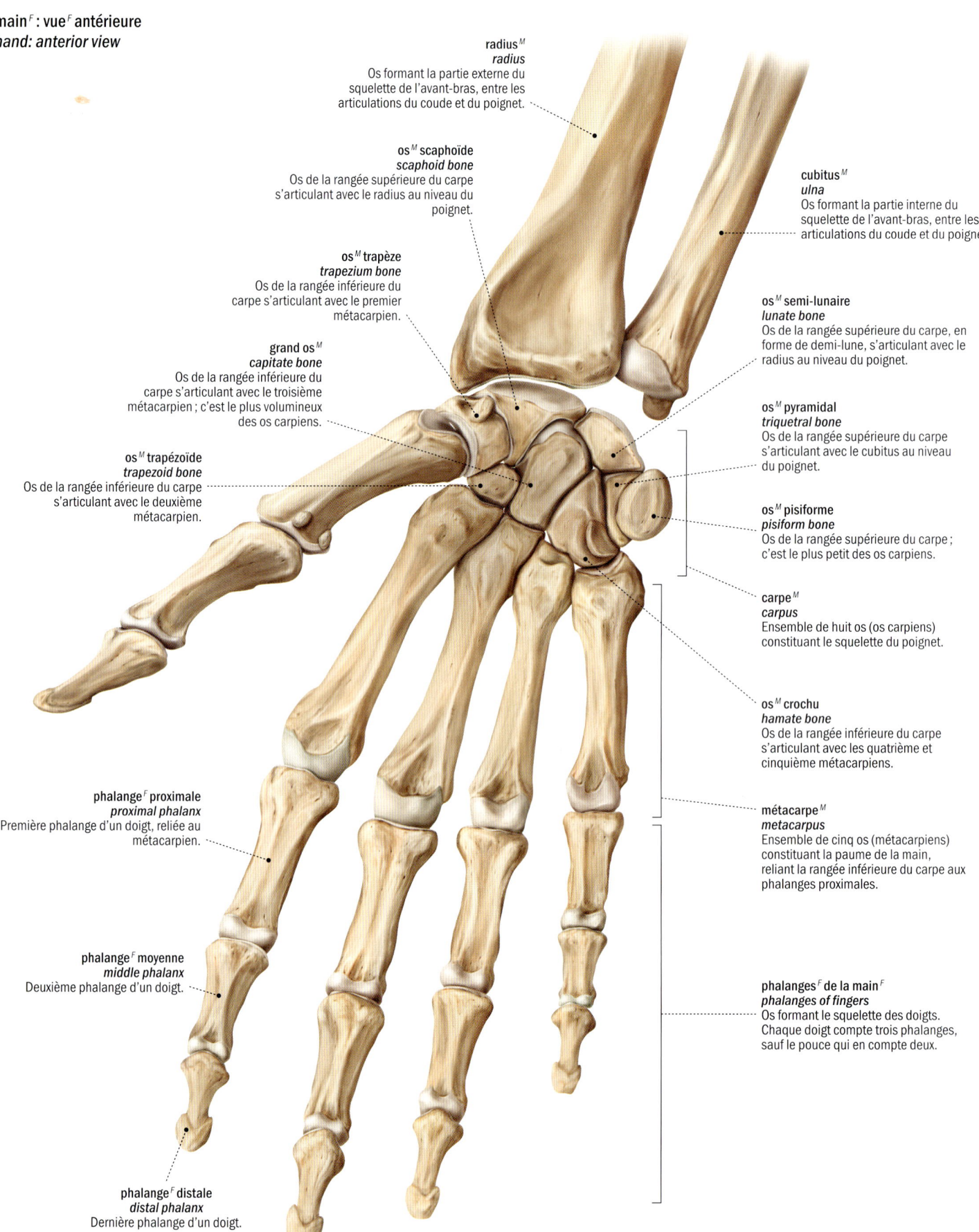

radius[M]
radius
Os formant la partie externe du squelette de l'avant-bras, entre les articulations du coude et du poignet.

os[M] scaphoïde
scaphoid bone
Os de la rangée supérieure du carpe s'articulant avec le radius au niveau du poignet.

os[M] trapèze
trapezium bone
Os de la rangée inférieure du carpe s'articulant avec le premier métacarpien.

grand os[M]
capitate bone
Os de la rangée inférieure du carpe s'articulant avec le troisième métacarpien ; c'est le plus volumineux des os carpiens.

os[M] trapézoïde
trapezoid bone
Os de la rangée inférieure du carpe s'articulant avec le deuxième métacarpien.

phalange[F] proximale
proximal phalanx
Première phalange d'un doigt, reliée au métacarpien.

phalange[F] moyenne
middle phalanx
Deuxième phalange d'un doigt.

phalange[F] distale
distal phalanx
Dernière phalange d'un doigt.

cubitus[M]
ulna
Os formant la partie interne du squelette de l'avant-bras, entre les articulations du coude et du poignet.

os[M] semi-lunaire
lunate bone
Os de la rangée supérieure du carpe, en forme de demi-lune, s'articulant avec le radius au niveau du poignet.

os[M] pyramidal
triquetral bone
Os de la rangée supérieure du carpe s'articulant avec le cubitus au niveau du poignet.

os[M] pisiforme
pisiform bone
Os de la rangée supérieure du carpe ; c'est le plus petit des os carpiens.

carpe[M]
carpus
Ensemble de huit os (os carpiens) constituant le squelette du poignet.

os[M] crochu
hamate bone
Os de la rangée inférieure du carpe s'articulant avec les quatrième et cinquième métacarpiens.

métacarpe[M]
metacarpus
Ensemble de cinq os (métacarpiens) constituant la paume de la main, reliant la rangée inférieure du carpe aux phalanges proximales.

phalanges[F] de la main[F]
phalanges of fingers
Os formant le squelette des doigts. Chaque doigt compte trois phalanges, sauf le pouce qui en compte deux.

pied[M]
foot

Extrémité du membre inférieur, reposant sur le sol en station verticale ; le squelette du pied compte 26 os.

pied[M] : vue[F] antérieure
foot: anterior view

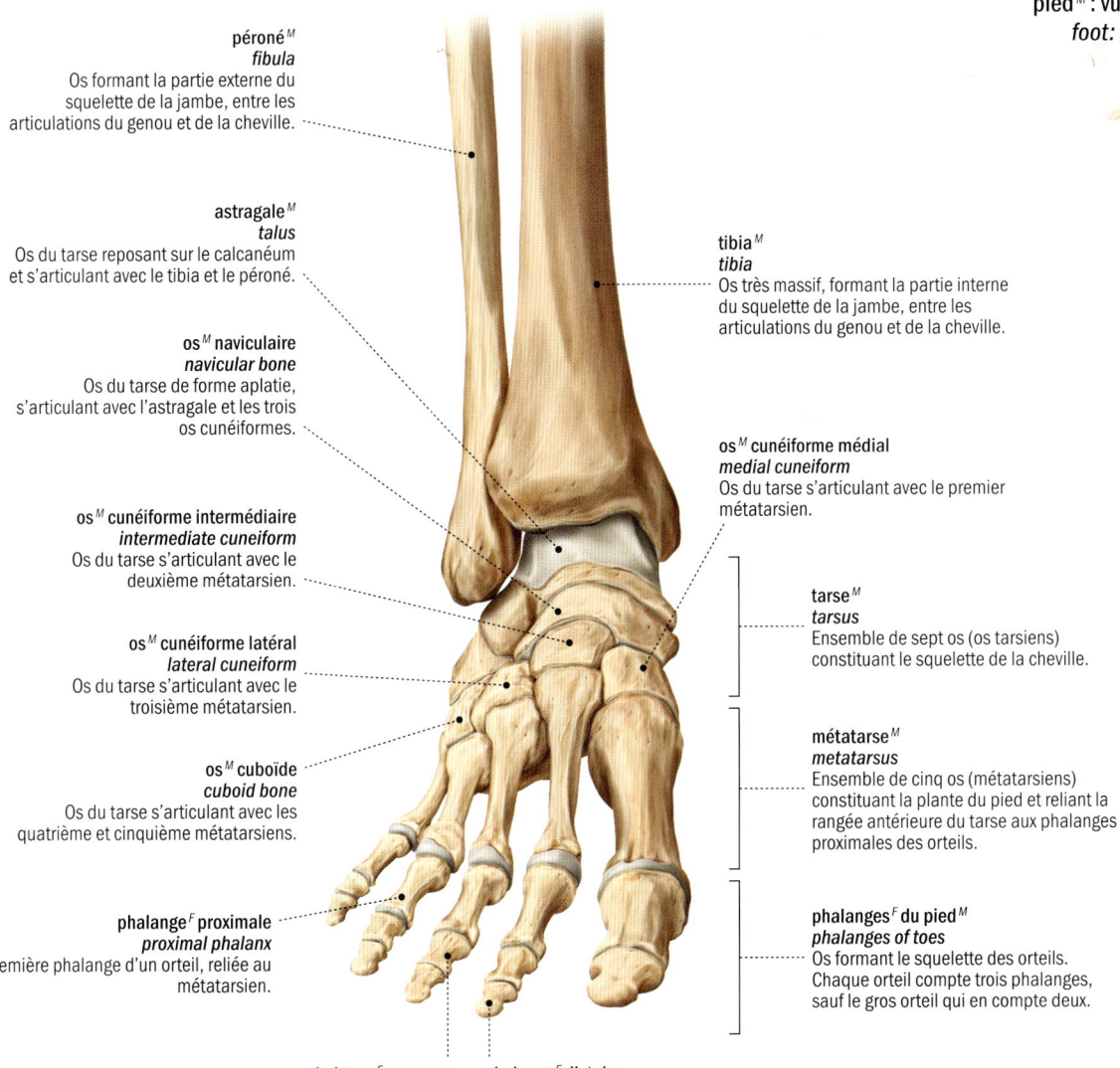

péroné[M] / *fibula*
Os formant la partie externe du squelette de la jambe, entre les articulations du genou et de la cheville.

astragale[M] / *talus*
Os du tarse reposant sur le calcanéum et s'articulant avec le tibia et le péroné.

os[M] naviculaire / *navicular bone*
Os du tarse de forme aplatie, s'articulant avec l'astragale et les trois os cunéiformes.

os[M] cunéiforme intermédiaire / *intermediate cuneiform*
Os du tarse s'articulant avec le deuxième métatarsien.

os[M] cunéiforme latéral / *lateral cuneiform*
Os du tarse s'articulant avec le troisième métatarsien.

os[M] cuboïde / *cuboid bone*
Os du tarse s'articulant avec les quatrième et cinquième métatarsiens.

phalange[F] proximale / *proximal phalanx*
Première phalange d'un orteil, reliée au métatarsien.

phalange[F] moyenne / *middle phalanx*
Deuxième phalange d'un orteil.

phalange[F] distale / *distal phalanx*
Dernière phalange d'un orteil.

tibia[M] / *tibia*
Os très massif, formant la partie interne du squelette de la jambe, entre les articulations du genou et de la cheville.

os[M] cunéiforme médial / *medial cuneiform*
Os du tarse s'articulant avec le premier métatarsien.

tarse[M] / *tarsus*
Ensemble de sept os (os tarsiens) constituant le squelette de la cheville.

métatarse[M] / *metatarsus*
Ensemble de cinq os (métatarsiens) constituant la plante du pied et reliant la rangée antérieure du tarse aux phalanges proximales des orteils.

phalanges[F] du pied[M] / *phalanges of toes*
Os formant le squelette des orteils. Chaque orteil compte trois phalanges, sauf le gros orteil qui en compte deux.

pied[M] : vue[F] latérale
foot: lateral view

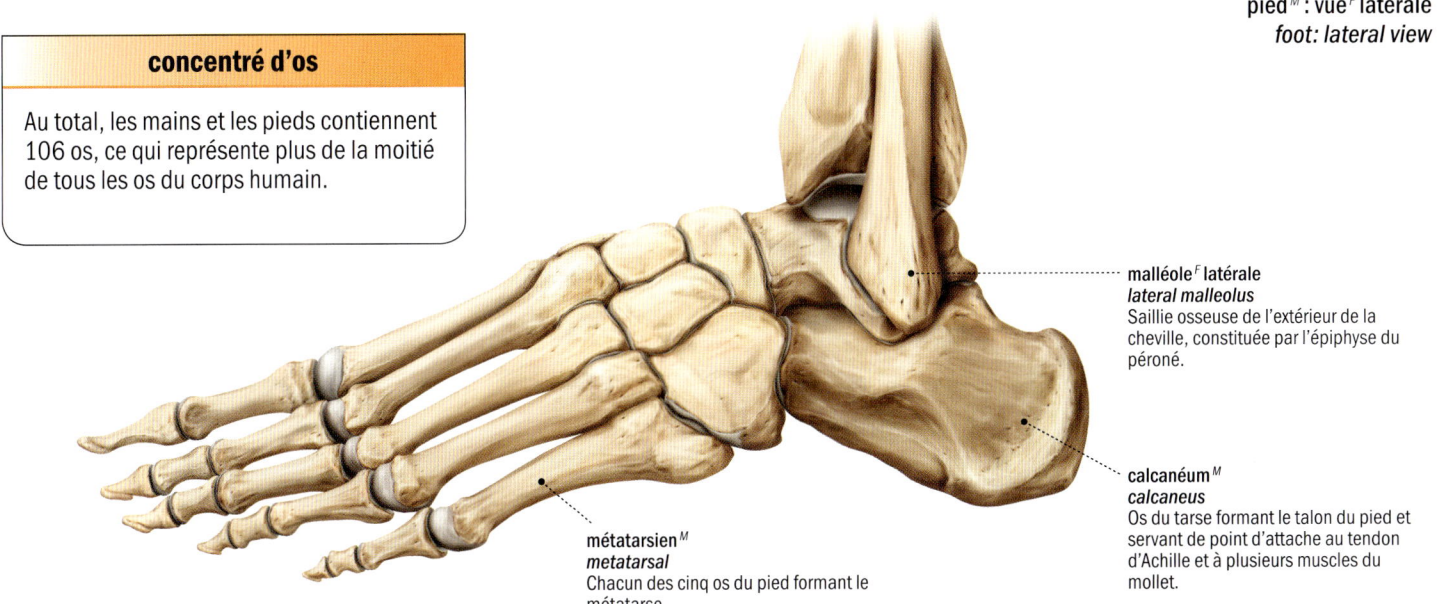

concentré d'os

Au total, les mains et les pieds contiennent 106 os, ce qui représente plus de la moitié de tous les os du corps humain.

malléole[F] latérale / *lateral malleolus*
Saillie osseuse de l'extérieur de la cheville, constituée par l'épiphyse du péroné.

calcanéum[M] / *calcaneus*
Os du tarse formant le talon du pied et servant de point d'attache au tendon d'Achille et à plusieurs muscles du mollet.

métatarsien[M] / *metatarsal*
Chacun des cinq os du pied formant le métatarse.

36 muscle

38 principaux muscles

40 tête et cou

41 thorax et abdomen

42 membre supérieur

44 membre inférieur

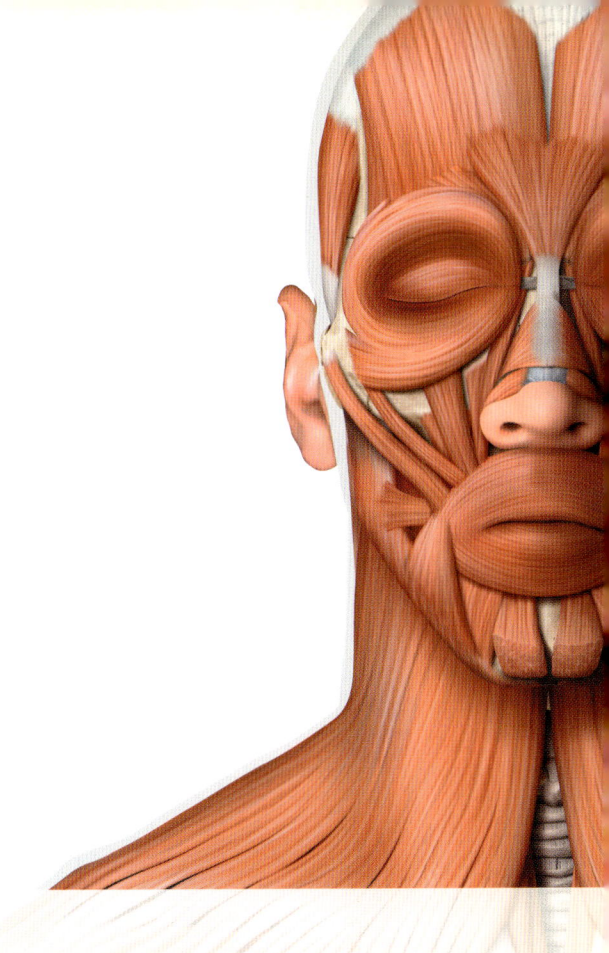

Les muscles

Les muscles sont des organes constitués essentiellement de fibres musculaires, qui se contractent sous l'action d'un influx nerveux. Présents partout dans l'organisme, ils remplissent diverses fonctions liées aux mouvements du corps. Les plus nombreux sont les muscles squelettiques, attachés au squelette par des tendons. Ils génèrent les mouvements complexes des os, de la langue ou de la peau, et sont responsables du tonus musculaire. Les muscles lisses assurent l'activité motrice des vaisseaux sanguins et de nombreux organes creux ; leurs mouvements sont peu précis, rythmiques ou gradués. Enfin, le muscle cardiaque est responsable des contractions du cœur.

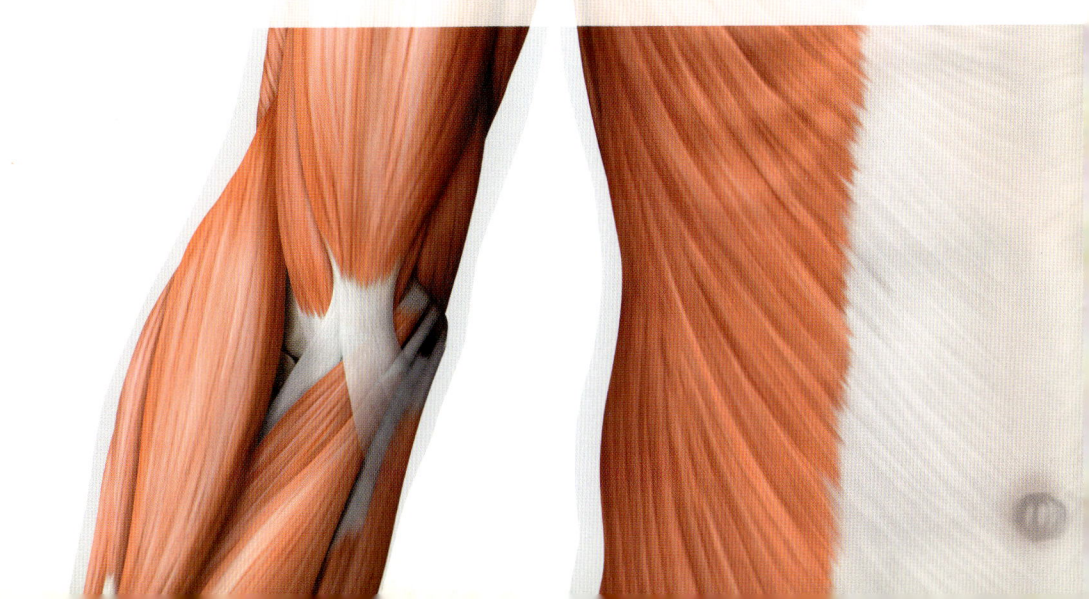

muscleM

muscle

Organe constitué essentiellement de fibres musculaires, qui a la propriété de se contracter sous l'action d'un influx nerveux ; les muscles assurent les mouvements et le maintien de la posture.

typesM de musclesM
types of muscles

Il existe trois types de muscles, chacun présentant des caractéristiques particulières.

muscleM lisse
smooth muscle

Muscle qui permet les mouvements involontaires de certains organes ; on les trouve surtout dans la paroi des organes creux (intestins, œsophage, etc.) et des vaisseaux sanguins.

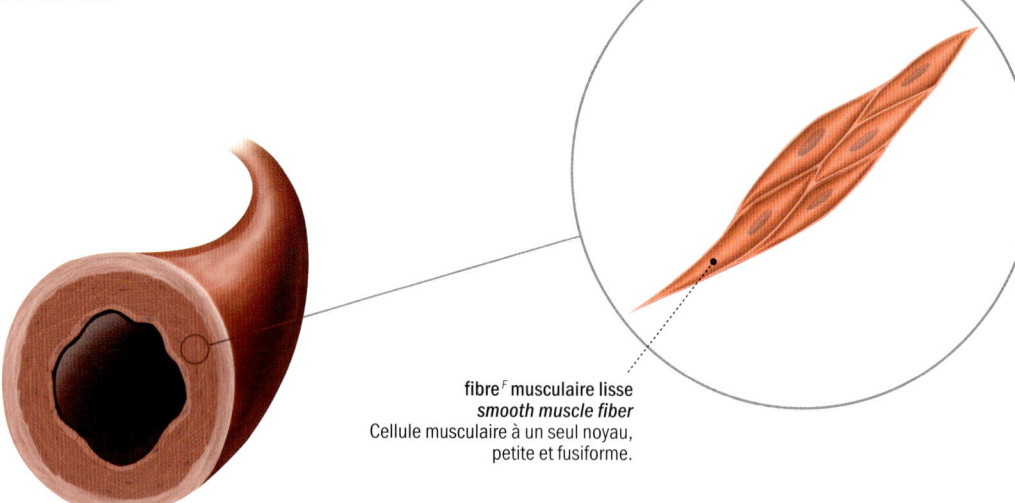

fibreF musculaire lisse
smooth muscle fiber
Cellule musculaire à un seul noyau, petite et fusiforme.

muscleM squelettique
skeletal muscle

Muscle qui, en se contractant, permet les mouvements volontaires du squelette, auquel il est rattaché par des tendons.

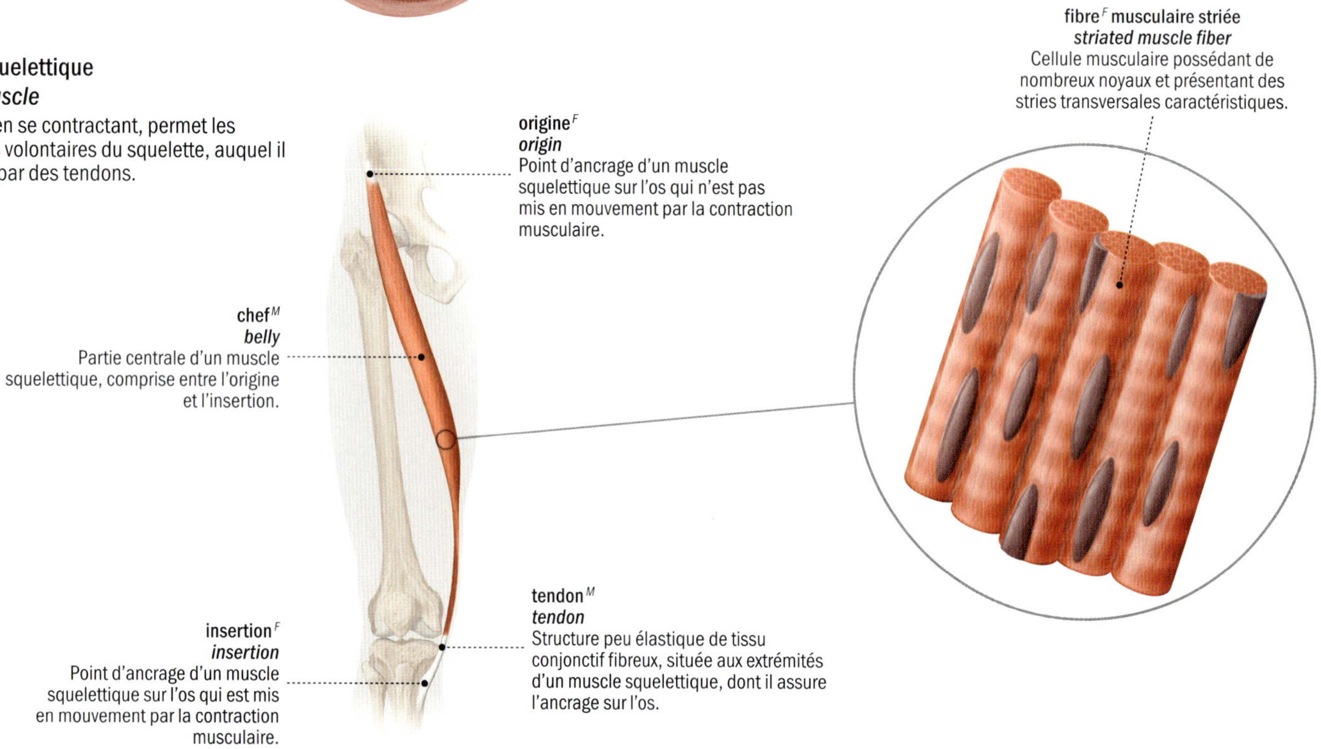

origineF
origin
Point d'ancrage d'un muscle squelettique sur l'os qui n'est pas mis en mouvement par la contraction musculaire.

chefM
belly
Partie centrale d'un muscle squelettique, comprise entre l'origine et l'insertion.

insertionF
insertion
Point d'ancrage d'un muscle squelettique sur l'os qui est mis en mouvement par la contraction musculaire.

tendonM
tendon
Structure peu élastique de tissu conjonctif fibreux, située aux extrémités d'un muscle squelettique, dont il assure l'ancrage sur l'os.

fibreF musculaire striée
striated muscle fiber
Cellule musculaire possédant de nombreux noyaux et présentant des stries transversales caractéristiques.

muscleM cardiaque
cardiac muscle

Muscle constituant la plus grande partie du cœur, formé de chaînes ramifiées de fibres musculaires ; il permet la contraction du cœur.

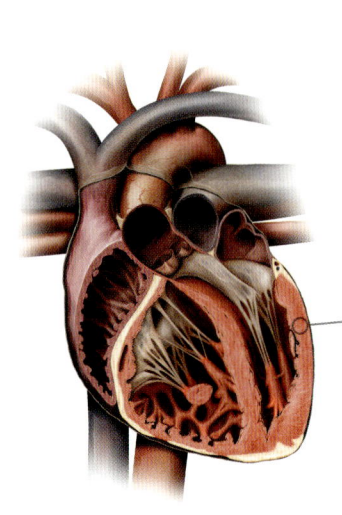

fibreF musculaire cardiaque
cardiac muscle fiber
Cellule musculaire à un seul noyau central et présentant des stries transversales.

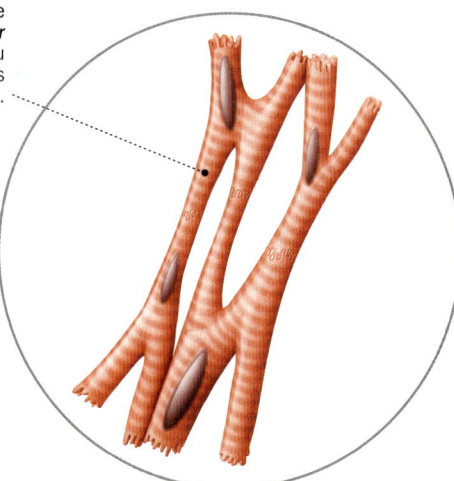

muscle^M

tissu^M musculaire
muscle tissue
Tissu constitué de cellules allongées contractiles, les fibres musculaires.

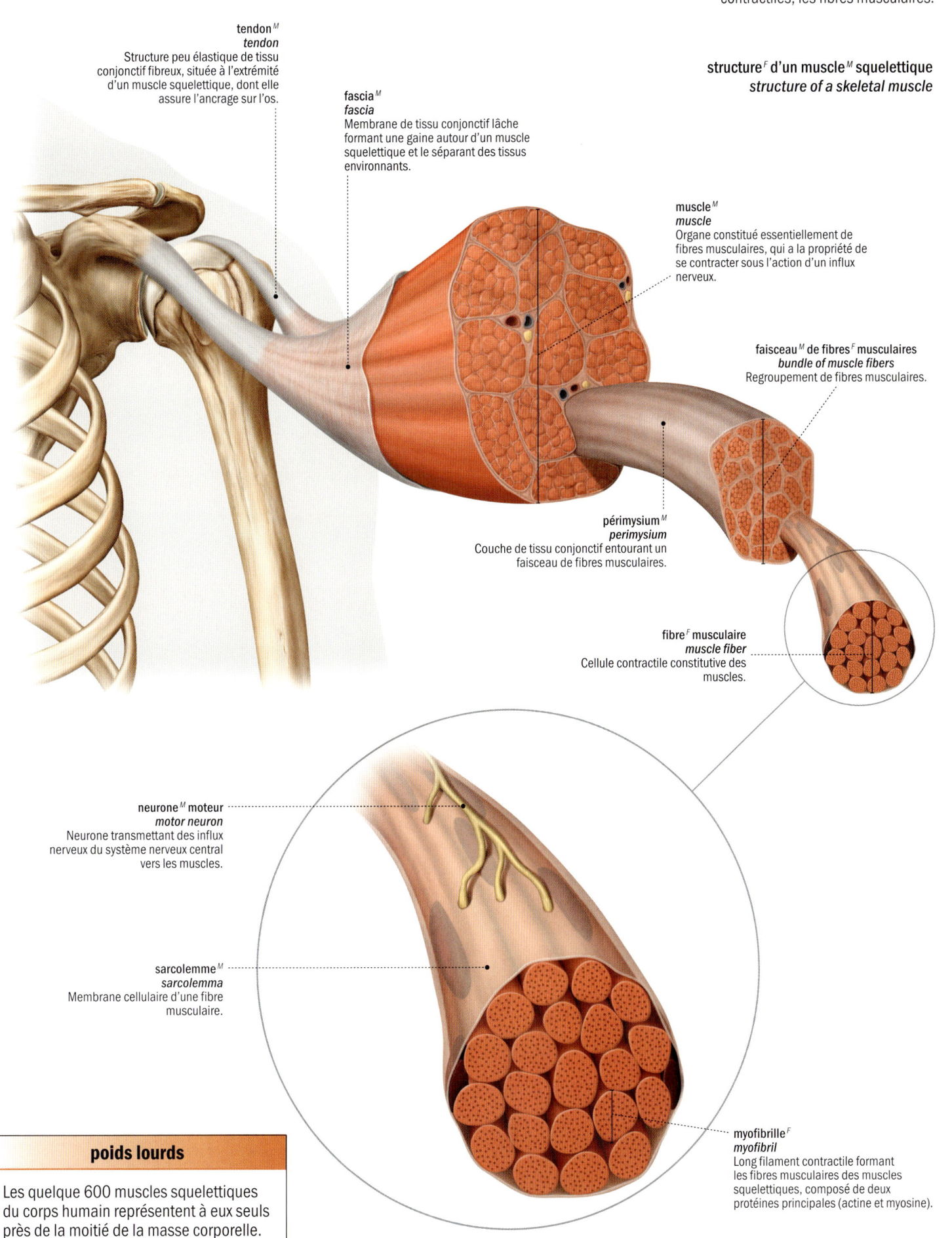

structure^F d'un muscle^M squelettique
structure of a skeletal muscle

LES MUSCLES

tendon^M
tendon
Structure peu élastique de tissu conjonctif fibreux, située à l'extrémité d'un muscle squelettique, dont elle assure l'ancrage sur l'os.

fascia^M
fascia
Membrane de tissu conjonctif lâche formant une gaine autour d'un muscle squelettique et le séparant des tissus environnants.

muscle^M
muscle
Organe constitué essentiellement de fibres musculaires, qui a la propriété de se contracter sous l'action d'un influx nerveux.

faisceau^M de fibres^F musculaires
bundle of muscle fibers
Regroupement de fibres musculaires.

périmysium^M
perimysium
Couche de tissu conjonctif entourant un faisceau de fibres musculaires.

fibre^F musculaire
muscle fiber
Cellule contractile constitutive des muscles.

neurone^M moteur
motor neuron
Neurone transmettant des influx nerveux du système nerveux central vers les muscles.

sarcolemme^M
sarcolemma
Membrane cellulaire d'une fibre musculaire.

myofibrille^F
myofibril
Long filament contractile formant les fibres musculaires des muscles squelettiques, composé de deux protéines principales (actine et myosine).

poids lourds

Les quelque 600 muscles squelettiques du corps humain représentent à eux seuls près de la moitié de la masse corporelle.

37

principaux muscles[M]

main muscles

Le corps humain compte plus de 600 muscles, répartis dans toutes les parties de l'organisme.

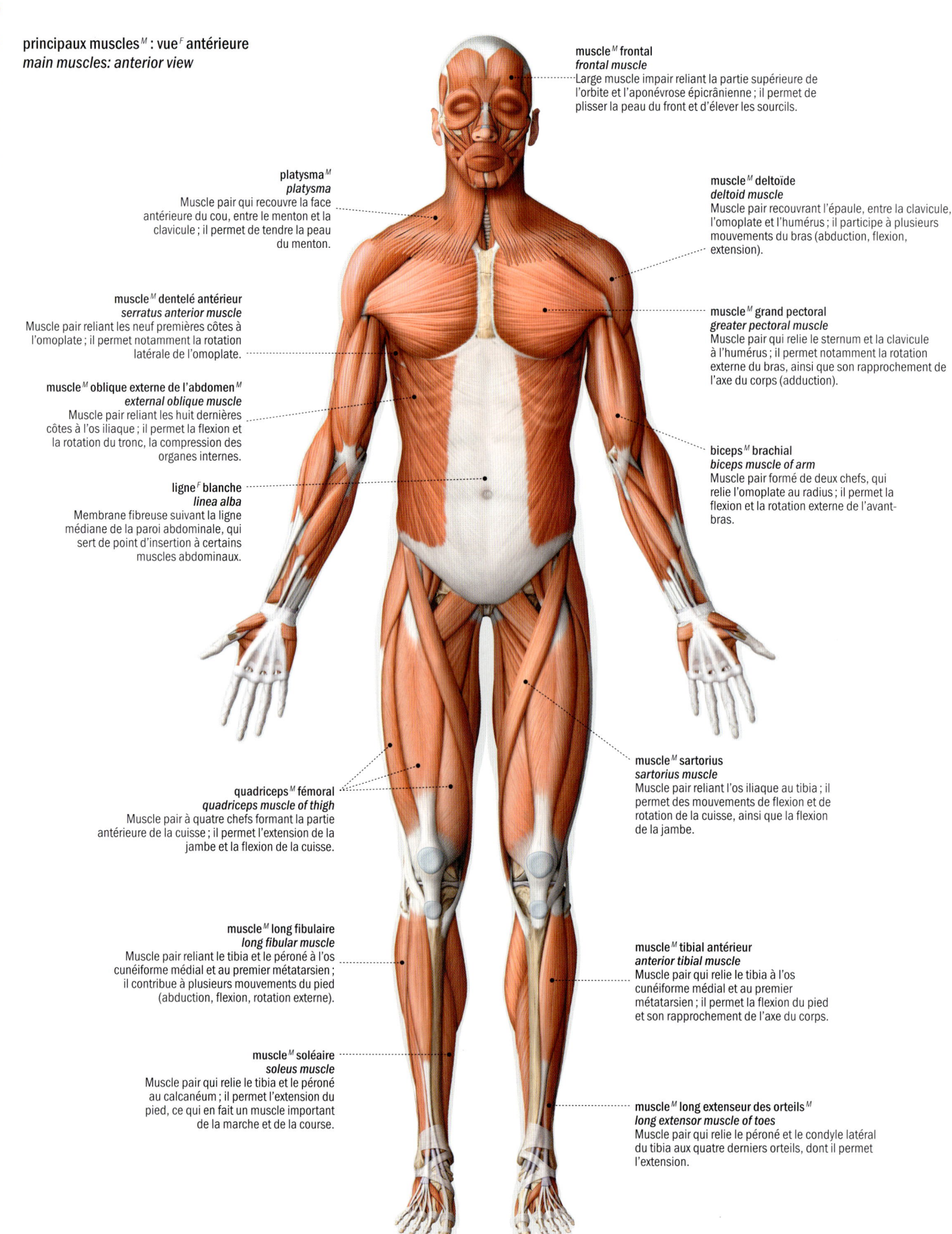

principaux muscles[M] : vue[F] antérieure
main muscles: anterior view

muscle[M] frontal
frontal muscle
Large muscle impair reliant la partie supérieure de l'orbite et l'aponévrose épicrânienne ; il permet de plisser la peau du front et d'élever les sourcils.

platysma[M]
platysma
Muscle pair qui recouvre la face antérieure du cou, entre le menton et la clavicule ; il permet de tendre la peau du menton.

muscle[M] deltoïde
deltoid muscle
Muscle pair recouvrant l'épaule, entre la clavicule, l'omoplate et l'humérus ; il participe à plusieurs mouvements du bras (abduction, flexion, extension).

muscle[M] dentelé antérieur
serratus anterior muscle
Muscle pair reliant les neuf premières côtes à l'omoplate ; il permet notamment la rotation latérale de l'omoplate.

muscle[M] grand pectoral
greater pectoral muscle
Muscle pair qui relie le sternum et la clavicule à l'humérus ; il permet notamment la rotation externe du bras, ainsi que son rapprochement de l'axe du corps (adduction).

muscle[M] oblique externe de l'abdomen[M]
external oblique muscle
Muscle pair reliant les huit dernières côtes à l'os iliaque ; il permet la flexion et la rotation du tronc, la compression des organes internes.

biceps[M] brachial
biceps muscle of arm
Muscle pair formé de deux chefs, qui relie l'omoplate au radius ; il permet la flexion et la rotation externe de l'avant-bras.

ligne[F] blanche
linea alba
Membrane fibreuse suivant la ligne médiane de la paroi abdominale, qui sert de point d'insertion à certains muscles abdominaux.

muscle[M] sartorius
sartorius muscle
Muscle pair reliant l'os iliaque au tibia ; il permet des mouvements de flexion et de rotation de la cuisse, ainsi que la flexion de la jambe.

quadriceps[M] fémoral
quadriceps muscle of thigh
Muscle pair à quatre chefs formant la partie antérieure de la cuisse ; il permet l'extension de la jambe et la flexion de la cuisse.

muscle[M] long fibulaire
long fibular muscle
Muscle pair reliant le tibia et le péroné à l'os cunéiforme médial et au premier métatarsien ; il contribue à plusieurs mouvements du pied (abduction, flexion, rotation externe).

muscle[M] tibial antérieur
anterior tibial muscle
Muscle pair qui relie le tibia à l'os cunéiforme médial et au premier métatarsien ; il permet la flexion du pied et son rapprochement de l'axe du corps.

muscle[M] soléaire
soleus muscle
Muscle pair qui relie le tibia et le péroné au calcanéum ; il permet l'extension du pied, ce qui en fait un muscle important de la marche et de la course.

muscle[M] long extenseur des orteils[M]
long extensor muscle of toes
Muscle pair qui relie le péroné et le condyle latéral du tibia aux quatre derniers orteils, dont il permet l'extension.

LES MUSCLES

38

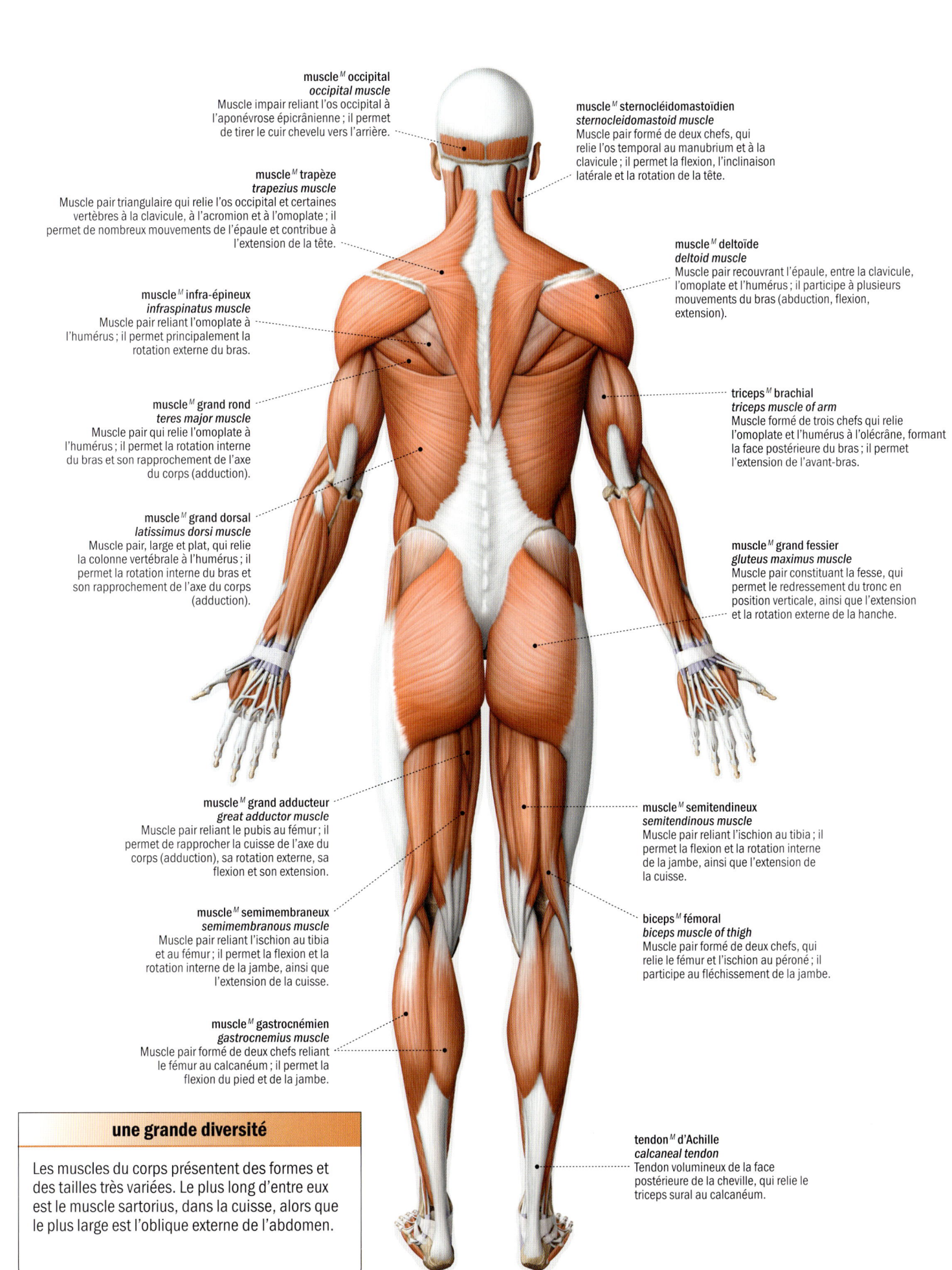

principaux muscles[M]

principaux muscles[M] : vue[F] postérieure
main muscles: posterior view

muscle[M] occipital
occipital muscle
Muscle impair reliant l'os occipital à l'aponévrose épicrânienne ; il permet de tirer le cuir chevelu vers l'arrière.

muscle[M] sternocléidomastoïdien
sternocleidomastoid muscle
Muscle pair formé de deux chefs, qui relie l'os temporal au manubrium et à la clavicule ; il permet la flexion, l'inclinaison latérale et la rotation de la tête.

muscle[M] trapèze
trapezius muscle
Muscle pair triangulaire qui relie l'os occipital et certaines vertèbres à la clavicule, à l'acromion et à l'omoplate ; il permet de nombreux mouvements de l'épaule et contribue à l'extension de la tête.

muscle[M] deltoïde
deltoid muscle
Muscle pair recouvrant l'épaule, entre la clavicule, l'omoplate et l'humérus ; il participe à plusieurs mouvements du bras (abduction, flexion, extension).

muscle[M] infra-épineux
infraspinatus muscle
Muscle pair reliant l'omoplate à l'humérus ; il permet principalement la rotation externe du bras.

muscle[M] grand rond
teres major muscle
Muscle pair qui relie l'omoplate à l'humérus ; il permet la rotation interne du bras et son rapprochement de l'axe du corps (adduction).

triceps[M] brachial
triceps muscle of arm
Muscle formé de trois chefs qui relie l'omoplate et l'humérus à l'olécrâne, formant la face postérieure du bras ; il permet l'extension de l'avant-bras.

muscle[M] grand dorsal
latissimus dorsi muscle
Muscle pair, large et plat, qui relie la colonne vertébrale à l'humérus ; il permet la rotation interne du bras et son rapprochement de l'axe du corps (adduction).

muscle[M] grand fessier
gluteus maximus muscle
Muscle pair constituant la fesse, qui permet le redressement du tronc en position verticale, ainsi que l'extension et la rotation externe de la hanche.

muscle[M] grand adducteur
great adductor muscle
Muscle pair reliant le pubis au fémur ; il permet de rapprocher la cuisse de l'axe du corps (adduction), sa rotation externe, sa flexion et son extension.

muscle[M] semitendineux
semitendinous muscle
Muscle pair reliant l'ischion au tibia ; il permet la flexion et la rotation interne de la jambe, ainsi que l'extension de la cuisse.

muscle[M] semimembraneux
semimembranous muscle
Muscle pair reliant l'ischion au tibia et au fémur ; il permet la flexion et la rotation interne de la jambe, ainsi que l'extension de la cuisse.

biceps[M] fémoral
biceps muscle of thigh
Muscle pair formé de deux chefs, qui relie le fémur et l'ischion au péroné ; il participe au fléchissement de la jambe.

muscle[M] gastrocnémien
gastrocnemius muscle
Muscle pair formé de deux chefs reliant le fémur au calcanéum ; il permet la flexion du pied et de la jambe.

tendon[M] d'Achille
calcaneal tendon
Tendon volumineux de la face postérieure de la cheville, qui relie le triceps sural au calcanéum.

---

une grande diversité

Les muscles du corps présentent des formes et des tailles très variées. Le plus long d'entre eux est le muscle sartorius, dans la cuisse, alors que le plus large est l'oblique externe de l'abdomen.

LES MUSCLES

tête F et cou M
head and neck

La tête et le cou abritent notamment les muscles faciaux (responsables des expressions faciales) et les muscles masticateurs.

tête F et cou M : vue F antérieure
head and neck: anterior view

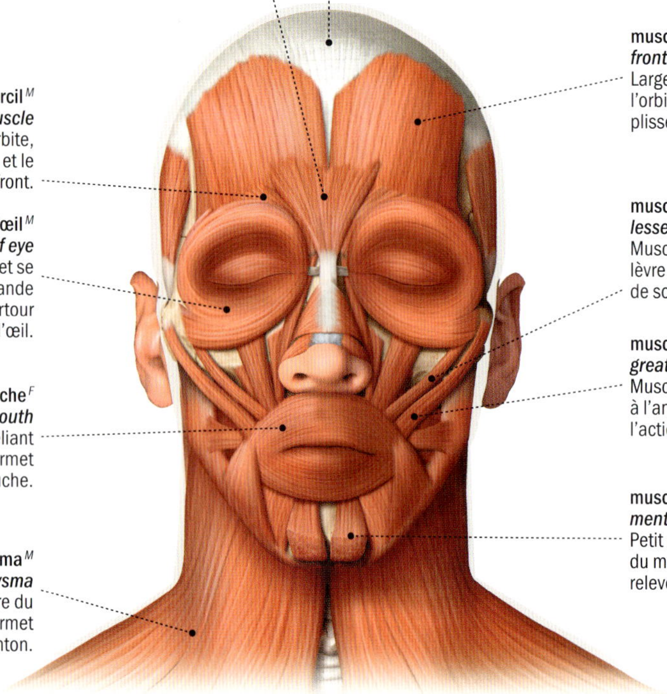

muscle M procérus
procerus muscle
Muscle impair reliant l'os nasal à la peau du front ; il permet d'abaisser la peau entre les deux sourcils.

aponévrose F épicrânienne
epicranial aponeurosis
Lame fibreuse recouvrant le crâne, entre les muscles frontal et occipital.

muscle M frontal
frontal muscle
Large muscle impair reliant la partie supérieure de l'orbite et l'aponévrose épicrânienne ; il permet de plisser la peau du front et d'élever les sourcils.

muscle M corrugateur du sourcil M
corrugator supercilii muscle
Petit muscle pair situé au-dessus de l'orbite, qui permet le froncement des sourcils et le plissement de la peau du front.

muscle M petit zygomatique
lesser zygomatic muscle
Muscle pair reliant l'os zygomatique à la lèvre supérieure ; il contribue à l'action de sourire.

muscle M orbiculaire de l'œil M
orbicular muscle of eye
Muscle annulaire pair entourant l'orbite et se prolongeant dans les paupières ; il commande les mouvements des paupières et du pourtour de l'œil.

muscle M grand zygomatique
greater zygomatic muscle
Muscle pair reliant l'os zygomatique à l'angle de la bouche ; il contribue à l'action de sourire.

muscle M orbiculaire de la bouche F
orbicular muscle of mouth
Muscle impair à deux faisceaux reliant les commissures des lèvres, qui permet notamment d'ouvrir et de fermer la bouche.

muscle M mentonnier
mentalis muscle
Petit muscle pair reliant l'os et la peau du menton ; sa contraction permet de relever le menton.

platysma M
platysma
Muscle pair qui recouvre la face antérieure du cou, entre le menton et la clavicule ; il permet de tendre la peau du menton.

---

une gamme d'émotions

Les expressions faciales prennent forme grâce aux quelque 70 muscles de la tête. Il existe six expressions de base — joie, colère, peur, surprise, dégoût et tristesse — , qui font partie des 7 000 physionomies répertoriées dans le monde.

---

tête F et cou M : vue F latérale
head and neck: lateral view

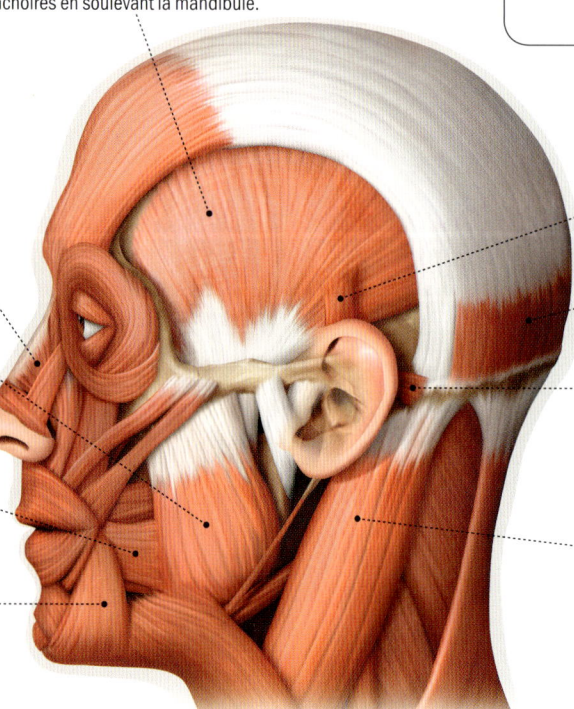

muscle M temporal
temporal muscle
Muscle pair reliant la fosse temporale à la mandibule ; il permet de fermer les mâchoires en soulevant la mandibule.

muscle M nasal
nasal muscle
Muscle pair reliant le maxillaire à l'aile du nez ; il permet de dilater la narine et d'abaisser le cartilage du nez.

muscle M auriculaire supérieur
superior auricular muscle
Muscle pair reliant l'aponévrose épicrânienne au cartilage de l'oreille ; il tire l'oreille légèrement vers le haut.

muscle M masséter
masseter muscle
Muscle pair puissant reliant l'os zygomatique à la mandibule ; il permet d'élever la mâchoire supérieure, contribuant à la mastication.

muscle M occipital
occipital muscle
Muscle pair reliant l'os occipital à l'aponévrose épicrânienne ; il permet de tirer le cuir chevelu vers l'arrière.

muscle M risorius
risorius muscle
Muscle pair s'étendant du muscle masséter jusqu'à l'angle de la bouche ; il permet notamment de sourire.

muscle M auriculaire postérieur
posterior auricular muscle
Muscle pair reliant l'apophyse mastoïde au cartilage de l'oreille ; il tire l'oreille légèrement vers le haut et vers l'arrière.

muscle M abaisseur de l'angle M de la bouche F
depressor muscle of angle of mouth
Muscle pair reliant la mandibule à l'angle de la bouche, qu'il permet d'abaisser.

muscle M sternocléidomastoïdien
sternocleidomastoid muscle
Muscle pair formé de deux chefs, qui relie l'os temporal au manubrium et à la clavicule ; il permet la flexion, l'inclinaison latérale et la rotation de la tête.

thorax^M et abdomen^M
thorax and abdomen

La cage thoracique et la paroi abdominale comprennent des muscles superficiels et profonds qui soutiennent l'abdomen et permettent d'effectuer de nombreux mouvements du tronc et des membres.

thorax^M et abdomen^M : vue^F antérieure
thorax and abdomen: anterior view

LES MUSCLES

muscle^M droit de l'abdomen^M
rectus abdominis muscle
Muscle impair superficiel de l'abdomen reliant le pubis au sternum et à certains cartilages costaux ; il permet notamment la flexion du tronc vers l'avant.

muscle^M grand pectoral
greater pectoral muscle
Muscle pair formé de deux chefs, qui relie le sternum et la clavicule à l'humérus ; il permet notamment la rotation externe du bras, ainsi que son rapprochement de l'axe du corps (adduction).

muscles^M intercostaux internes
internal intercostal muscles
Muscles pairs reliant le bord inférieur d'une côte au bord supérieur de la côte sous-jacente ; actifs lors de l'expiration, ils permettent notamment d'abaisser les côtes.

muscle^M dentelé antérieur
serratus anterior muscle
Muscle pair reliant les neuf premières côtes à l'omoplate ; il permet notamment la rotation latérale de l'omoplate, participant ainsi à l'abduction du bras.

ligne^F blanche
linea alba
Membrane fibreuse suivant la ligne médiane de la paroi abdominale, qui sert de point d'insertion à certains muscles abdominaux.

gaine^F du muscle^M droit de l'abdomen^M
rectus sheath
Membrane recouvrant le muscle droit de l'abdomen ; son bord interne contribue à la formation de la ligne blanche.

nombril^M
navel
Cicatrice en forme de dépression arrondie résultant de la section du cordon ombilical.

muscle^M oblique externe de l'abdomen^M
external oblique muscle
Muscle pair, large et fin, reliant les huit dernières côtes à l'os iliaque ; il permet la flexion et la rotation du tronc, la compression des organes internes et contribue à l'expiration.

muscle^M oblique interne de l'abdomen^M
internal oblique muscle
Muscle pair reliant l'os iliaque aux trois ou quatre dernières côtes ; il permet la flexion et la rotation du tronc, ainsi que la compression des organes internes.

muscle^M iliaque
iliac muscle
Muscle pair de la région inférieure de l'abdomen qui permet principalement la flexion de la cuisse.

muscle^M tenseur du fascia^M lata
tensor muscle of fascia lata
Muscle pair reliant l'os iliaque au bord de la membrane entourant la cuisse (fascia lata) ; il contribue à la flexion et à la rotation interne de la hanche.

muscle^M grand psoas^M
greater psoas muscle
Muscle pair qui permet la flexion de la cuisse ou l'inclinaison du tronc vers l'avant.

41

membre[M] supérieur
upper limb

L'épaule, le bras, l'avant-bras et la main contiennent de nombreux muscles qui permettent des mouvements d'une grande précision.

membre[M] supérieur : vue[F] antérieure
upper limb: anterior view

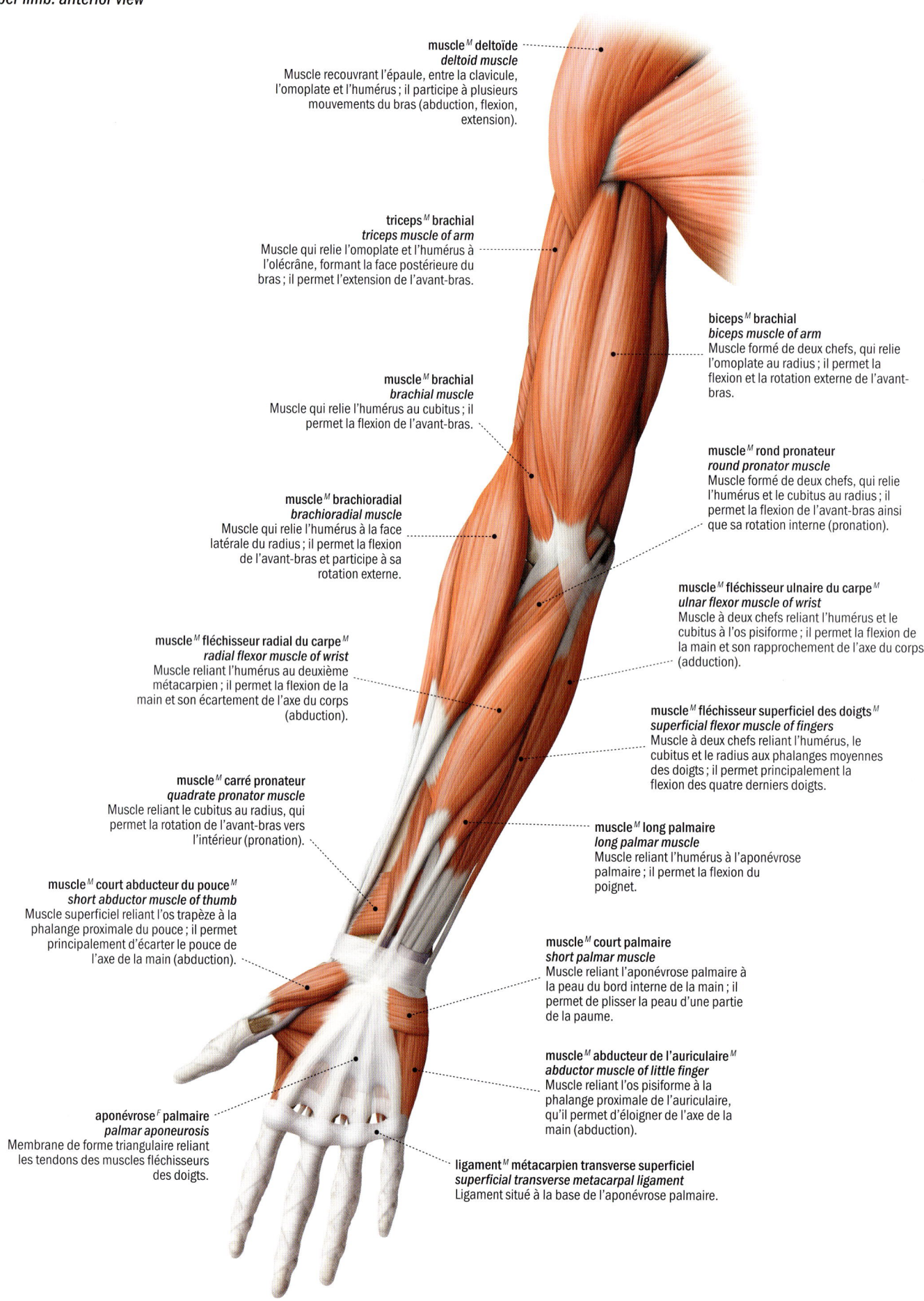

muscle[M] deltoïde
deltoid muscle
Muscle recouvrant l'épaule, entre la clavicule, l'omoplate et l'humérus ; il participe à plusieurs mouvements du bras (abduction, flexion, extension).

triceps[M] brachial
triceps muscle of arm
Muscle qui relie l'omoplate et l'humérus à l'olécrâne, formant la face postérieure du bras ; il permet l'extension de l'avant-bras.

biceps[M] brachial
biceps muscle of arm
Muscle formé de deux chefs, qui relie l'omoplate au radius ; il permet la flexion et la rotation externe de l'avant-bras.

muscle[M] brachial
brachial muscle
Muscle qui relie l'humérus au cubitus ; il permet la flexion de l'avant-bras.

muscle[M] rond pronateur
round pronator muscle
Muscle formé de deux chefs, qui relie l'humérus et le cubitus au radius ; il permet la flexion de l'avant-bras ainsi que sa rotation interne (pronation).

muscle[M] brachioradial
brachioradial muscle
Muscle qui relie l'humérus à la face latérale du radius ; il permet la flexion de l'avant-bras et participe à sa rotation externe.

muscle[M] fléchisseur ulnaire du carpe[M]
ulnar flexor muscle of wrist
Muscle à deux chefs reliant l'humérus et le cubitus à l'os pisiforme ; il permet la flexion de la main et son rapprochement de l'axe du corps (adduction).

muscle[M] fléchisseur radial du carpe[M]
radial flexor muscle of wrist
Muscle reliant l'humérus au deuxième métacarpien ; il permet la flexion de la main et son écartement de l'axe du corps (abduction).

muscle[M] fléchisseur superficiel des doigts[M]
superficial flexor muscle of fingers
Muscle à deux chefs reliant l'humérus, le cubitus et le radius aux phalanges moyennes des doigts ; il permet principalement la flexion des quatre derniers doigts.

muscle[M] carré pronateur
quadrate pronator muscle
Muscle reliant le cubitus au radius, qui permet la rotation de l'avant-bras vers l'intérieur (pronation).

muscle[M] long palmaire
long palmar muscle
Muscle reliant l'humérus à l'aponévrose palmaire ; il permet la flexion du poignet.

muscle[M] court abducteur du pouce[M]
short abductor muscle of thumb
Muscle superficiel reliant l'os trapèze à la phalange proximale du pouce ; il permet principalement d'écarter le pouce de l'axe de la main (abduction).

muscle[M] court palmaire
short palmar muscle
Muscle reliant l'aponévrose palmaire à la peau du bord interne de la main ; il permet de plisser la peau d'une partie de la paume.

muscle[M] abducteur de l'auriculaire[M]
abductor muscle of little finger
Muscle reliant l'os pisiforme à la phalange proximale de l'auriculaire, qu'il permet d'éloigner de l'axe de la main (abduction).

aponévrose[F] palmaire
palmar aponeurosis
Membrane de forme triangulaire reliant les tendons des muscles fléchisseurs des doigts.

ligament[M] métacarpien transverse superficiel
superficial transverse metacarpal ligament
Ligament situé à la base de l'aponévrose palmaire.

membre^M supérieur

main^F : vue^F postérieure
hand: posterior view

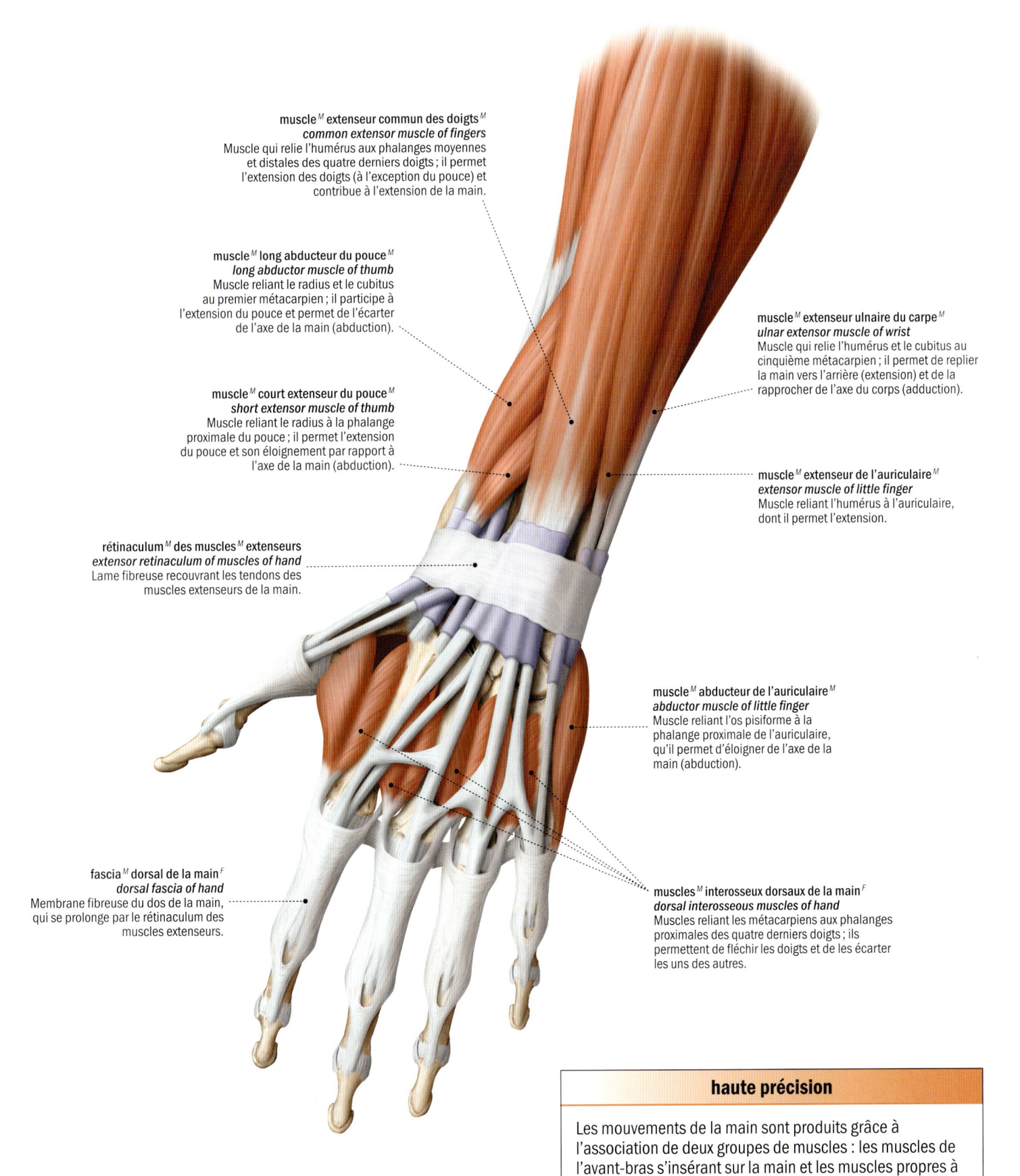

LES MUSCLES

muscle^M extenseur commun des doigts^M
common extensor muscle of fingers
Muscle qui relie l'humérus aux phalanges moyennes et distales des quatre derniers doigts ; il permet l'extension des doigts (à l'exception du pouce) et contribue à l'extension de la main.

muscle^M long abducteur du pouce^M
long abductor muscle of thumb
Muscle reliant le radius et le cubitus au premier métacarpien ; il participe à l'extension du pouce et permet de l'écarter de l'axe de la main (abduction).

muscle^M court extenseur du pouce^M
short extensor muscle of thumb
Muscle reliant le radius à la phalange proximale du pouce ; il permet l'extension du pouce et son éloignement par rapport à l'axe de la main (abduction).

rétinaculum^M des muscles^M extenseurs
extensor retinaculum of muscles of hand
Lame fibreuse recouvrant les tendons des muscles extenseurs de la main.

fascia^M dorsal de la main^F
dorsal fascia of hand
Membrane fibreuse du dos de la main, qui se prolonge par le rétinaculum des muscles extenseurs.

muscle^M extenseur ulnaire du carpe^M
ulnar extensor muscle of wrist
Muscle qui relie l'humérus et le cubitus au cinquième métacarpien ; il permet de replier la main vers l'arrière (extension) et de la rapprocher de l'axe du corps (adduction).

muscle^M extenseur de l'auriculaire^M
extensor muscle of little finger
Muscle reliant l'humérus à l'auriculaire, dont il permet l'extension.

muscle^M abducteur de l'auriculaire^M
abductor muscle of little finger
Muscle reliant l'os pisiforme à la phalange proximale de l'auriculaire, qu'il permet d'éloigner de l'axe de la main (abduction).

muscles^M interosseux dorsaux de la main^F
dorsal interosseous muscles of hand
Muscles reliant les métacarpiens aux phalanges proximales des quatre derniers doigts ; ils permettent de fléchir les doigts et de les écarter les uns des autres.

haute précision

Les mouvements de la main sont produits grâce à l'association de deux groupes de muscles : les muscles de l'avant-bras s'insérant sur la main et les muscles propres à la main. Ils permettent des ajustements très fins assurant des mouvements tels que l'écriture ou la préhension d'objets délicats.

membre^M inférieur
lower limb

La cuisse, la jambe et le pied comprennent de nombreux muscles permettant la station debout et la locomotion.

LES MUSCLES

membre^M inférieur : vue^F antérieure
lower limb: anterior view

muscle^M pectiné
pectineal muscle
Muscle reliant le pubis à la partie haute du fémur ; il participe à la flexion de la cuisse et à son rapprochement de l'axe du corps (adduction).

muscle^M long adducteur
long adductor muscle
Muscle reliant le pubis au fémur ; il permet de rapprocher la cuisse de l'axe du corps (adduction), en plus d'assurer sa rotation externe et sa flexion.

muscle^M droit de la cuisse^F
rectus muscle of thigh
Partie centrale du quadriceps, qui relie l'os iliaque et l'acétabulum à la rotule et au tibia ; il permet l'extension de la jambe et la flexion de la cuisse.

muscle^M gracile
gracilis muscle
Muscle reliant le pubis au tibia ; il permet le rapprochement de la cuisse de l'axe du corps (adduction), la flexion et la rotation interne de la jambe.

muscle^M sartorius
sartorius muscle
Muscle reliant l'os iliaque au tibia ; il permet des mouvements de flexion et de rotation de la cuisse, ainsi que la flexion de la jambe.

muscle^M vaste latéral
lateral vastus muscle
Partie du quadriceps reliée à la partie externe du fémur ; il participe à l'extension de la jambe et assure la stabilisation du genou.

muscle^M vaste médial
medial vastus muscle
Partie du quadriceps reliée à la partie interne du fémur ; il permet l'extension de la jambe et assure la stabilisation du genou.

muscle^M long fibulaire
long fibular muscle
Muscle reliant le tibia et le péroné à l'os cunéiforme médial et au premier métatarsien ; il contribue à plusieurs mouvements du pied (abduction, flexion, rotation externe).

muscle^M gastrocnémien
gastrocnemius muscle
Muscle formé de deux chefs reliant le fémur au calcanéum ; il permet la flexion du pied et de la jambe.

muscle^M tibial antérieur
anterior tibial muscle
Muscle qui relie le tibia à l'os cunéiforme médial et au premier métatarsien ; il permet la flexion du pied et son rapprochement de l'axe du corps.

muscle^M soléaire
soleus muscle
Muscle qui relie le tibia et le péroné au calcanéum ; il permet l'extension du pied, ce qui en fait un muscle important de la marche et de la course.

muscle^M long extenseur des orteils^M
long extensor muscle of toes
Muscle qui relie le péroné et le tibia aux quatre derniers orteils, dont il permet l'extension.

muscle^M long extenseur du gros orteil^M
long extensor muscle of big toe
Muscle reliant le tibia à la phalange distale du gros orteil ; il permet l'extension du gros orteil et la flexion du pied vers l'avant.

muscle^M court extenseur du gros orteil^M
short extensor muscle of big toe
Muscle qui relie le calcanéum à la phalange proximale du gros orteil, dont il permet l'extension.

muscle^M abducteur du gros orteil^M
abductor muscle of big toe
Muscle reliant le calcanéum à la phalange proximale du gros orteil ; il permet de fléchir le gros orteil et de l'écarter de l'axe du pied (abduction).

membre^M inférieur

pied^M : vue^F latérale
foot: lateral view

LES MUSCLES

point d'équilibre

Chaque pied contient quelque 33 muscles, dont certains s'insèrent sur les os de la jambe. Ils contribuent au maintien de l'équilibre et jouent un rôle essentiel dans la marche.

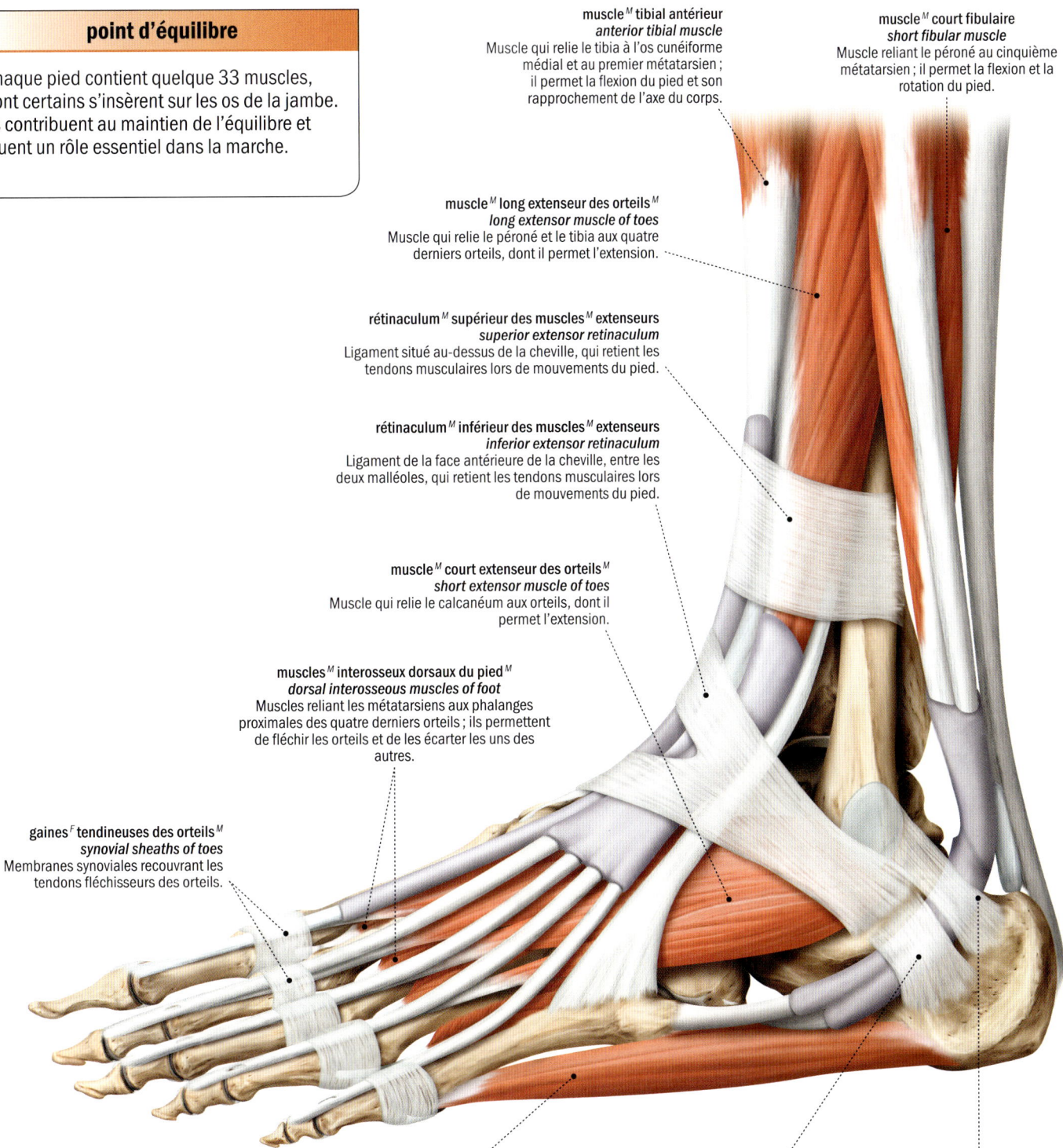

muscle^M tibial antérieur
anterior tibial muscle
Muscle qui relie le tibia à l'os cunéiforme médial et au premier métatarsien ; il permet la flexion du pied et son rapprochement de l'axe du corps.

muscle^M court fibulaire
short fibular muscle
Muscle reliant le péroné au cinquième métatarsien ; il permet la flexion et la rotation du pied.

muscle^M long extenseur des orteils^M
long extensor muscle of toes
Muscle qui relie le péroné et le tibia aux quatre derniers orteils, dont il permet l'extension.

rétinaculum^M supérieur des muscles^M extenseurs
superior extensor retinaculum
Ligament situé au-dessus de la cheville, qui retient les tendons musculaires lors de mouvements du pied.

rétinaculum^M inférieur des muscles^M extenseurs
inferior extensor retinaculum
Ligament de la face antérieure de la cheville, entre les deux malléoles, qui retient les tendons musculaires lors de mouvements du pied.

muscle^M court extenseur des orteils^M
short extensor muscle of toes
Muscle qui relie le calcanéum aux orteils, dont il permet l'extension.

muscles^M interosseux dorsaux du pied^M
dorsal interosseous muscles of foot
Muscles reliant les métatarsiens aux phalanges proximales des quatre derniers orteils ; ils permettent de fléchir les orteils et de les écarter les uns des autres.

gaines^F tendineuses des orteils^M
synovial sheaths of toes
Membranes synoviales recouvrant les tendons fléchisseurs des orteils.

muscle^M abducteur du petit orteil^M
abductor muscle of little toe
Muscle reliant le calcanéum à la phalange proximale du petit orteil ; il permet d'écarter le petit orteil de l'axe du pied (abduction).

rétinaculum^M inférieur des muscles^M fibulaires
inferior fibular retinaculum
Ligament s'étendant du calcanéum au rétinaculum des muscles extenseurs, qui maintient les muscles long et court fibulaires à la face externe du pied.

rétinaculum^M supérieur des muscles^M fibulaires
superior fibular retinaculum
Ligament s'étendant de la malléole latérale au calcanéum, qui maintient les muscles long et court fibulaires à la face externe du pied.

45

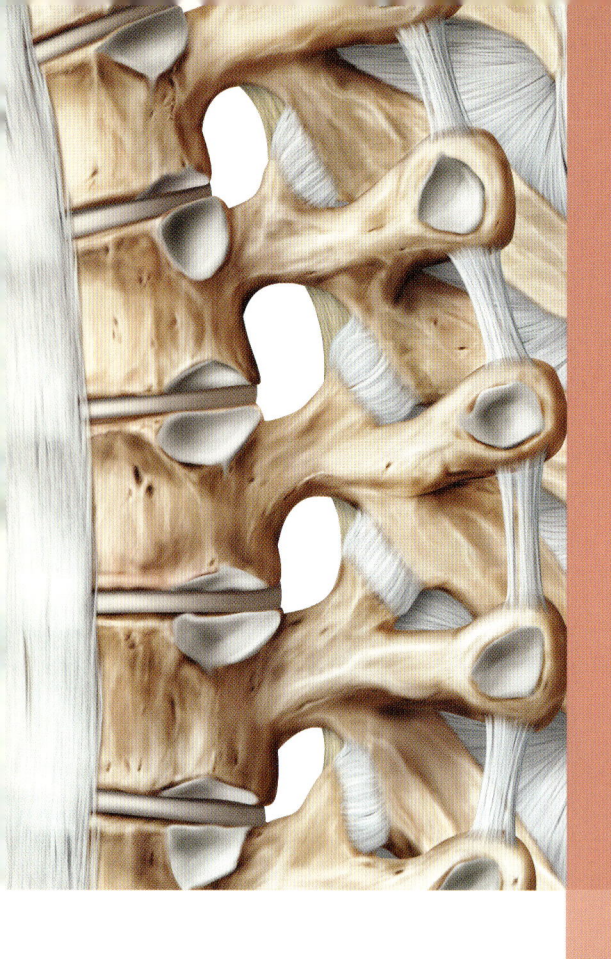

48 principales articulations

49 articulations cartilagineuses

50 articulations synoviales

Les articulations

Les articulations sont des structures plus ou moins mobiles reliant les os, assurant ainsi la solidité et la mobilité du squelette. L'amplitude du mouvement d'un os dépend en bonne partie de la nature de ses articulations. Les articulations fibreuses et les articulations cartilagineuses possèdent très peu de mobilité, alors que les articulations synoviales permettent une grande variété de mouvements. Parmi les centaines d'articulations synoviales du corps humain, les plus importantes pour la mobilité sont celles des membres et de la colonne vertébrale.

principales articulations[F]
main joints

Les articulations se classent en trois types principaux : les articulations synoviales, les articulations cartilagineuses et les articulations fibreuses.

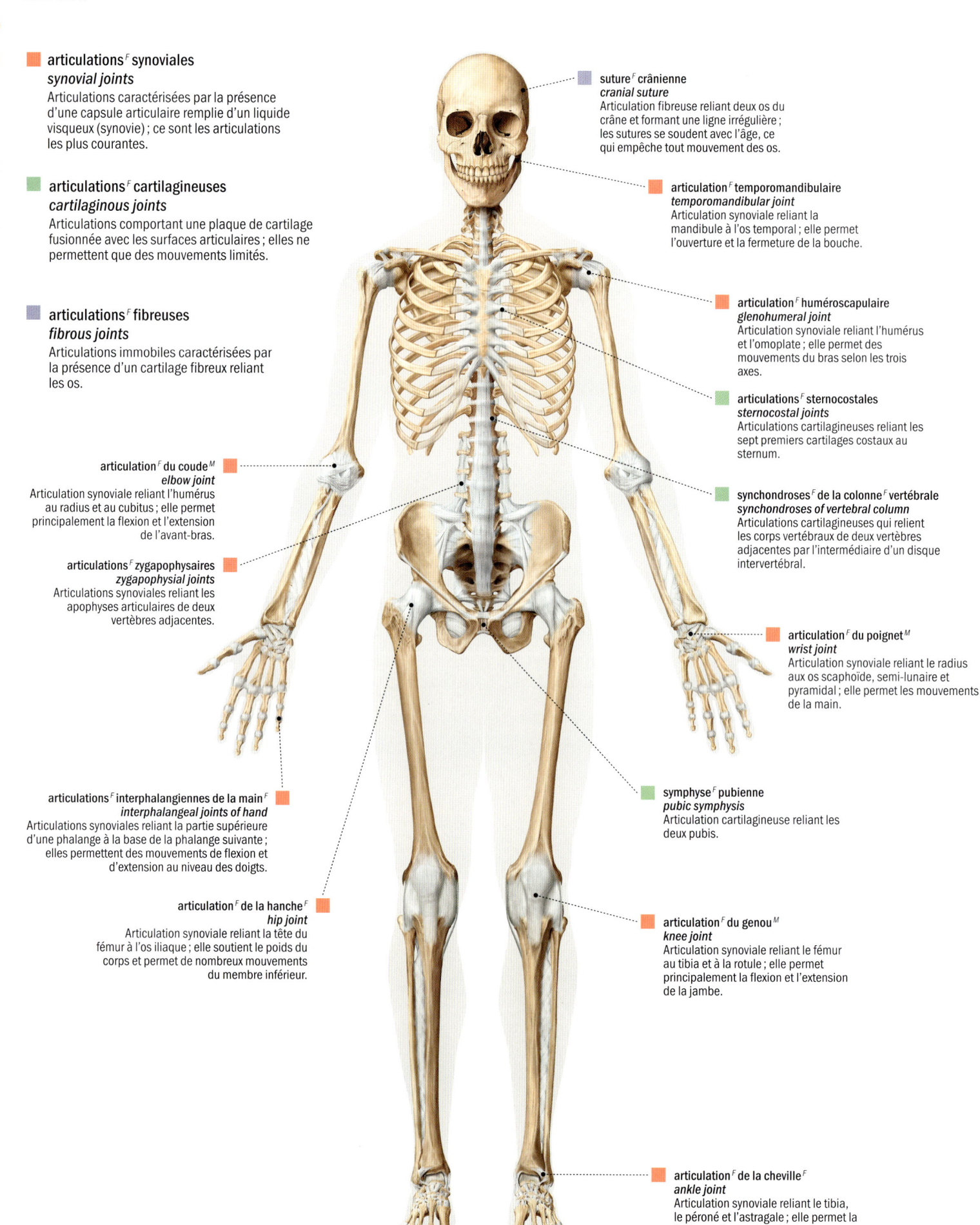

LES ARTICULATIONS

■ **articulations[F] synoviales**
synovial joints
Articulations caractérisées par la présence d'une capsule articulaire remplie d'un liquide visqueux (synovie) ; ce sont les articulations les plus courantes.

■ **articulations[F] cartilagineuses**
cartilaginous joints
Articulations comportant une plaque de cartilage fusionnée avec les surfaces articulaires ; elles ne permettent que des mouvements limités.

■ **articulations[F] fibreuses**
fibrous joints
Articulations immobiles caractérisées par la présence d'un cartilage fibreux reliant les os.

articulation[F] du coude[M]
elbow joint
Articulation synoviale reliant l'humérus au radius et au cubitus ; elle permet principalement la flexion et l'extension de l'avant-bras.

articulations[F] zygapophysaires
zygapophysial joints
Articulations synoviales reliant les apophyses articulaires de deux vertèbres adjacentes.

articulations[F] interphalangiennes de la main[F]
interphalangeal joints of hand
Articulations synoviales reliant la partie supérieure d'une phalange à la base de la phalange suivante ; elles permettent des mouvements de flexion et d'extension au niveau des doigts.

articulation[F] de la hanche[F]
hip joint
Articulation synoviale reliant la tête du fémur à l'os iliaque ; elle soutient le poids du corps et permet de nombreux mouvements du membre inférieur.

suture[F] crânienne
cranial suture
Articulation fibreuse reliant deux os du crâne et formant une ligne irrégulière ; les sutures se soudent avec l'âge, ce qui empêche tout mouvement des os.

articulation[F] temporomandibulaire
temporomandibular joint
Articulation synoviale reliant la mandibule à l'os temporal ; elle permet l'ouverture et la fermeture de la bouche.

articulation[F] huméroscapulaire
glenohumeral joint
Articulation synoviale reliant l'humérus et l'omoplate ; elle permet des mouvements du bras selon les trois axes.

articulations[F] sternocostales
sternocostal joints
Articulations cartilagineuses reliant les sept premiers cartilages costaux au sternum.

synchondroses[F] de la colonne[F] vertébrale
synchondroses of vertebral column
Articulations cartilagineuses qui relient les corps vertébraux de deux vertèbres adjacentes par l'intermédiaire d'un disque intervertébral.

articulation[F] du poignet[M]
wrist joint
Articulation synoviale reliant le radius aux os scaphoïde, semi-lunaire et pyramidal ; elle permet les mouvements de la main.

symphyse[F] pubienne
pubic symphysis
Articulation cartilagineuse reliant les deux pubis.

articulation[F] du genou[M]
knee joint
Articulation synoviale reliant le fémur au tibia et à la rotule ; elle permet principalement la flexion et l'extension de la jambe.

articulation[F] de la cheville[F]
ankle joint
Articulation synoviale reliant le tibia, le péroné et l'astragale ; elle permet la flexion et l'extension du pied.

articulations[F] cartilagineuses
cartilaginous joints

Articulations comportant une plaque de cartilage fusionnée avec les surfaces articulaires, qui ne permettent que des mouvements limités ; on les trouve entre les vertèbres, entre les os du pubis et au niveau de la première côte.

de gauche à droite

Contrairement aux autres vertèbres, l'atlas et l'axis ne sont pas séparés par un disque intervertébral. Ils sont plutôt liés par des articulations synoviales permettant la rotation de la tête.

synchondroses[F] de la colonne[F] vertébrale
synchondroses of vertebral column

Articulations cartilagineuses qui relient les corps vertébraux de deux vertèbres adjacentes par l'intermédiaire d'un disque intervertébral.

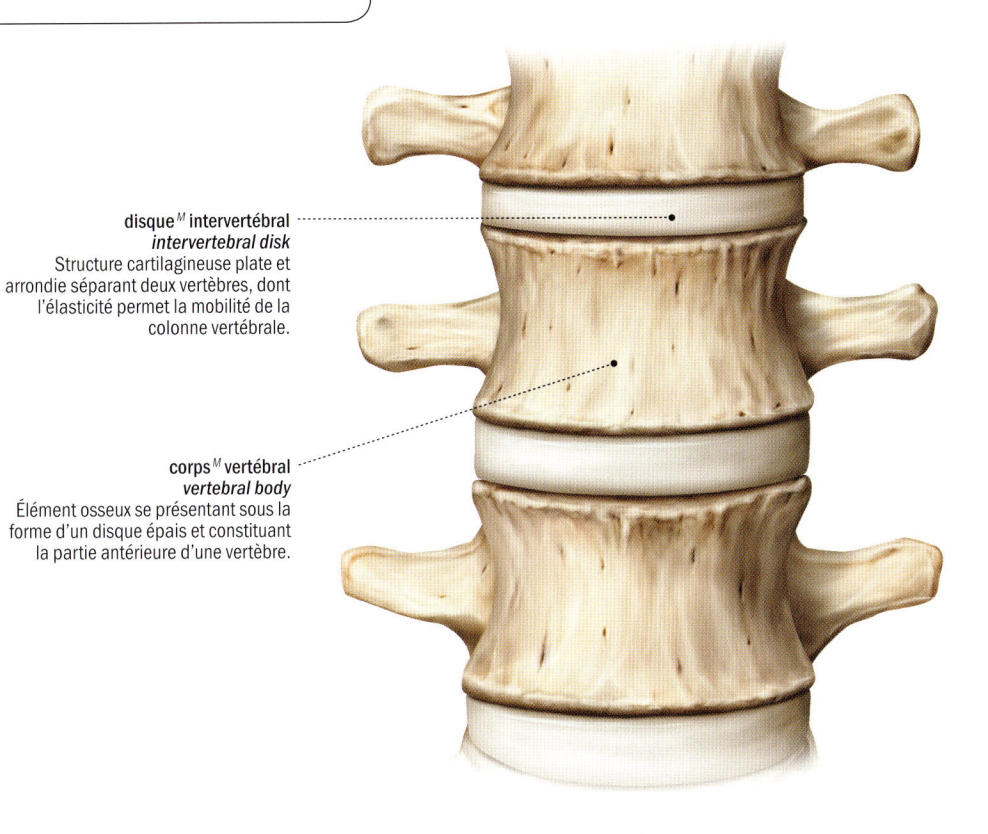

LES ARTICULATIONS

disque[M] intervertébral
intervertebral disk
Structure cartilagineuse plate et arrondie séparant deux vertèbres, dont l'élasticité permet la mobilité de la colonne vertébrale.

corps[M] vertébral
vertebral body
Élément osseux se présentant sous la forme d'un disque épais et constituant la partie antérieure d'une vertèbre.

disque[M] intervertébral
intervertebral disk

Structure cartilagineuse plate et arrondie séparant deux vertèbres, dont l'élasticité permet la mobilité de la colonne vertébrale.

anneau[M] fibreux
fibrous ring
Anneau formé de plusieurs couches de cartilage fibreux, dense et peu déformable, entourant le noyau pulpeux.

noyau[M] pulpeux
vertebral pulp
Masse gélatineuse, molle et déformable mais incompressible, située au centre d'un disque intervertébral.

49

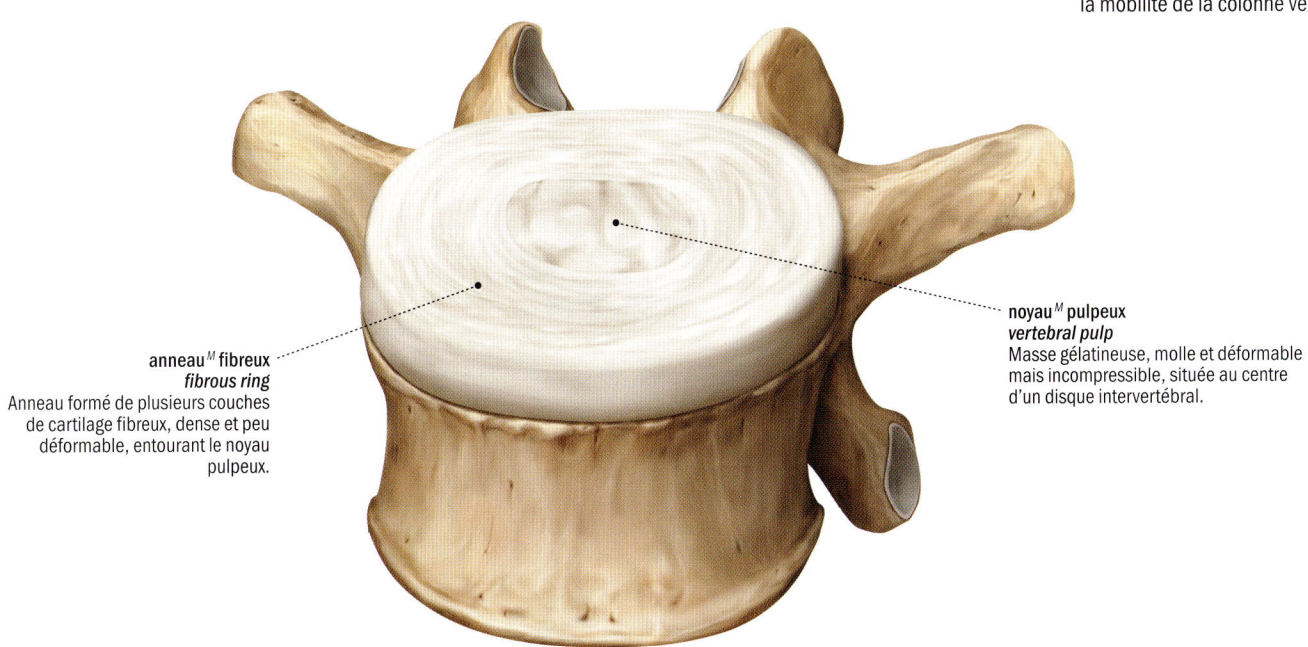

articulations[F] synoviales
synovial joints

Articulations caractérisées par la présence d'une capsule articulaire remplie d'un liquide visqueux (synovie) ; on les trouve partout dans le corps (épaule, coude, poignet, genou, cheville, etc.).

coupe[F] d'une articulation[F] synoviale
cross section of a synovial joint

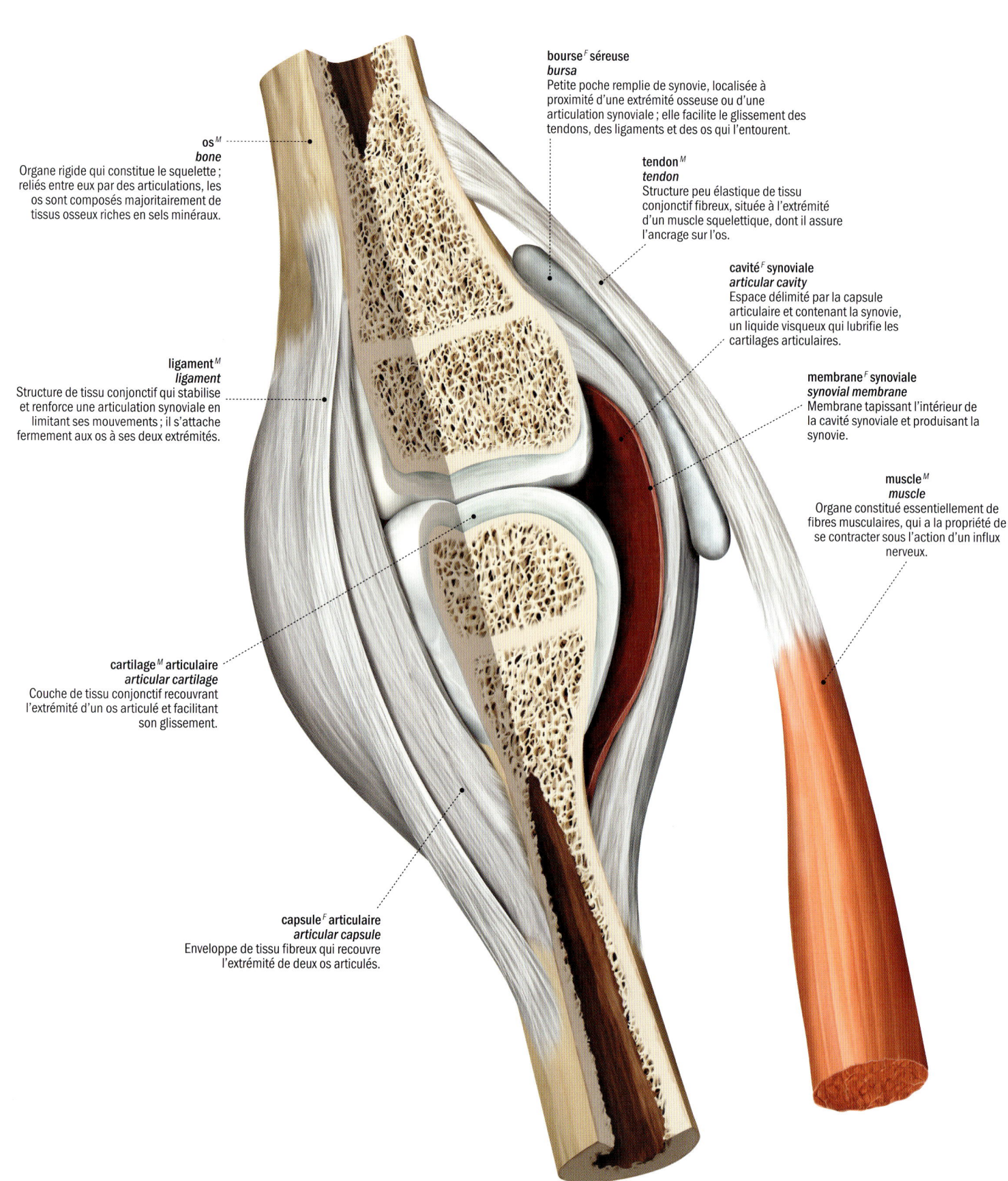

os[M]
bone
Organe rigide qui constitue le squelette ; reliés entre eux par des articulations, les os sont composés majoritairement de tissus osseux riches en sels minéraux.

ligament[M]
ligament
Structure de tissu conjonctif qui stabilise et renforce une articulation synoviale en limitant ses mouvements ; il s'attache fermement aux os à ses deux extrémités.

cartilage[M] articulaire
articular cartilage
Couche de tissu conjonctif recouvrant l'extrémité d'un os articulé et facilitant son glissement.

capsule[F] articulaire
articular capsule
Enveloppe de tissu fibreux qui recouvre l'extrémité de deux os articulés.

bourse[F] séreuse
bursa
Petite poche remplie de synovie, localisée à proximité d'une extrémité osseuse ou d'une articulation synoviale ; elle facilite le glissement des tendons, des ligaments et des os qui l'entourent.

tendon[M]
tendon
Structure peu élastique de tissu conjonctif fibreux, située à l'extrémité d'un muscle squelettique, dont il assure l'ancrage sur l'os.

cavité[F] synoviale
articular cavity
Espace délimité par la capsule articulaire et contenant la synovie, un liquide visqueux qui lubrifie les cartilages articulaires.

membrane[F] synoviale
synovial membrane
Membrane tapissant l'intérieur de la cavité synoviale et produisant la synovie.

muscle[M]
muscle
Organe constitué essentiellement de fibres musculaires, qui a la propriété de se contracter sous l'action d'un influx nerveux.

articulations F synoviales

exemples M d'articulations F synoviales
examples of synovial joints

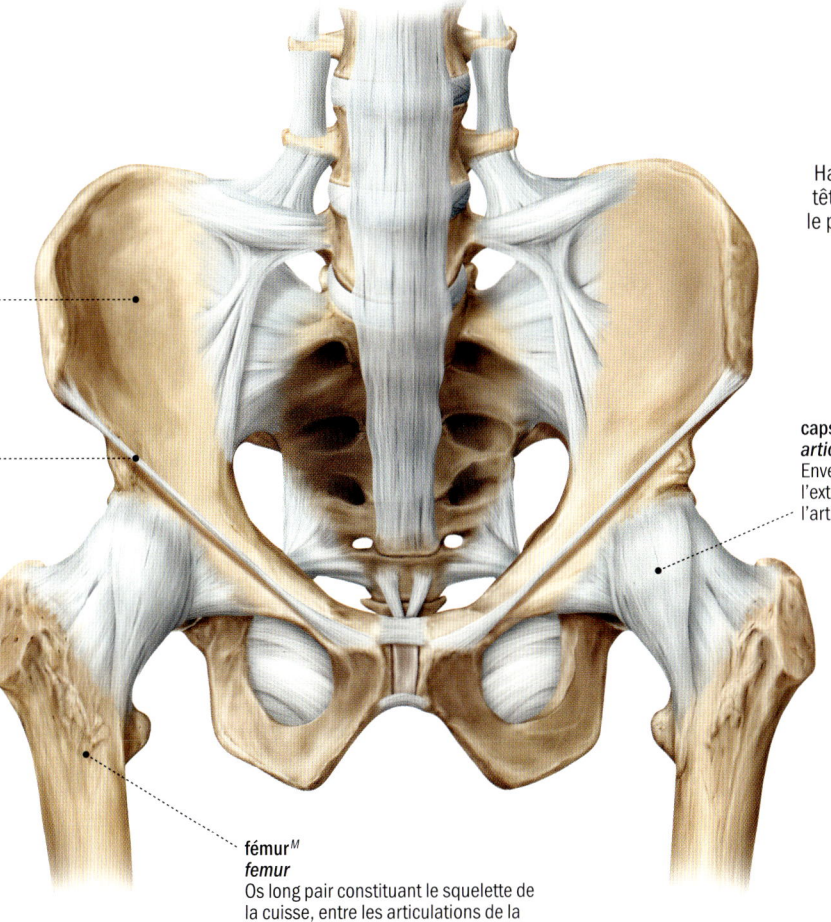

hanche F : vue F antérieure
hip: anterior view
Hanche : articulation synoviale reliant la tête du fémur à l'os iliaque ; elle soutient le poids du corps et permet de nombreux mouvements du membre inférieur.

os M iliaque
iliac bone
Os pair formant la plus grande partie du bassin ; il résulte de la fusion de trois os distincts chez l'enfant : l'ilion, le pubis et l'ischion.

ligament M inguinal
inguinal ligament
Ligament reliant deux parties de l'os iliaque (ilion et pubis).

capsule F articulaire
articular capsule
Enveloppe de tissu fibreux qui recouvre l'extrémité des os articulés formant l'articulation de la hanche.

fémur M
femur
Os long pair constituant le squelette de la cuisse, entre les articulations de la hanche et du genou.

---

variété de mouvements

Certaines articulations synoviales ne permettent que de légers mouvements latéraux (les os du carpe, notamment), alors que d'autres autorisent des mouvements complexes selon un, deux ou même trois axes (l'épaule, par exemple).

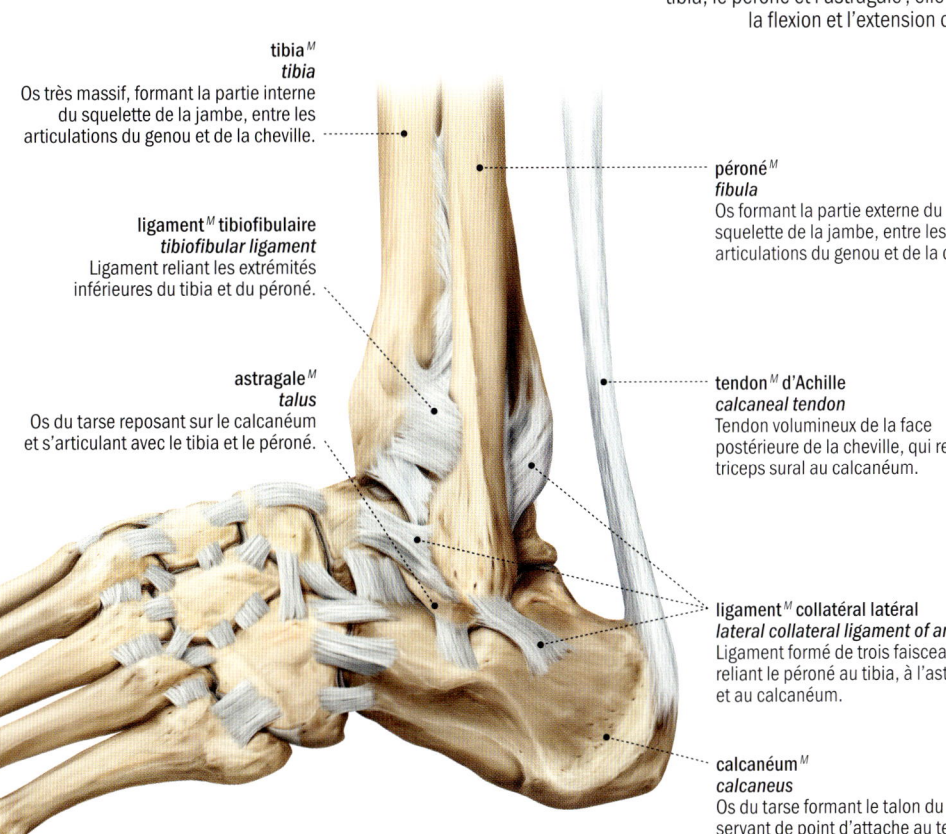

---

cheville F : vue F latérale
ankle: lateral view
Cheville : articulation synoviale reliant le tibia, le péroné et l'astragale ; elle permet la flexion et l'extension du pied.

tibia M
tibia
Os très massif, formant la partie interne du squelette de la jambe, entre les articulations du genou et de la cheville.

ligament M tibiofibulaire
tibiofibular ligament
Ligament reliant les extrémités inférieures du tibia et du péroné.

astragale M
talus
Os du tarse reposant sur le calcanéum et s'articulant avec le tibia et le péroné.

péroné M
fibula
Os formant la partie externe du squelette de la jambe, entre les articulations du genou et de la cheville.

tendon M d'Achille
calcaneal tendon
Tendon volumineux de la face postérieure de la cheville, qui relie le triceps sural au calcanéum.

ligament M collatéral latéral
lateral collateral ligament of ankle
Ligament formé de trois faisceaux reliant le péroné au tibia, à l'astragale et au calcanéum.

calcanéum M
calcaneus
Os du tarse formant le talon du pied et servant de point d'attache au tendon d'Achille et à plusieurs muscles du mollet.

articulations synoviales

genou : vue antérieure
knee: anterior view

Genou : articulation synoviale reliant le fémur au tibia et à la rotule et qui permet principalement la flexion et l'extension de la jambe.

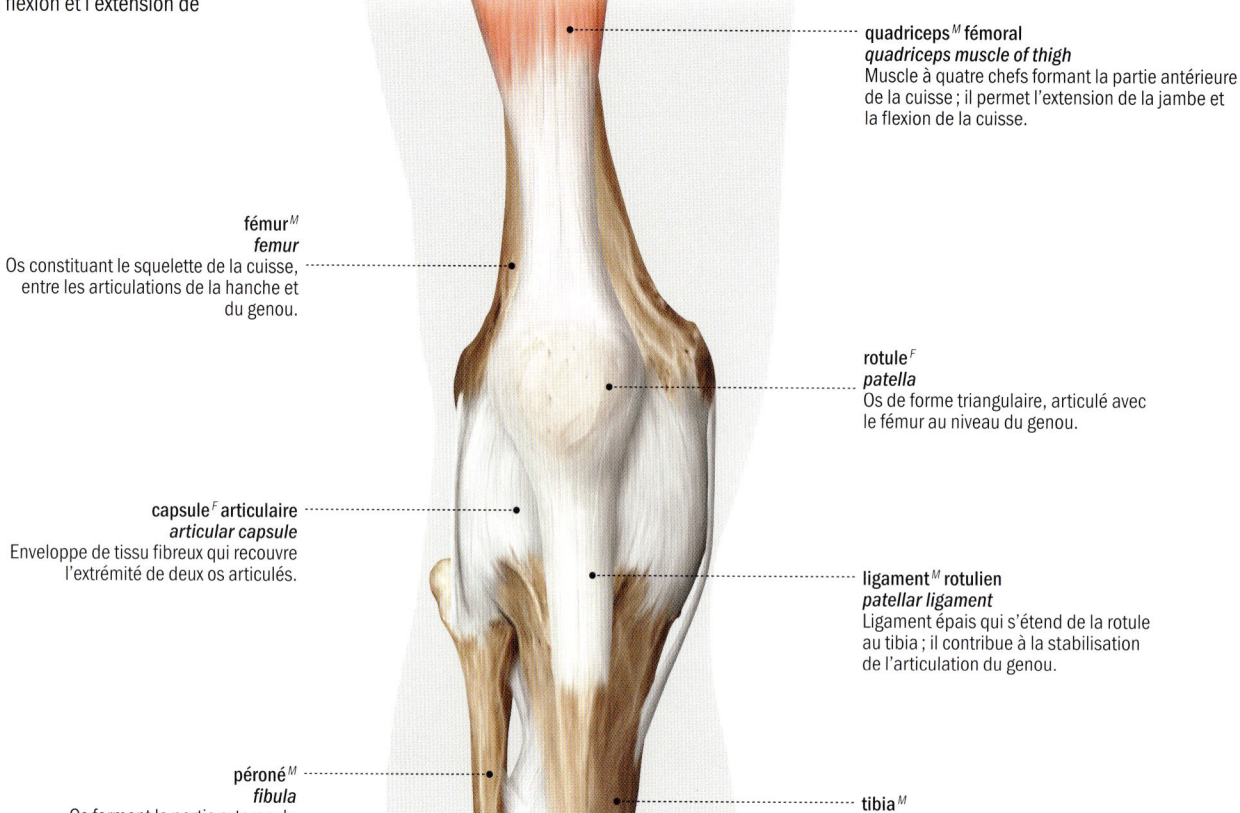

quadriceps fémoral
quadriceps muscle of thigh
Muscle à quatre chefs formant la partie antérieure de la cuisse ; il permet l'extension de la jambe et la flexion de la cuisse.

fémur
femur
Os constituant le squelette de la cuisse, entre les articulations de la hanche et du genou.

rotule
patella
Os de forme triangulaire, articulé avec le fémur au niveau du genou.

capsule articulaire
articular capsule
Enveloppe de tissu fibreux qui recouvre l'extrémité de deux os articulés.

ligament rotulien
patellar ligament
Ligament épais qui s'étend de la rotule au tibia ; il contribue à la stabilisation de l'articulation du genou.

péroné
fibula
Os formant la partie externe du squelette de la jambe, entre les articulations du genou et de la cheville.

tibia
tibia
Os très massif, formant la partie interne du squelette de la jambe, entre les articulations du genou et de la cheville.

genou étiré : vue antérieure
extended knee: anterior view

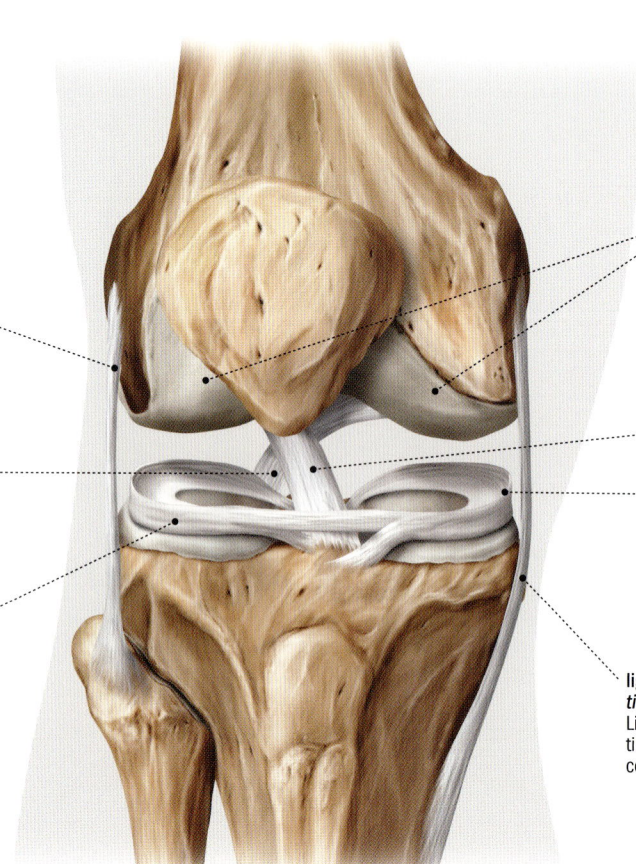

condyles du fémur
condyles of femur
Saillies arrondies de l'extrémité inférieure du fémur, permettant l'articulation avec le tibia.

ligament latéral externe
fibular collateral ligament
Ligament qui s'étend du fémur au péroné, sur la face externe du genou, contribuant à en stabiliser l'articulation.

ligament croisé antérieur
anterior cruciate ligament
Ligament situé à l'intérieur de la capsule articulaire du genou et reliant le fémur au tibia ; il s'oppose au déplacement du tibia vers l'avant et à sa rotation.

ligament croisé postérieur
posterior cruciate ligament
Ligament situé à l'intérieur de la capsule articulaire du genou et reliant le fémur au tibia ; il s'oppose au déplacement du tibia vers l'arrière.

ménisque médial
medial meniscus
Élément fibro-cartilagineux en forme de demi-lune situé du côté interne du genou et participant à son articulation.

ménisque latéral
lateral meniscus
Élément fibro-cartilagineux en forme de demi-lune situé du côté externe du genou et participant à son articulation.

ligament latéral interne
tibial collateral ligament
Ligament qui s'étend du fémur au tibia, sur la face interne du genou, contribuant à en stabiliser l'articulation.

articulations[F] synoviales

épaule[F] : vue[F] antérieure
shoulder: anterior view
Épaule : segment d'union du bras avec le thorax, qui abrite deux articulations synoviales (huméroscapulaire et acromioclaviculaire).

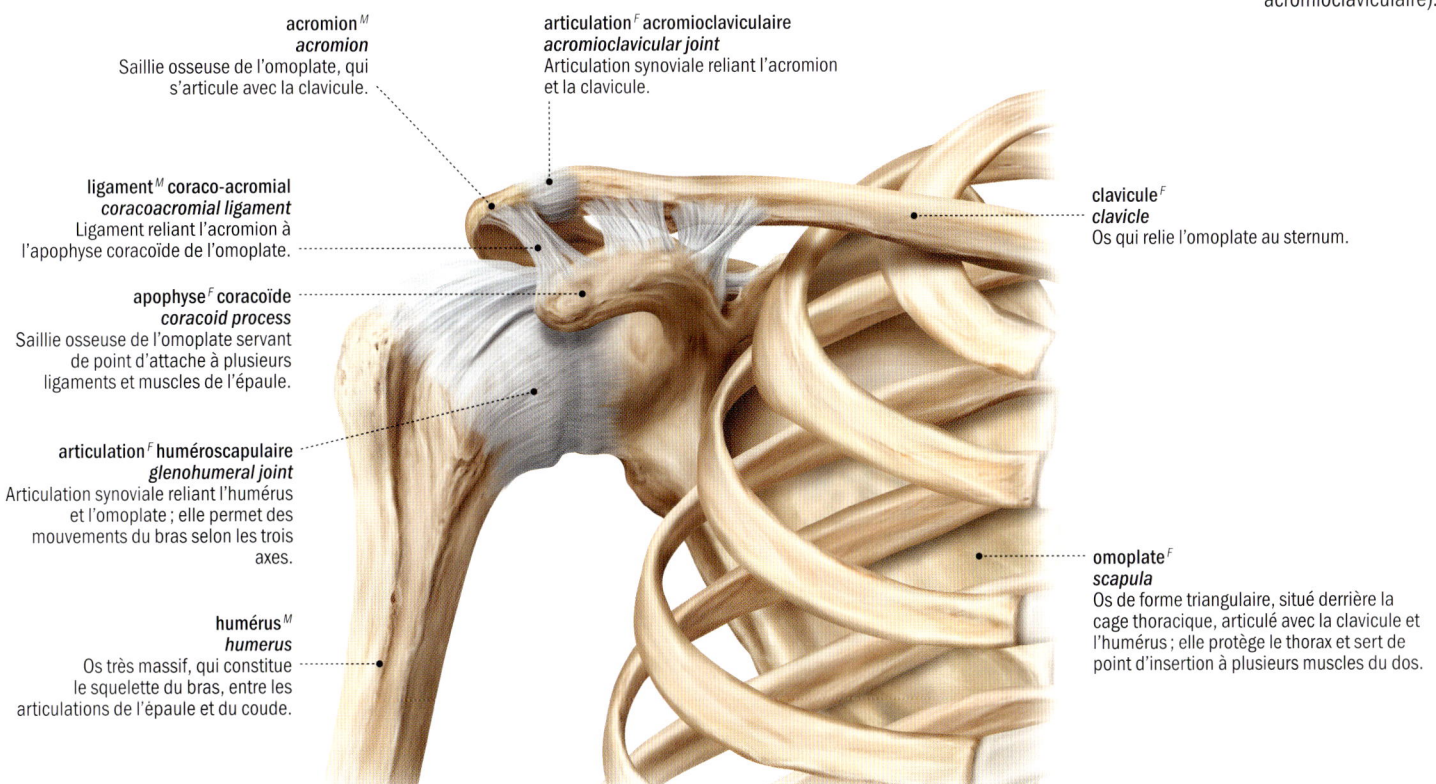

acromion[M]
acromion
Saillie osseuse de l'omoplate, qui s'articule avec la clavicule.

articulation[F] **acromioclaviculaire**
acromioclavicular joint
Articulation synoviale reliant l'acromion et la clavicule.

ligament[M] **coraco-acromial**
coracoacromial ligament
Ligament reliant l'acromion à l'apophyse coracoïde de l'omoplate.

apophyse[F] **coracoïde**
coracoid process
Saillie osseuse de l'omoplate servant de point d'attache à plusieurs ligaments et muscles de l'épaule.

articulation[F] **huméroscapulaire**
glenohumeral joint
Articulation synoviale reliant l'humérus et l'omoplate ; elle permet des mouvements du bras selon les trois axes.

humérus[M]
humerus
Os très massif, qui constitue le squelette du bras, entre les articulations de l'épaule et du coude.

clavicule[F]
clavicle
Os qui relie l'omoplate au sternum.

omoplate[F]
scapula
Os de forme triangulaire, situé derrière la cage thoracique, articulé avec la clavicule et l'humérus ; elle protège le thorax et sert de point d'insertion à plusieurs muscles du dos.

LES ARTICULATIONS

des mouvements variés

L'épaule est l'articulation la plus mobile du corps : elle permet des mouvements de flexion et d'extension, d'adduction et d'abduction, ainsi que de rotation.

coude[M] : vue[F] antérieure
elbow: anterior view
Coude : articulation synoviale reliant l'humérus au radius et au cubitus, qui permet principalement la rotation, la flexion et l'extension du bras.

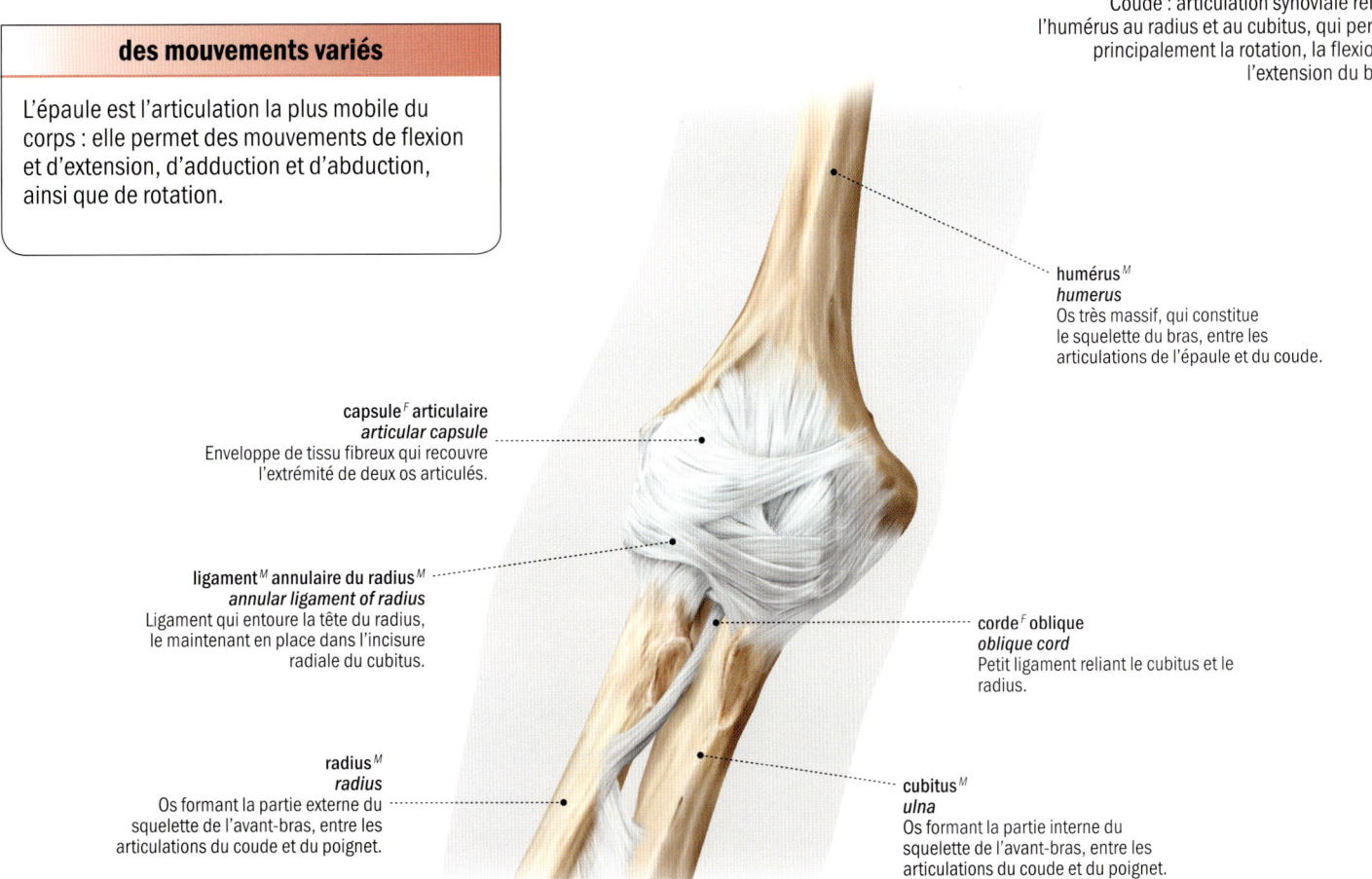

humérus[M]
humerus
Os très massif, qui constitue le squelette du bras, entre les articulations de l'épaule et du coude.

capsule[F] **articulaire**
articular capsule
Enveloppe de tissu fibreux qui recouvre l'extrémité de deux os articulés.

ligament[M] **annulaire du radius**[M]
annular ligament of radius
Ligament qui entoure la tête du radius, le maintenant en place dans l'incisure radiale du cubitus.

corde[F] **oblique**
oblique cord
Petit ligament reliant le cubitus et le radius.

radius[M]
radius
Os formant la partie externe du squelette de l'avant-bras, entre les articulations du coude et du poignet.

cubitus[M]
ulna
Os formant la partie interne du squelette de l'avant-bras, entre les articulations du coude et du poignet.

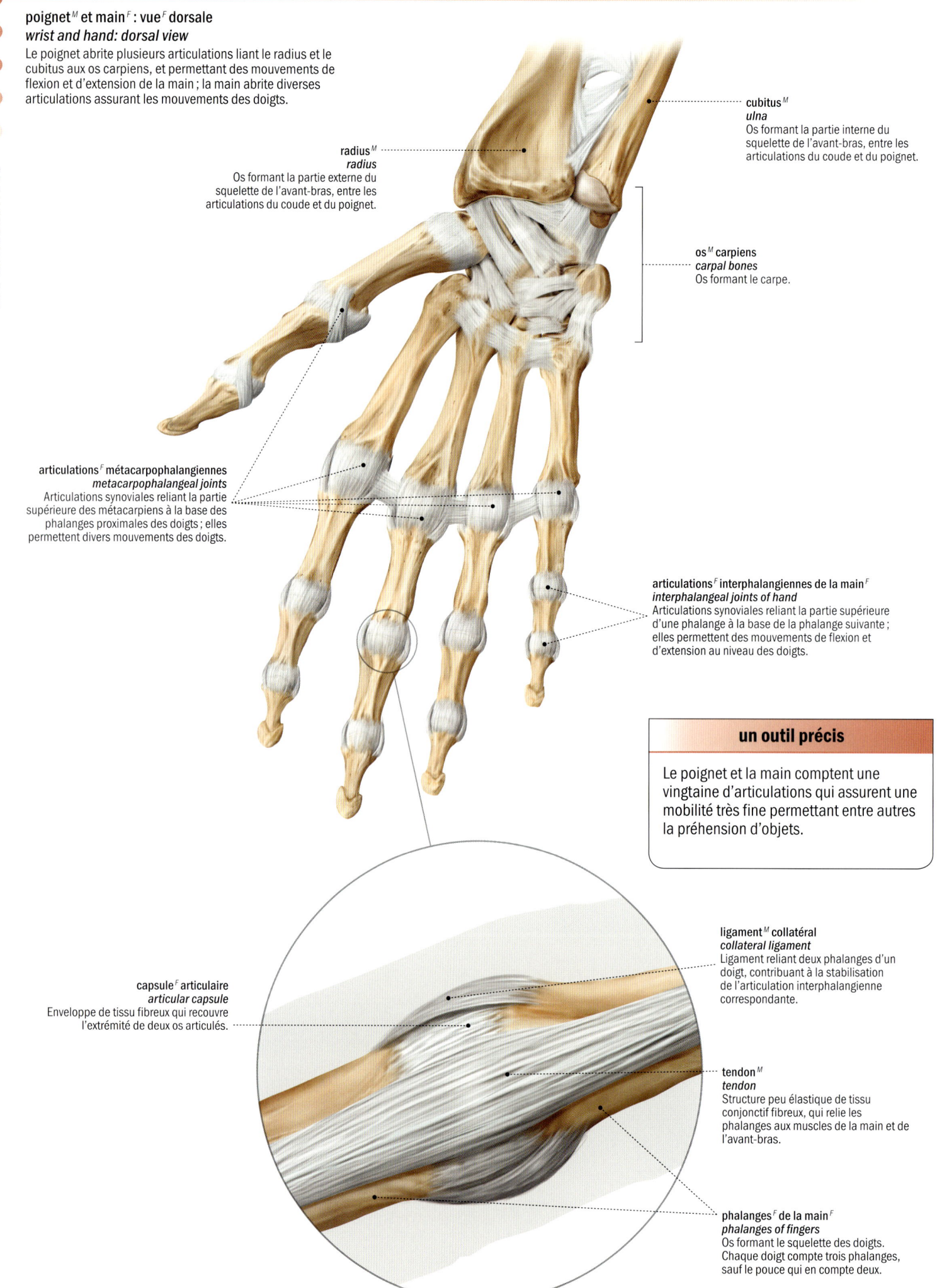

articulations^F synoviales

poignet^M et main^F : vue^F dorsale
wrist and hand: dorsal view

Le poignet abrite plusieurs articulations liant le radius et le cubitus aux os carpiens, et permettant des mouvements de flexion et d'extension de la main ; la main abrite diverses articulations assurant les mouvements des doigts.

radius^M
radius
Os formant la partie externe du squelette de l'avant-bras, entre les articulations du coude et du poignet.

cubitus^M
ulna
Os formant la partie interne du squelette de l'avant-bras, entre les articulations du coude et du poignet.

os^M carpiens
carpal bones
Os formant le carpe.

articulations^F métacarpophalangiennes
metacarpophalangeal joints
Articulations synoviales reliant la partie supérieure des métacarpiens à la base des phalanges proximales des doigts ; elles permettent divers mouvements des doigts.

articulations^F interphalangiennes de la main^F
interphalangeal joints of hand
Articulations synoviales reliant la partie supérieure d'une phalange à la base de la phalange suivante ; elles permettent des mouvements de flexion et d'extension au niveau des doigts.

un outil précis

Le poignet et la main comptent une vingtaine d'articulations qui assurent une mobilité très fine permettant entre autres la préhension d'objets.

capsule^F articulaire
articular capsule
Enveloppe de tissu fibreux qui recouvre l'extrémité de deux os articulés.

ligament^M collatéral
collateral ligament
Ligament reliant deux phalanges d'un doigt, contribuant à la stabilisation de l'articulation interphalangienne correspondante.

tendon^M
tendon
Structure peu élastique de tissu conjonctif fibreux, qui relie les phalanges aux muscles de la main et de l'avant-bras.

phalanges^F de la main^F
phalanges of fingers
Os formant le squelette des doigts. Chaque doigt compte trois phalanges, sauf le pouce qui en compte deux.

articulations^F synoviales

vertèbres^F thoraciques : vue^F latérale
thoracic vertebrae: lateral view
Les 12 vertèbres thoraciques, situées au niveau du thorax, sont liées entre elles par des articulations zygapophysaires.

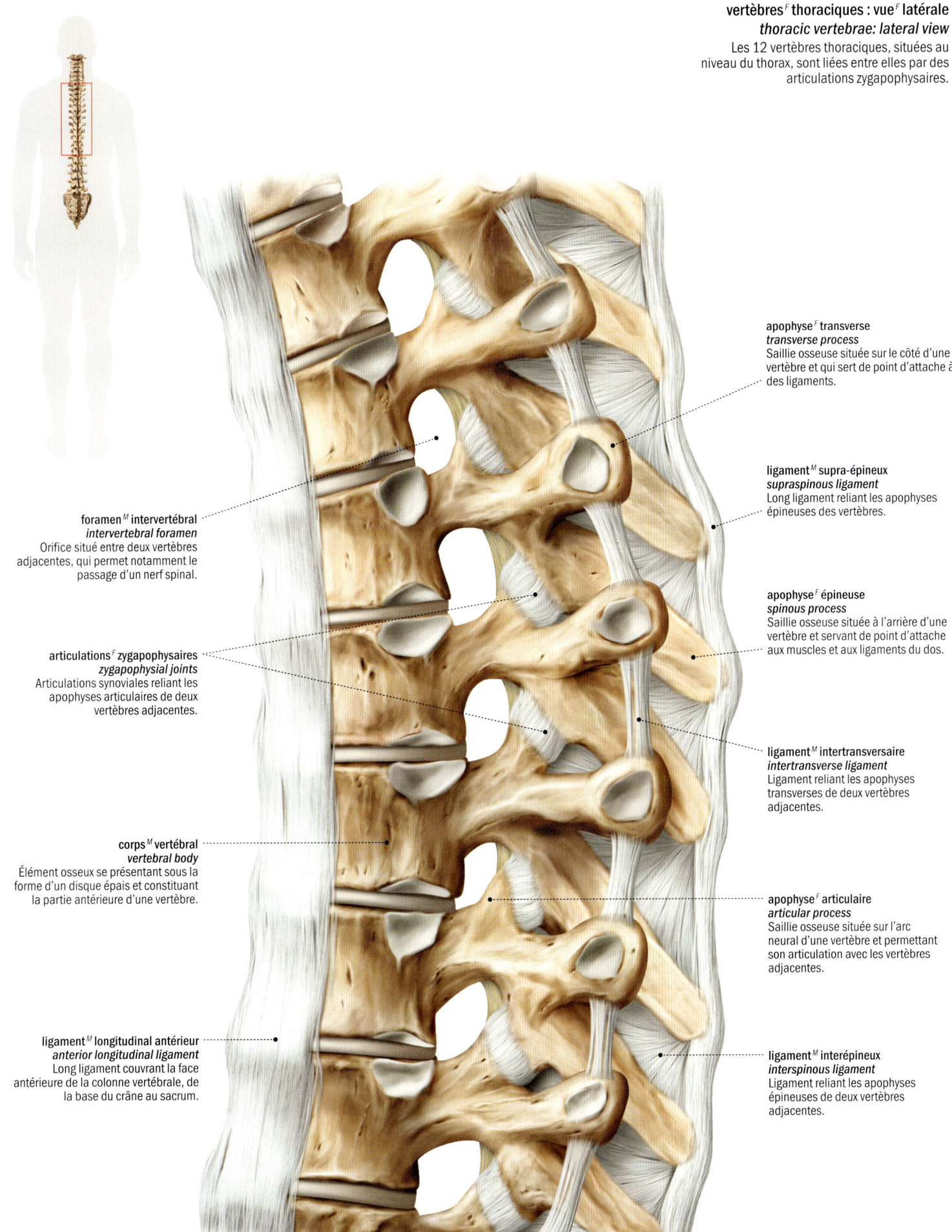

LES ARTICULATIONS

apophyse^F transverse
transverse process
Saillie osseuse située sur le côté d'une vertèbre et qui sert de point d'attache à des ligaments.

ligament^M supra-épineux
supraspinous ligament
Long ligament reliant les apophyses épineuses des vertèbres.

apophyse^F épineuse
spinous process
Saillie osseuse située à l'arrière d'une vertèbre et servant de point d'attache aux muscles et aux ligaments du dos.

ligament^M intertransversaire
intertransverse ligament
Ligament reliant les apophyses transverses de deux vertèbres adjacentes.

apophyse^F articulaire
articular process
Saillie osseuse située sur l'arc neural d'une vertèbre et permettant son articulation avec les vertèbres adjacentes.

ligament^M interépineux
interspinous ligament
Ligament reliant les apophyses épineuses de deux vertèbres adjacentes.

foramen^M intervertébral
intervertebral foramen
Orifice situé entre deux vertèbres adjacentes, qui permet notamment le passage d'un nerf spinal.

articulations^F zygapophysaires
zygapophysial joints
Articulations synoviales reliant les apophyses articulaires de deux vertèbres adjacentes.

corps^M vertébral
vertebral body
Élément osseux se présentant sous la forme d'un disque épais et constituant la partie antérieure d'une vertèbre.

ligament^M longitudinal antérieur
anterior longitudinal ligament
Long ligament couvrant la face antérieure de la colonne vertébrale, de la base du crâne au sacrum.

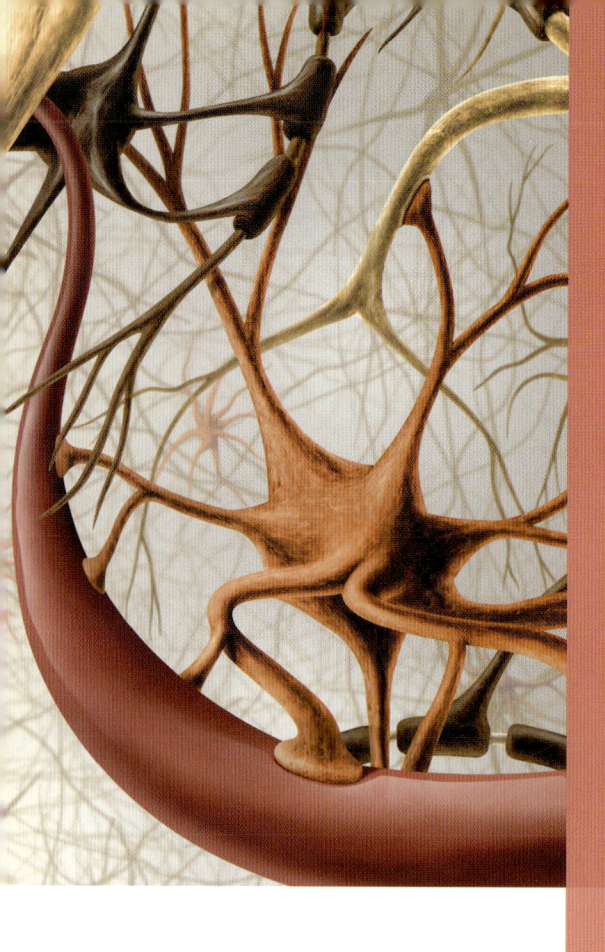

58	structure du système nerveux
59	neurone
60	influx nerveux
60	tissu nerveux
61	système nerveux central
67	système nerveux périphérique

Le système nerveux

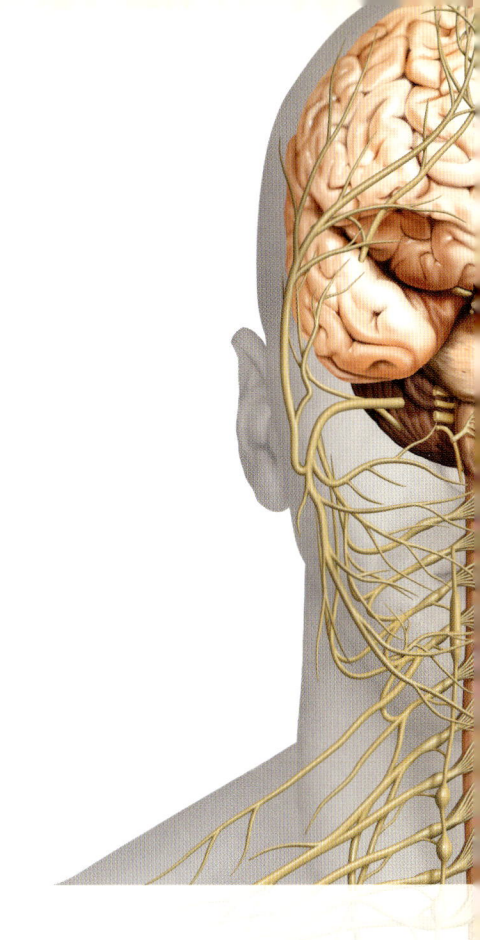

Le système nerveux est un ensemble de structures (encéphale, moelle épinière, nerfs) qui remplit les fonctions sensitives, motrices, autonomes et psychiques de l'organisme. Plus précisément, il contrôle le fonctionnement des organes, coordonne les mouvements, transmet des informations sensorielles et motrices entre diverses parties du corps, régule les émotions, etc. Son fonctionnement repose principalement sur les neurones, des cellules spécialisées qui communiquent entre elles au moyen de signaux électriques et chimiques.

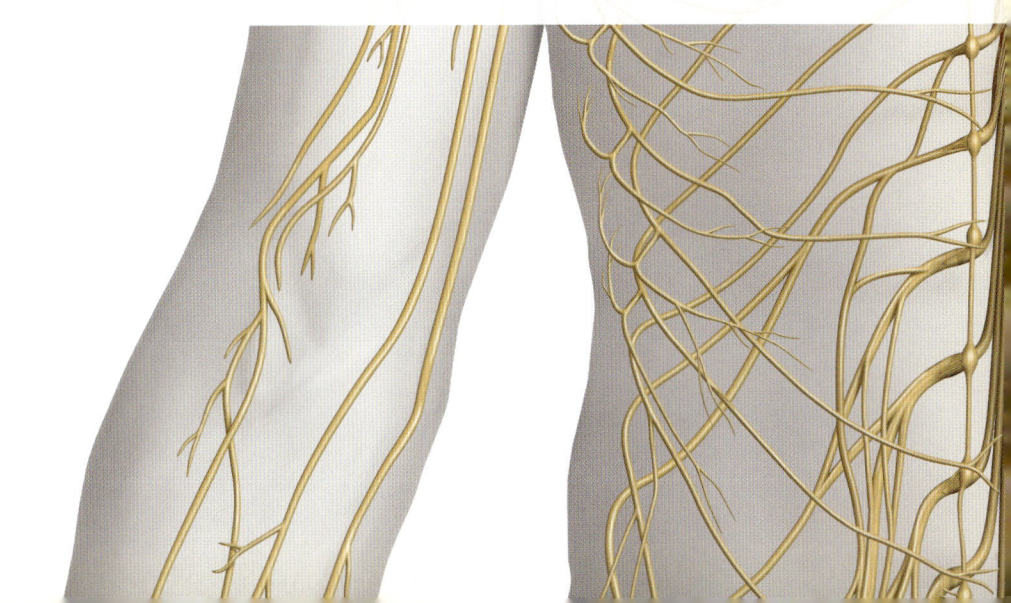

structure^F du système^M nerveux

structure of nervous system

Le système nerveux est composé de deux entités distinctes ayant des rôles définis : le système nerveux central et le système nerveux périphérique.

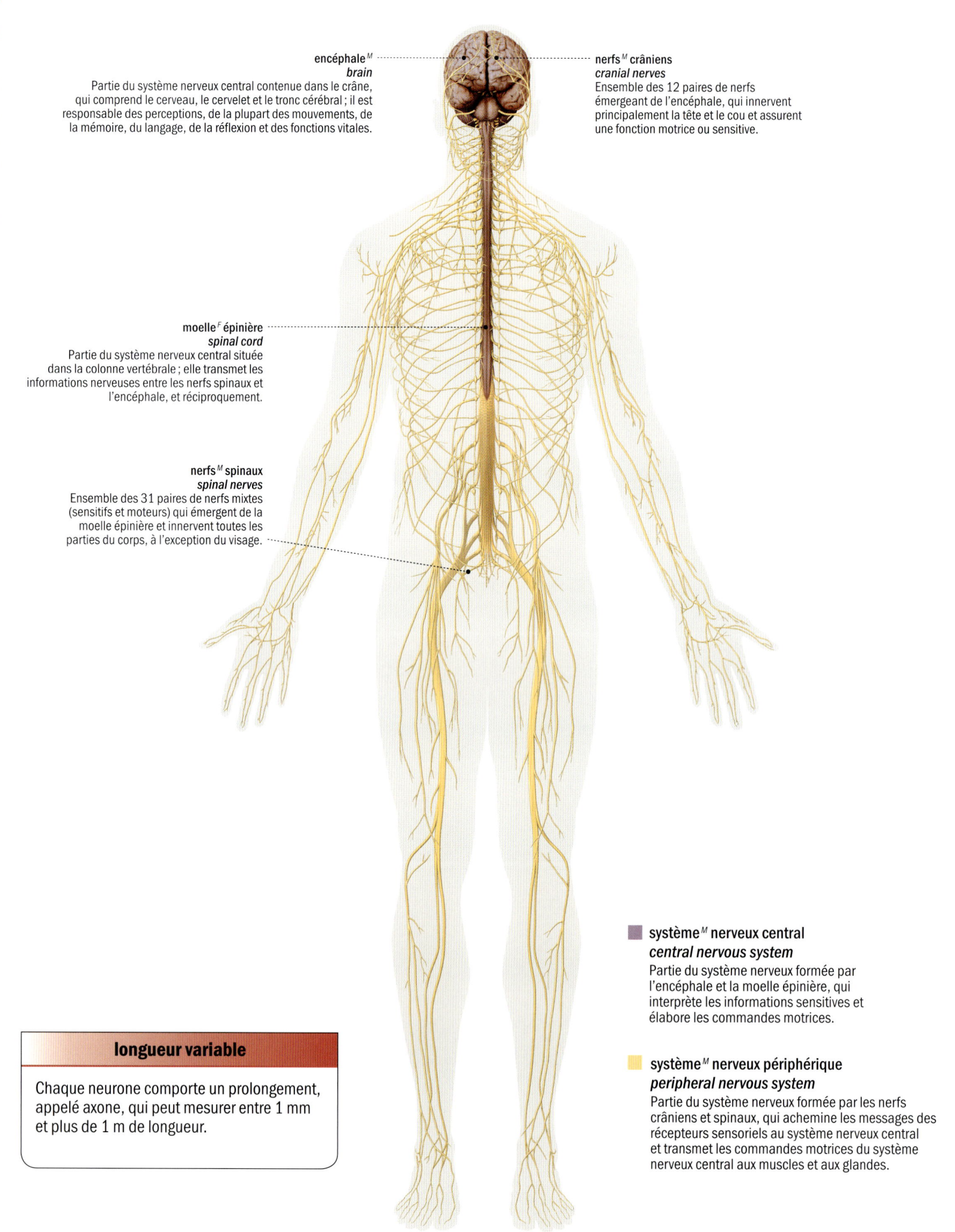

encéphale^M
brain
Partie du système nerveux central contenue dans le crâne, qui comprend le cerveau, le cervelet et le tronc cérébral ; il est responsable des perceptions, de la plupart des mouvements, de la mémoire, du langage, de la réflexion et des fonctions vitales.

nerfs^M crâniens
cranial nerves
Ensemble des 12 paires de nerfs émergeant de l'encéphale, qui innervent principalement la tête et le cou et assurent une fonction motrice ou sensitive.

moelle^F épinière
spinal cord
Partie du système nerveux central située dans la colonne vertébrale ; elle transmet les informations nerveuses entre les nerfs spinaux et l'encéphale, et réciproquement.

nerfs^M spinaux
spinal nerves
Ensemble des 31 paires de nerfs mixtes (sensitifs et moteurs) qui émergent de la moelle épinière et innervent toutes les parties du corps, à l'exception du visage.

■ **système^M nerveux central**
central nervous system
Partie du système nerveux formée par l'encéphale et la moelle épinière, qui interprète les informations sensitives et élabore les commandes motrices.

■ **système^M nerveux périphérique**
peripheral nervous system
Partie du système nerveux formée par les nerfs crâniens et spinaux, qui achemine les messages des récepteurs sensoriels au système nerveux central et transmet les commandes motrices du système nerveux central aux muscles et aux glandes.

longueur variable

Chaque neurone comporte un prolongement, appelé axone, qui peut mesurer entre 1 mm et plus de 1 m de longueur.

neurone[M]
neuron

Cellule du système nerveux assurant le transport d'informations sous la forme de signaux électriques et chimiques.

structure[F] d'un neurone[M]
structure of a neuron

Les neurones possèdent tous une structure similaire : un corps cellulaire et des prolongements (dendrites et axone) assurant la réception et la transmission des messages nerveux.

corps[M] cellulaire
cell body
Partie centrale d'un neurone, renfermant le noyau cellulaire, qui assure le traitement des influx nerveux et leur transmission.

dendrite[F]
dendrite
Prolongement d'un neurone chargé de capter les influx nerveux provenant d'autres neurones et de les transmettre au corps cellulaire.

bouton[M] synaptique
synaptic knob
Extrémité d'une terminaison axonale, formant une synapse avec la membrane d'une autre cellule.

terminaison[F] axonale
axon terminal
Extrémité d'un axone, se terminant par un bouton synaptique.

nœud[M] de Ranvier
node of Ranvier
Étranglement dépourvu de myéline, situé à intervalles réguliers sur toute la longueur de l'axone, qui accélère la propagation des signaux électriques.

axone[M]
axon
Prolongement du neurone acheminant les influx nerveux du corps cellulaire vers un autre neurone, un muscle ou une glande.

myéline[F]
myelin
Substance formant une gaine isolante autour de l'axone et permettant d'accélérer considérablement la propagation des influx nerveux.

LE SYSTÈME NERVEUX

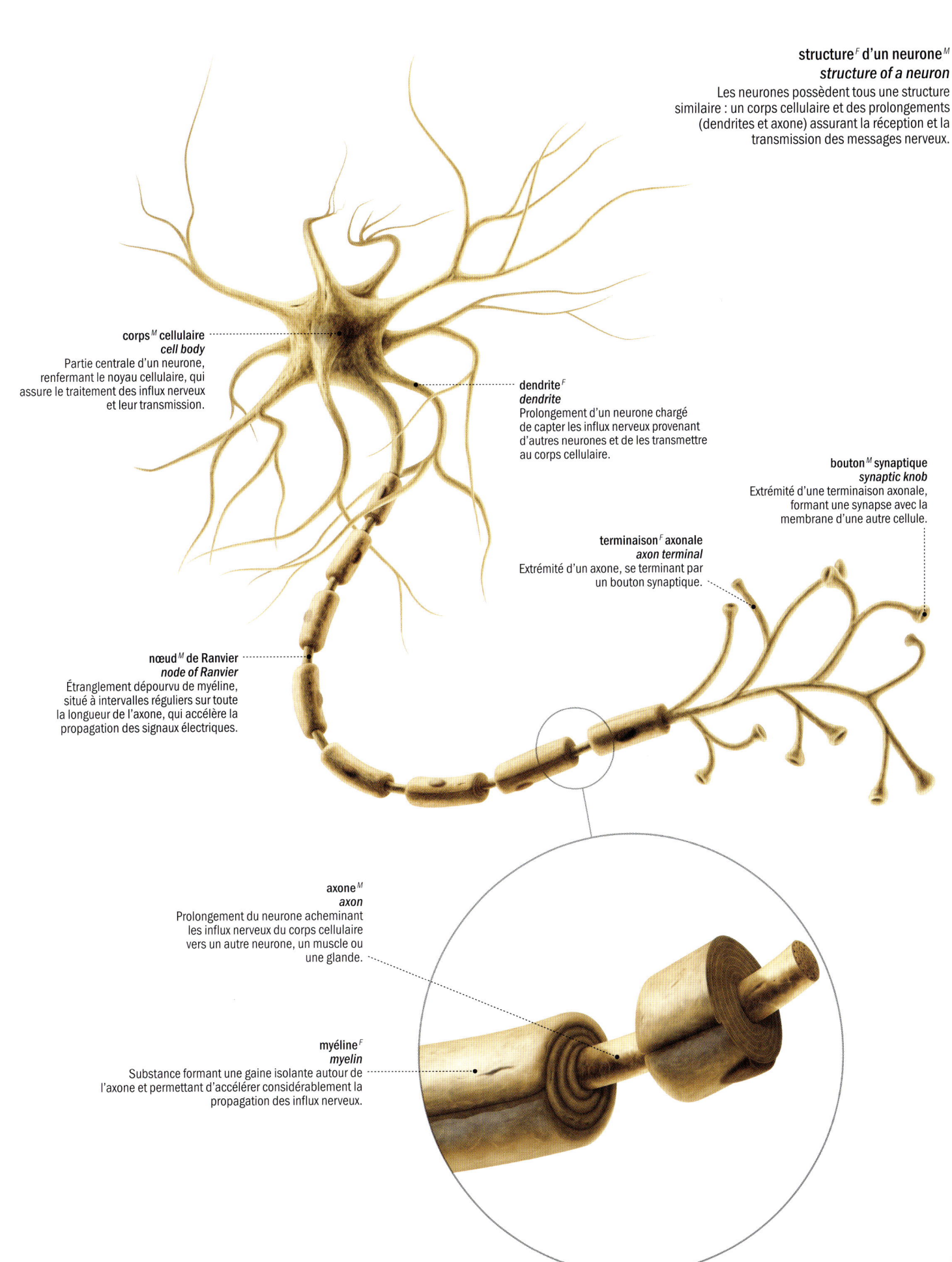

influxᴹ nerveux
nerve impulse

Signal électrique qui se propage le long d'un axone et permet de transmettre des messages moteurs ou sensitifs entre différentes zones du corps.

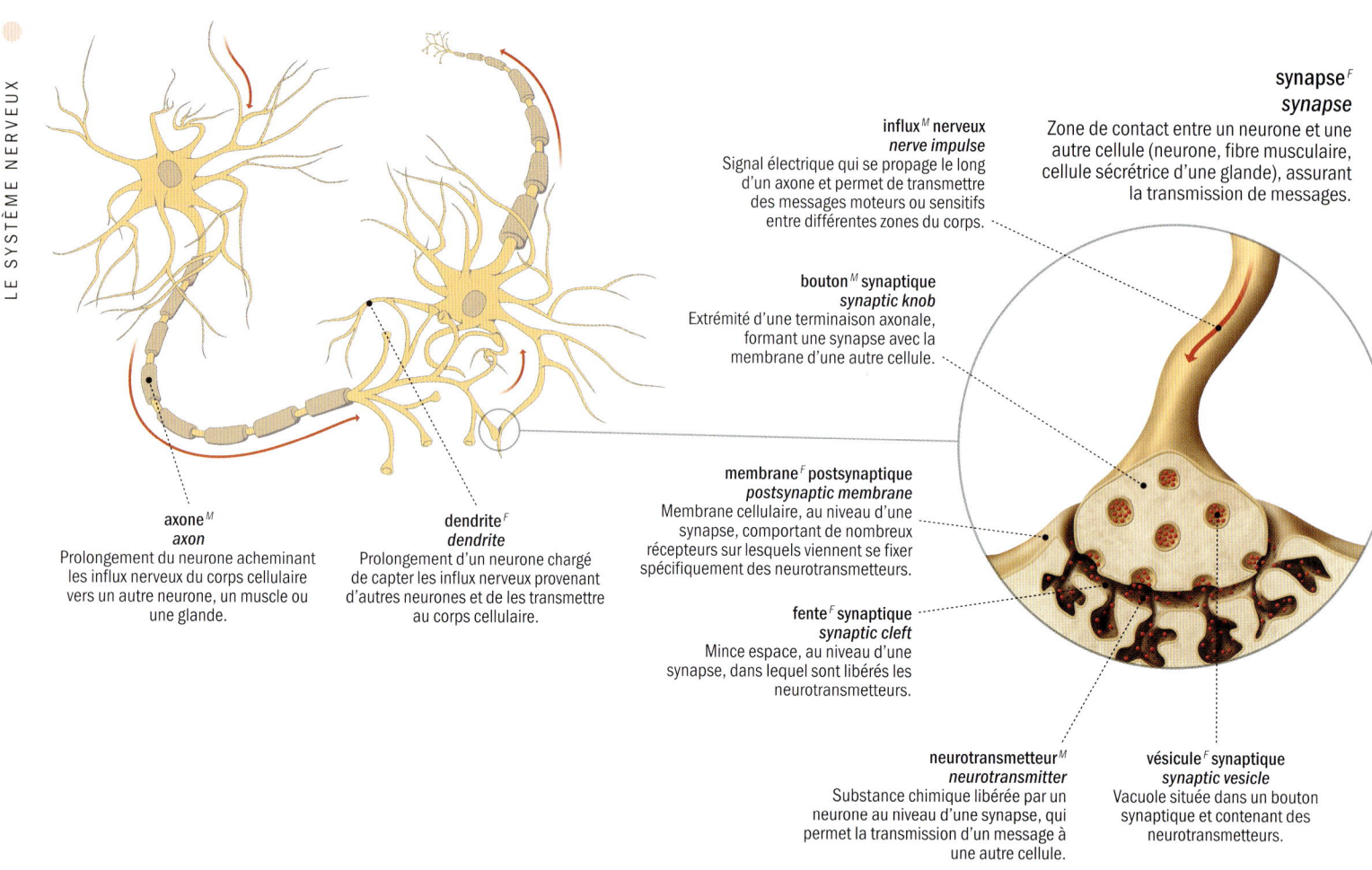

influxᴹ nerveux
nerve impulse
Signal électrique qui se propage le long d'un axone et permet de transmettre des messages moteurs ou sensitifs entre différentes zones du corps.

boutonᴹ synaptique
synaptic knob
Extrémité d'une terminaison axonale, formant une synapse avec la membrane d'une autre cellule.

synapseꜰ
synapse
Zone de contact entre un neurone et une autre cellule (neurone, fibre musculaire, cellule sécrétrice d'une glande), assurant la transmission de messages.

axoneᴹ
axon
Prolongement du neurone acheminant les influx nerveux du corps cellulaire vers un autre neurone, un muscle ou une glande.

dendriteꜰ
dendrite
Prolongement d'un neurone chargé de capter les influx nerveux provenant d'autres neurones et de les transmettre au corps cellulaire.

membraneꜰ postsynaptique
postsynaptic membrane
Membrane cellulaire, au niveau d'une synapse, comportant de nombreux récepteurs sur lesquels viennent se fixer spécifiquement des neurotransmetteurs.

fenteꜰ synaptique
synaptic cleft
Mince espace, au niveau d'une synapse, dans lequel sont libérés les neurotransmetteurs.

neurotransmetteurᴹ
neurotransmitter
Substance chimique libérée par un neurone au niveau d'une synapse, qui permet la transmission d'un message à une autre cellule.

vésiculeꜰ synaptique
synaptic vesicle
Vacuole située dans un bouton synaptique et contenant des neurotransmetteurs.

tissuᴹ nerveux
nervous tissue

Tissu composé de neurones et de cellules de soutien étroitement enchevêtrés, constituant les structures du système nerveux (encéphale, moelle épinière, ganglions nerveux, nerfs).

tissuᴹ du systèmeᴹ nerveux central
central nervous system tissue

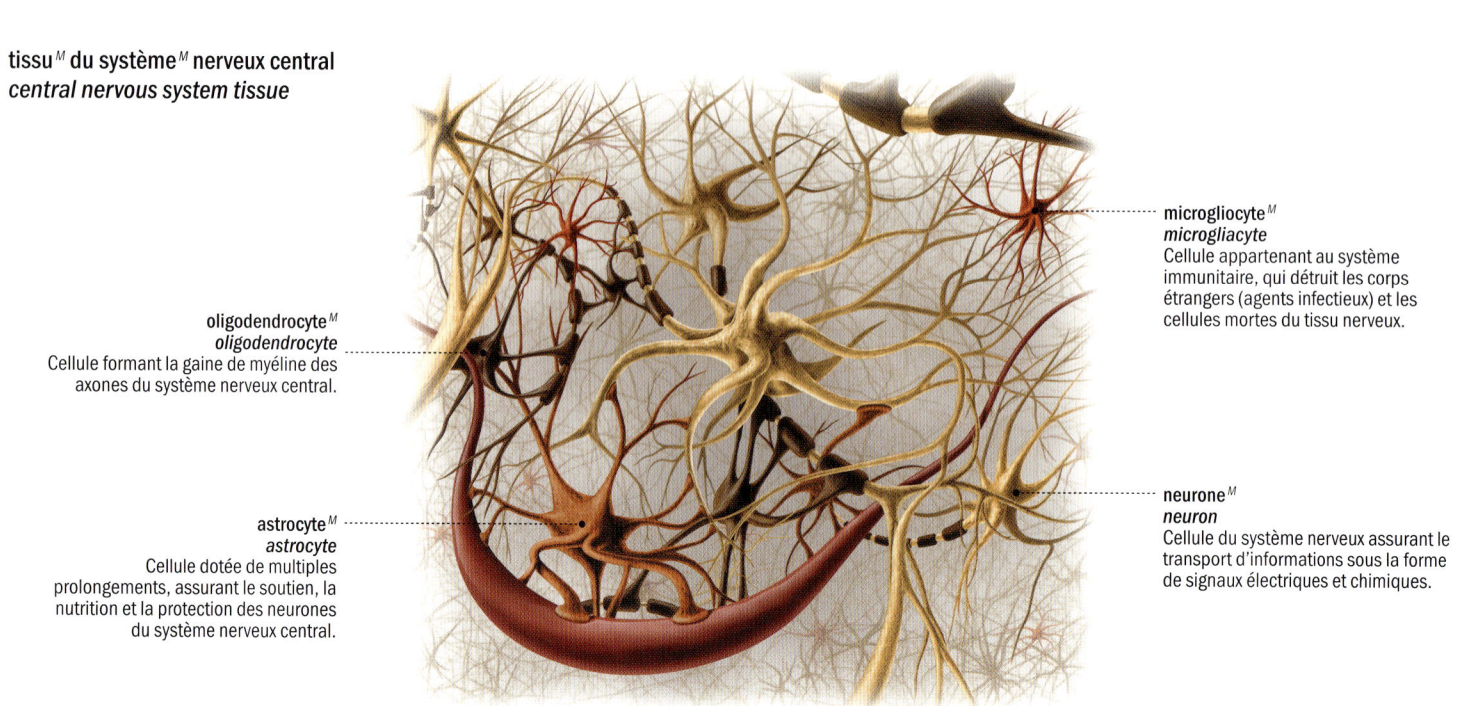

oligodendrocyteᴹ
oligodendrocyte
Cellule formant la gaine de myéline des axones du système nerveux central.

astrocyteᴹ
astrocyte
Cellule dotée de multiples prolongements, assurant le soutien, la nutrition et la protection des neurones du système nerveux central.

microgliocyteᴹ
microgliacyte
Cellule appartenant au système immunitaire, qui détruit les corps étrangers (agents infectieux) et les cellules mortes du tissu nerveux.

neuroneᴹ
neuron
Cellule du système nerveux assurant le transport d'informations sous la forme de signaux électriques et chimiques.

systèmeᴹ nerveux central
central nervous system

Partie du système nerveux formée par l'encéphale et la moelle épinière, qui interprète les informations sensitives et élabore les commandes motrices.

encéphaleᴹ
brain

Partie du système nerveux central contenue dans le crâne, qui comprend le cerveau, le cervelet et le tronc cérébral ; il est responsable des perceptions, de la plupart des mouvements, de la mémoire, du langage, de la réflexion et des fonctions vitales.

coupeᶠ frontale de l'encéphaleᴹ
frontal section of brain

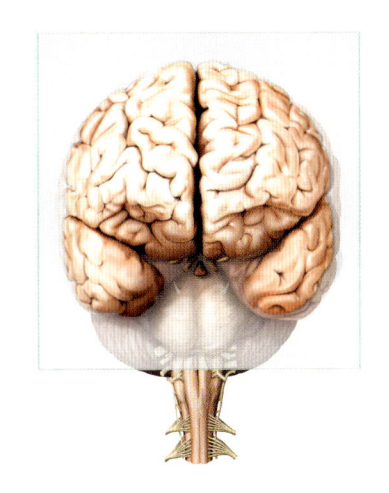

matièreᶠ grise
gray matter
Substance du système nerveux central formée par les corps cellulaires des neurones ; elle assure le traitement des influx nerveux.

corpsᴹ calleux
corpus callosum
Lame de matière blanche reliant les deux hémisphères cérébraux.

matièreᶠ blanche
white matter
Substance du système nerveux central formée par les prolongements des neurones ; elle assure la liaison entre les différentes parties de l'encéphale et de la moelle épinière.

cortexᴹ cérébral
cerebral cortex
Couche superficielle du cerveau, constituée de matière grise, qui assure les fonctions nerveuses les plus élaborées.

ventriculeᴹ latéral
lateral ventricle
Chacune des deux cavités situées de part et d'autre du troisième ventricule du cerveau, qui participent à la production du liquide céphalorachidien.

troisième ventriculeᴹ
third ventricle
Cavité de l'encéphale qui participe à la production du liquide céphalorachidien.

noyauxᴹ basaux
basal ganglia
Formations de matière grise situées dans la partie centrale du cerveau, qui contrôlent la précision des mouvements et jouent un rôle dans l'apprentissage des mouvements complexes.

hypothalamusᴹ
hypothalamus
Ensemble de petites formations de matière grise, qui contrôlent les sécrétions hormonales de l'hypophyse et l'activité du système nerveux autonome.

chiasmaᴹ optique
optic chiasm
Structure formée par la jonction des nerfs optiques de l'œil droit et de l'œil gauche, dont les fibres s'entrecroisent partiellement.

hypophyseᶠ
pituitary gland
Glande endocrine commandée par l'hypothalamus, qui sécrète une dizaine d'hormones agissant notamment sur la croissance, la lactation, la pression sanguine et la rétention d'urine.

troncᴹ cérébral
brain stem
Partie de l'encéphale située dans le prolongement de la moelle épinière, qui régit de nombreuses fonctions vitales et assure les transmissions entre la moelle épinière, le cerveau et le cervelet.

cerveletᴹ
cerebellum
Partie de l'encéphale qui contrôle principalement la coordination motrice, l'équilibre, le tonus musculaire et la posture.

---

vitesse grand V

La vitesse de cheminement de l'influx nerveux peut atteindre 150 m/s lorsque l'axone est recouvert d'une gaine de myéline.

système[M] nerveux central

cerveau[M] : vue[F] supérieure
cerebrum: superior view
Cerveau : partie la plus volumineuse et la plus complexe de l'encéphale, qui contient le centre des fonctions nerveuses supérieures (activités motrices, langage, etc.).

hémisphère[M] gauche
left hemisphere
Partie gauche du cerveau, qui commande les mouvements du côté droit du corps ; il est également spécialisé dans l'analyse et la pensée logique.

hémisphère[M] droit
right hemisphere
Partie droite du cerveau, qui commande les mouvements du côté gauche du corps ; il est impliqué dans les activités artistiques.

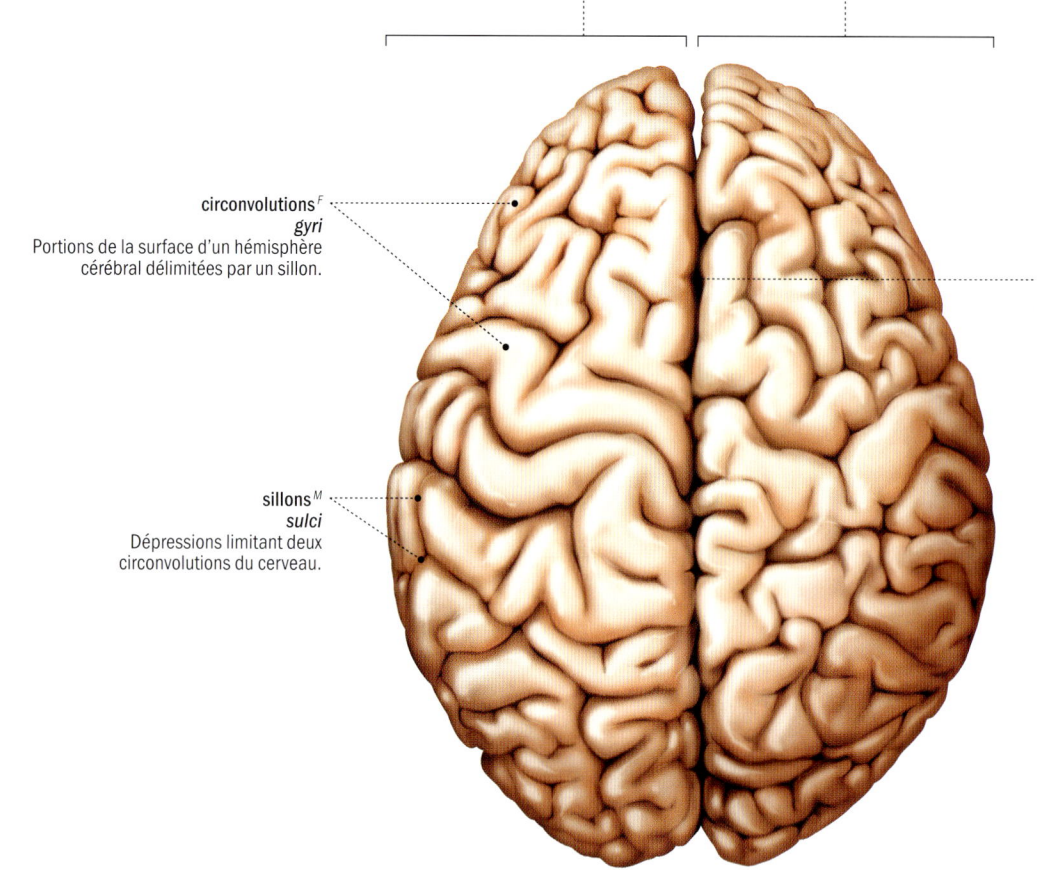

circonvolutions[F]
gyri
Portions de la surface d'un hémisphère cérébral délimitées par un sillon.

fissure[F] longitudinale
longitudinal fissure
Sillon profond séparant les deux hémisphères cérébraux.

sillons[M]
sulci
Dépressions limitant deux circonvolutions du cerveau.

cerveau[M] : vue[F] latérale
cerebrum: lateral view

lobe[M] pariétal
parietal lobe
Lobe situé dans la partie moyenne du cerveau, qui intervient dans le goût, le toucher, la douleur et la compréhension du langage.

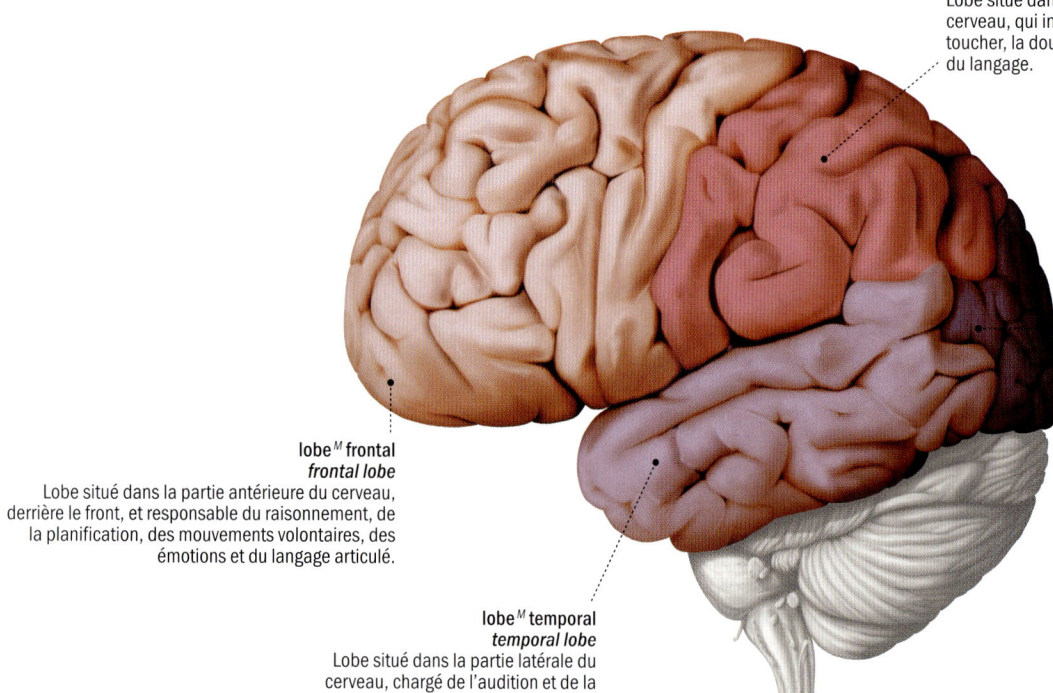

lobe[M] occipital
occipital lobe
Lobe localisé à l'arrière du cerveau, qui joue un rôle dans la vision.

lobe[M] frontal
frontal lobe
Lobe situé dans la partie antérieure du cerveau, derrière le front, et responsable du raisonnement, de la planification, des mouvements volontaires, des émotions et du langage articulé.

lobe[M] temporal
temporal lobe
Lobe situé dans la partie latérale du cerveau, chargé de l'audition et de la mémoire.

système M nerveux central

cortex M cérébral
cerebral cortex
Couche superficielle du cerveau, constituée de matière grise, qui assure les fonctions nerveuses les plus élaborées.

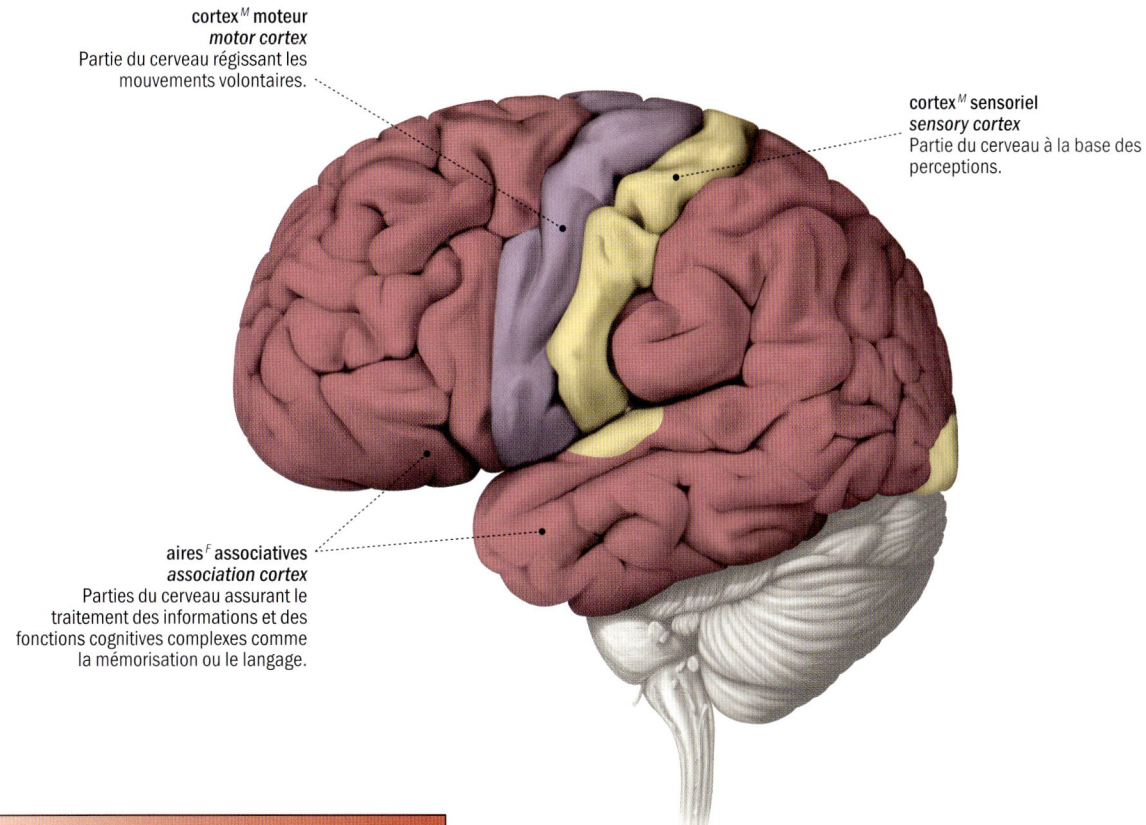

cortex M moteur
motor cortex
Partie du cerveau régissant les mouvements volontaires.

cortex M sensoriel
sensory cortex
Partie du cerveau à la base des perceptions.

aires F associatives
association cortex
Parties du cerveau assurant le traitement des informations et des fonctions cognitives complexes comme la mémorisation ou le langage.

liquide protecteur

Les organes du système nerveux central sont entourés d'un liquide produit par les ventricules cérébraux : le liquide céphalorachidien. Constitué d'eau, de protéines et de nutriments, il joue notamment le rôle d'amortisseur pour atténuer les chocs.

système M limbique
limbic system
Ensemble de structures nerveuses impliquées dans les émotions, la mémoire et l'apprentissage.

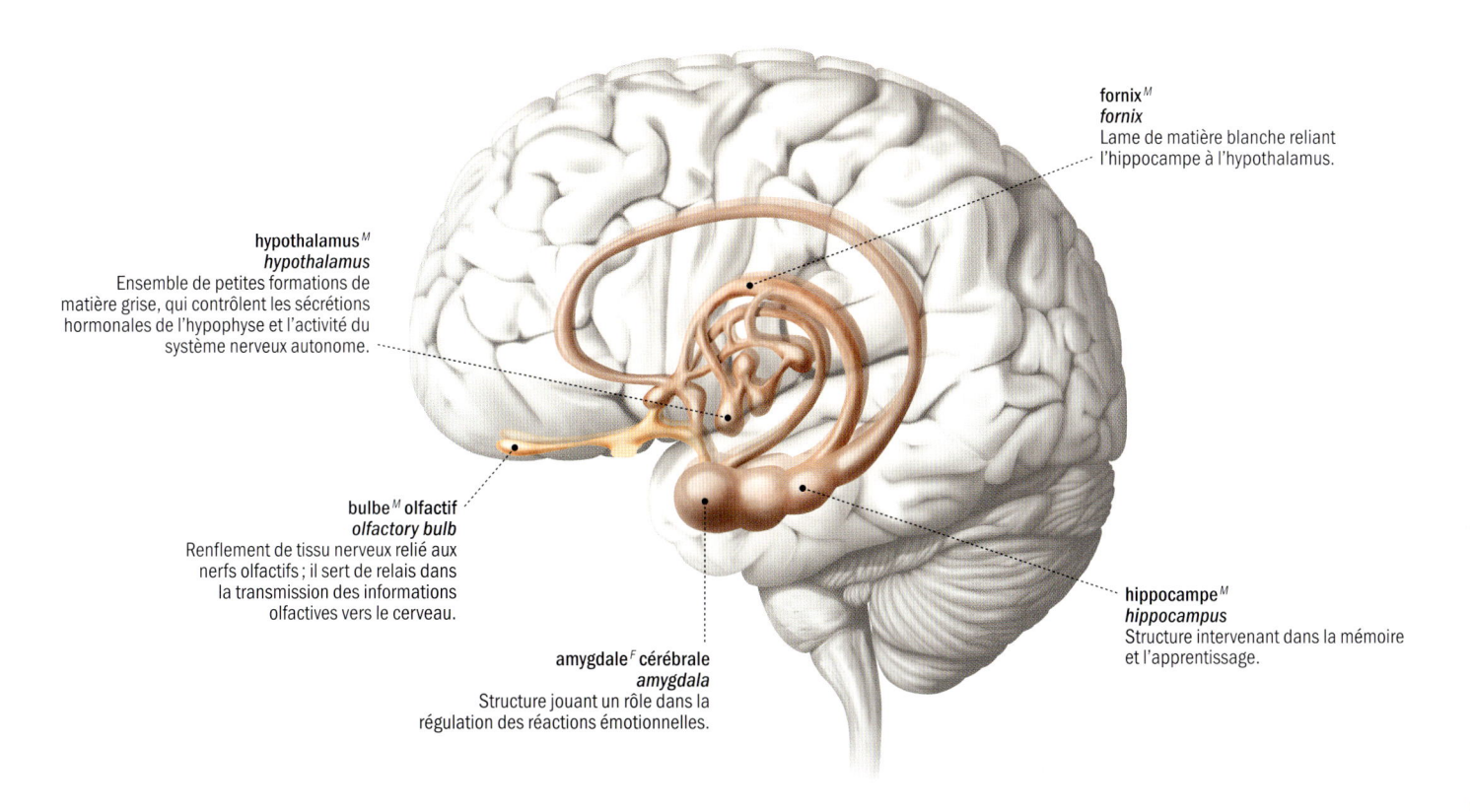

fornix M
fornix
Lame de matière blanche reliant l'hippocampe à l'hypothalamus.

hypothalamus M
hypothalamus
Ensemble de petites formations de matière grise, qui contrôlent les sécrétions hormonales de l'hypophyse et l'activité du système nerveux autonome.

bulbe M olfactif
olfactory bulb
Renflement de tissu nerveux relié aux nerfs olfactifs ; il sert de relais dans la transmission des informations olfactives vers le cerveau.

amygdale F cérébrale
amygdala
Structure jouant un rôle dans la régulation des réactions émotionnelles.

hippocampe M
hippocampus
Structure intervenant dans la mémoire et l'apprentissage.

LE SYSTÈME NERVEUX

système^M nerveux central

coupe^F du cervelet^M
section of cerebellum
Cervelet : partie de l'encéphale qui contrôle principalement la coordination motrice, l'équilibre, le tonus musculaire et la posture.

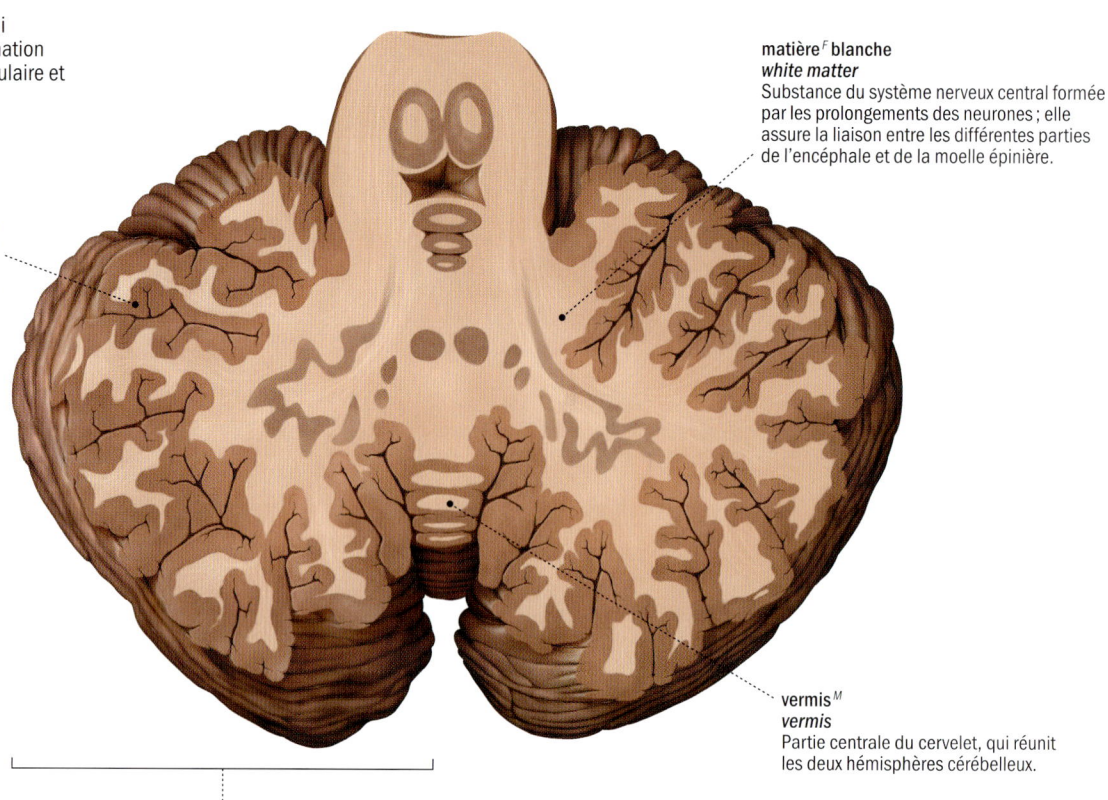

matière^F blanche
white matter
Substance du système nerveux central formée par les prolongements des neurones ; elle assure la liaison entre les différentes parties de l'encéphale et de la moelle épinière.

matière^F grise
gray matter
Substance du système nerveux central formée par les corps cellulaires des neurones ; siège des synapses, elle assure le traitement des influx nerveux.

vermis^M
vermis
Partie centrale du cervelet, qui réunit les deux hémisphères cérébelleux.

hémisphère^M cérébelleux
cerebellar hemisphere
Chacune des deux moitiés symétriques du cervelet.

tronc^M cérébral : vue^F postérolatérale
brain stem: posterolateral view
Tronc cérébral : partie de l'encéphale située dans le prolongement de la moelle épinière, qui régit de nombreuses fonctions vitales et assure les transmissions entre la moelle épinière, le cerveau et le cervelet.

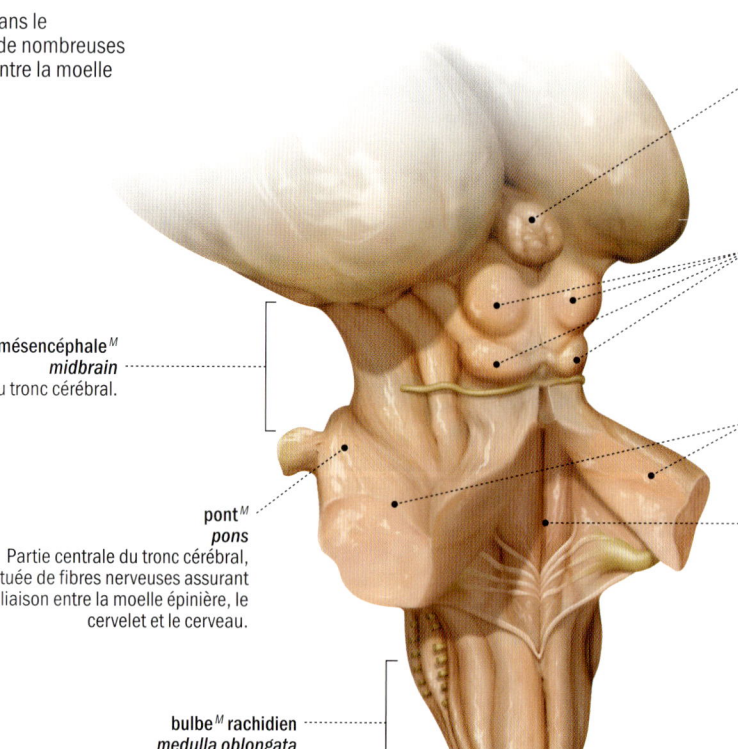

épiphyse^F
pineal gland
Glande endocrine du cerveau sécrétant la mélatonine, qui a une influence sur la formation des spermatozoïdes ou le cycle menstruel.

tubercules^M quadrijumeaux
colliculi
Renflements situés sur la face dorsale du mésencéphale, qui jouent un rôle dans la vision et l'audition.

mésencéphale^M
midbrain
Partie supérieure du tronc cérébral.

pédoncules^M cérébelleux
cerebellar peduncles
Faisceaux de matière blanche reliant le cervelet à certaines parties du tronc cérébral.

quatrième ventricule^M
fourth ventricle
Cavité située entre le cervelet et le tronc cérébral, qui participe à la production du liquide céphalorachidien.

pont^M
pons
Partie centrale du tronc cérébral, constituée de fibres nerveuses assurant la liaison entre la moelle épinière, le cervelet et le cerveau.

bulbe^M rachidien
medulla oblongata
Partie inférieure du tronc cérébral, qui contrôle notamment de nombreuses fonctions vitales (respiration, pression sanguine, rythme cardiaque).

systèmeᴹ nerveux central

méningesᶠ
meninges
Membranes qui enveloppent et protègent
la moelle épinière et l'encéphale.

aponévroseᶠ **épicrânienne**
epicranial aponeurosis
Lame fibreuse recouvrant le crâne,
entre les muscles frontal et occipital.

cuirᴹ **chevelu**
scalp
Partie de la peau de la tête recouverte
de cheveux.

crâneᴹ
skull
Boîte rigide formée de huit os (quatre os
pairs et quatre os impairs), qui recouvre
et protège l'encéphale.

cortexᴹ **cérébral**
cerebral cortex
Couche superficielle du cerveau,
constituée de matière grise, qui assure
les fonctions nerveuses les plus
élaborées.

dure-mèreᶠ
dura mater
Méninge externe, épaisse et résistante,
formée de deux feuillets de tissu
fibreux.

pie-mèreᶠ
pia mater
Méninge interne, tapissant étroitement
le cerveau et la moelle épinière.

arachnoïdeᶠ
arachnoid
Méninge intermédiaire, accolée à la
dure-mère et séparée de la pie-mère
par l'espace subarachnoïdien.

espaceᴹ **subarachnoïdien**
subarachnoid space
Espace situé entre l'arachnoïde et
la pie-mère, contenant du liquide
céphalorachidien et les principaux
vaisseaux sanguins de l'encéphale.

LE SYSTÈME NERVEUX

riche en neurones

Le cervelet contient la moitié des neurones
de l'encéphale, même s'il ne représente que
10 % de la masse totale de celui-ci.

65

système nerveux central

moelle épinière
spinal cord
Partie du système nerveux central située dans la colonne vertébrale, qui transmet les informations nerveuses des nerfs spinaux à l'encéphale, et réciproquement.

bulbe rachidien
medulla oblongata
Partie inférieure du tronc cérébral, qui contrôle notamment de nombreuses fonctions vitales (respiration, pression sanguine, rythme cardiaque).

moelle épinière
spinal cord
Partie du système nerveux central située dans la colonne vertébrale, entre le bulbe rachidien et la deuxième vertèbre lombaire.

deuxième vertèbre lombaire
second lumbar vertebra
Vertèbre située entre les première et troisième vertèbres lombaires.

filum terminal
terminal filum
Prolongement fibreux de la pie-mère s'étendant de l'extrémité de la moelle épinière jusqu'au coccyx.

coccyx
coccyx
Petit os triangulaire constitué par la fusion, au début de l'âge adulte, des quatre vertèbres coccygiennes, et qui forme l'extrémité inférieure de la colonne vertébrale.

coupe transversale de la colonne vertébrale
cross section of the vertebral column
Colonne vertébrale : ensemble osseux constitué de 33 vertèbres, s'étendant du crâne au bassin ; la colonne vertébrale joue un rôle de soutien pour la tête et le tronc, et contient la moelle épinière.

espace subarachnoïdien
subarachnoid space
Espace situé entre l'arachnoïde et la pie-mère, contenant du liquide céphalorachidien et des vaisseaux sanguins.

pie-mère
pia mater
Méninge interne, tapissant étroitement le cerveau et la moelle épinière.

matière blanche
white matter
Substance du système nerveux central formée par les prolongements des neurones ; elle assure la liaison entre les différentes parties de l'encéphale et de la moelle épinière.

espace épidural
epidural space
Cavité située entre la dure-mère et les vertèbres, remplie de tissu adipeux et de vaisseaux sanguins ; elle protège la moelle épinière des traumatismes.

racine sensitive
sensory root
Branche d'un nerf spinal transmettant des informations sensitives de la périphérie du corps vers la moelle épinière.

canal central de la moelle épinière
central canal of spinal cord
Canal situé au centre de la moelle épinière, qui communique avec le quatrième ventricule cérébral et transporte le liquide céphalorachidien.

dure-mère
dura mater
Méninge externe, épaisse et résistante, formée de deux feuillets de tissu fibreux.

nerf spinal
spinal nerve
Chacun des nerfs mixtes qui émergent de la moelle épinière et innervent toutes les parties du corps, à l'exception du visage.

racine motrice
motor root
Branche d'un nerf spinal transmettant des informations motrices de la moelle épinière vers la périphérie du corps, notamment les muscles.

matière grise
gray matter
Substance du système nerveux central formée par les corps cellulaires des neurones ; elle assure le traitement des influx nerveux.

arachnoïde
arachnoid
Méninge intermédiaire, accolée à la dure-mère et séparée de la pie-mère par l'espace subarachnoïdien.

système^M nerveux périphérique
peripheral nervous system

Partie du système nerveux formée par les nerfs crâniens et spinaux, qui achemine les messages des récepteurs sensoriels au système nerveux central et transmet les commandes motrices du système nerveux central aux muscles et aux glandes.

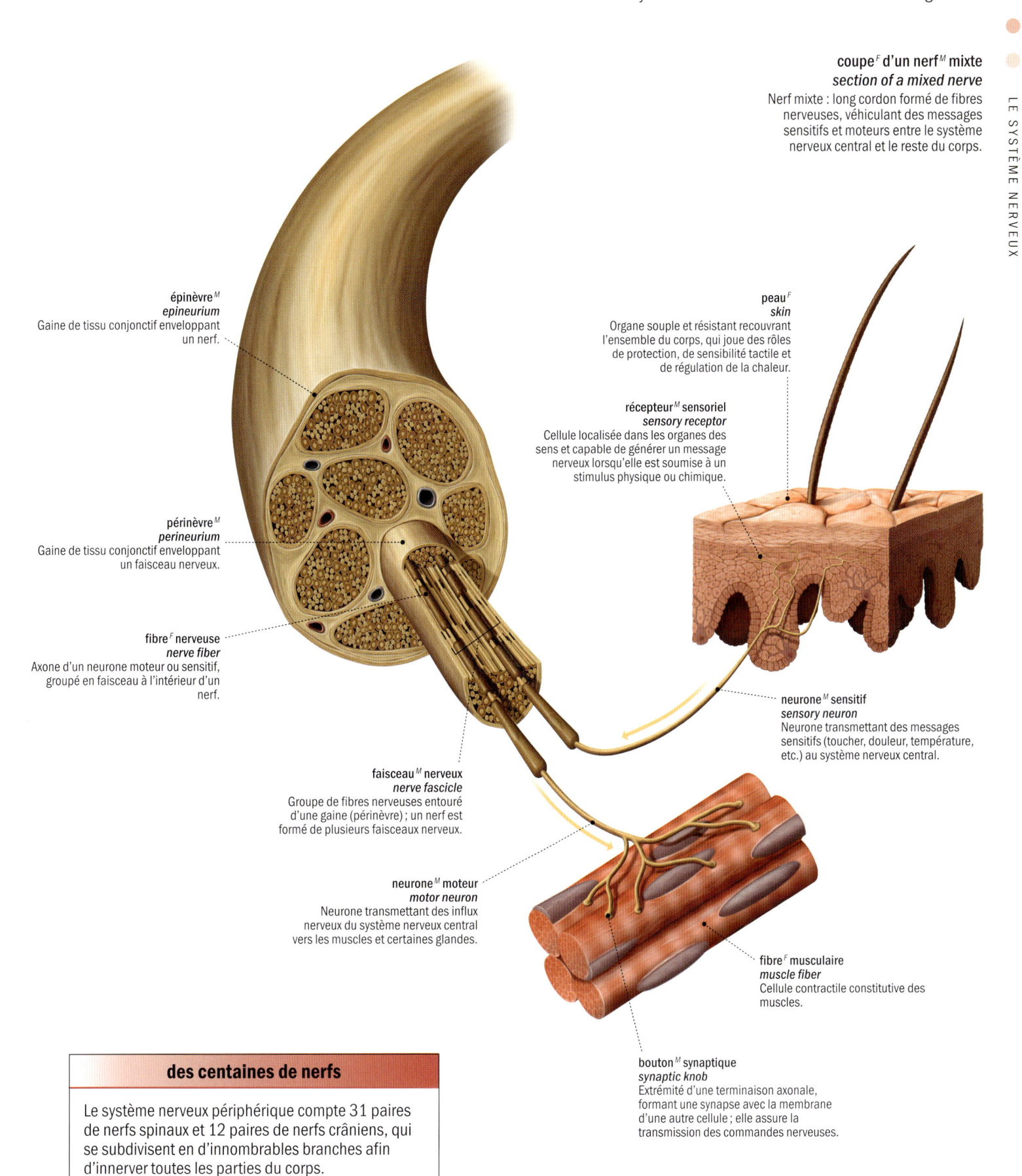

coupe^F d'un nerf^M mixte
section of a mixed nerve

Nerf mixte : long cordon formé de fibres nerveuses, véhiculant des messages sensitifs et moteurs entre le système nerveux central et le reste du corps.

épinèvre^M / *epineurium*
Gaine de tissu conjonctif enveloppant un nerf.

périnèvre^M / *perineurium*
Gaine de tissu conjonctif enveloppant un faisceau nerveux.

fibre^F nerveuse / *nerve fiber*
Axone d'un neurone moteur ou sensitif, groupé en faisceau à l'intérieur d'un nerf.

faisceau^M nerveux / *nerve fascicle*
Groupe de fibres nerveuses entouré d'une gaine (périnèvre) ; un nerf est formé de plusieurs faisceaux nerveux.

neurone^M moteur / *motor neuron*
Neurone transmettant des influx nerveux du système nerveux central vers les muscles et certaines glandes.

peau^F / *skin*
Organe souple et résistant recouvrant l'ensemble du corps, qui joue des rôles de protection, de sensibilité tactile et de régulation de la chaleur.

récepteur^M sensoriel / *sensory receptor*
Cellule localisée dans les organes des sens et capable de générer un message nerveux lorsqu'elle est soumise à un stimulus physique ou chimique.

neurone^M sensitif / *sensory neuron*
Neurone transmettant des messages sensitifs (toucher, douleur, température, etc.) au système nerveux central.

fibre^F musculaire / *muscle fiber*
Cellule contractile constitutive des muscles.

bouton^M synaptique / *synaptic knob*
Extrémité d'une terminaison axonale, formant une synapse avec la membrane d'une autre cellule ; elle assure la transmission des commandes nerveuses.

---

des centaines de nerfs

Le système nerveux périphérique compte 31 paires de nerfs spinaux et 12 paires de nerfs crâniens, qui se subdivisent en d'innombrables branches afin d'innerver toutes les parties du corps.

LE SYSTÈME NERVEUX

67

système^M nerveux périphérique

nerfs^M crâniens
cranial nerves
Ensemble des 12 paires de nerfs émergeant de l'encéphale, qui innervent principalement la tête et le cou et assurent une fonction motrice ou sensitive.

encéphale^M : vue^F inférieure
encephalon: inferior view
Encéphale : partie du système nerveux central contenue dans le crâne, qui comprend le cerveau, le cervelet et le tronc cérébral.

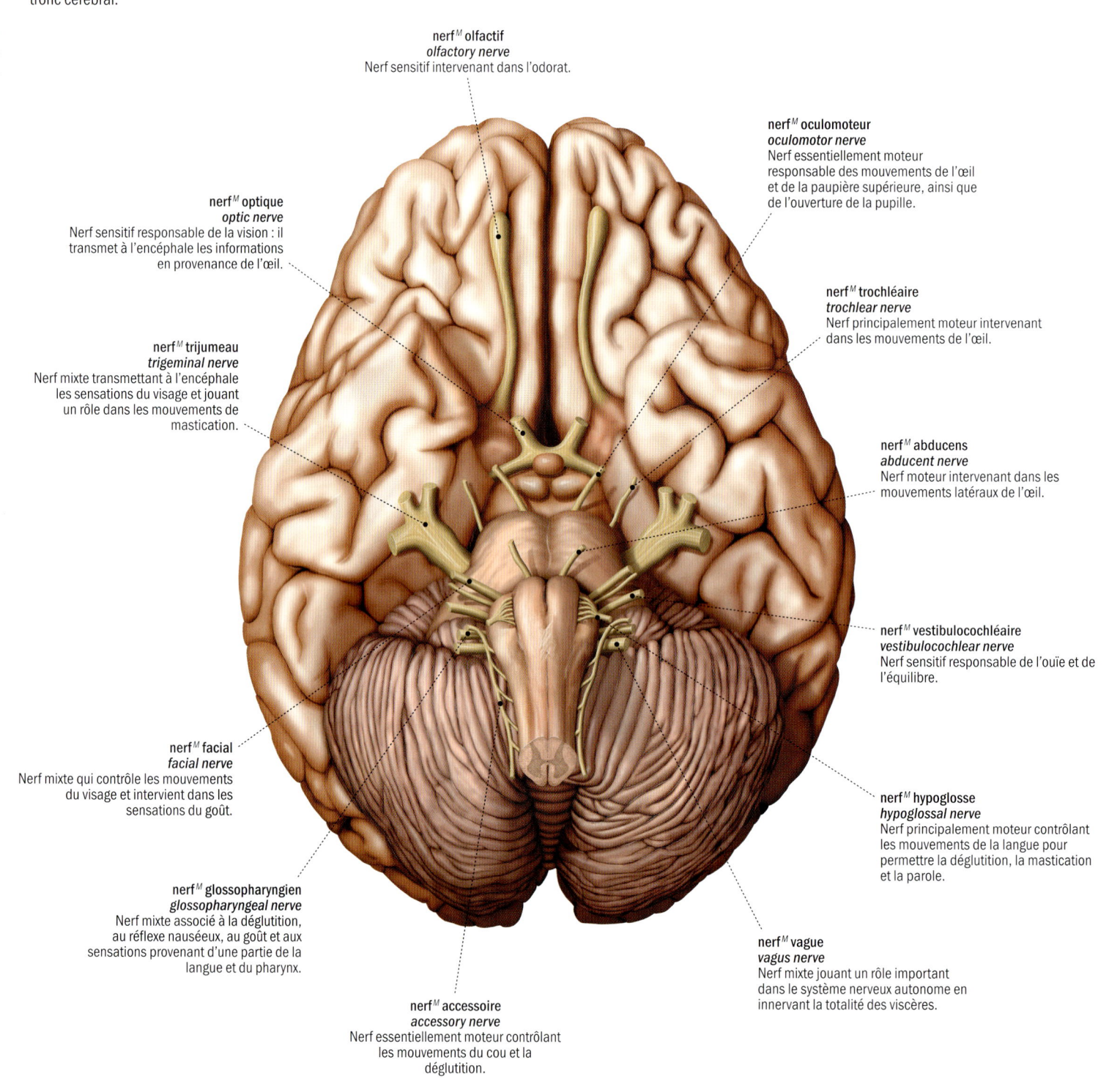

LE SYSTÈME NERVEUX

nerf^M olfactif
olfactory nerve
Nerf sensitif intervenant dans l'odorat.

nerf^M oculomoteur
oculomotor nerve
Nerf essentiellement moteur responsable des mouvements de l'œil et de la paupière supérieure, ainsi que de l'ouverture de la pupille.

nerf^M optique
optic nerve
Nerf sensitif responsable de la vision : il transmet à l'encéphale les informations en provenance de l'œil.

nerf^M trochléaire
trochlear nerve
Nerf principalement moteur intervenant dans les mouvements de l'œil.

nerf^M trijumeau
trigeminal nerve
Nerf mixte transmettant à l'encéphale les sensations du visage et jouant un rôle dans les mouvements de mastication.

nerf^M abducens
abducent nerve
Nerf moteur intervenant dans les mouvements latéraux de l'œil.

nerf^M vestibulocochléaire
vestibulocochlear nerve
Nerf sensitif responsable de l'ouïe et de l'équilibre.

nerf^M facial
facial nerve
Nerf mixte qui contrôle les mouvements du visage et intervient dans les sensations du goût.

nerf^M hypoglosse
hypoglossal nerve
Nerf principalement moteur contrôlant les mouvements de la langue pour permettre la déglutition, la mastication et la parole.

nerf^M glossopharyngien
glossopharyngeal nerve
Nerf mixte associé à la déglutition, au réflexe nauséeux, au goût et aux sensations provenant d'une partie de la langue et du pharynx.

nerf^M vague
vagus nerve
Nerf mixte jouant un rôle important dans le système nerveux autonome en innervant la totalité des viscères.

nerf^M accessoire
accessory nerve
Nerf essentiellement moteur contrôlant les mouvements du cou et la déglutition.

système ^{M} nerveux périphérique

nerfs ^{M} spinaux
spinal nerves
Ensemble des 31 paires de nerfs mixtes (sensitifs et moteurs) qui émergent de la moelle épinière et innervent toutes les parties du corps, à l'exception du visage.

nerfs ^{M} cervicaux
cervical nerves
Ensemble des huit paires de nerfs spinaux innervant la tête, le cou, les épaules et les membres supérieurs.

nerfs ^{M} thoraciques
thoracic nerves
Ensemble des 12 paires de nerfs spinaux innervant le thorax et le dos.

nerfs ^{M} lombaires
lumbar nerves
Ensemble des cinq paires de nerfs spinaux innervant l'abdomen et les cuisses.

nerfs ^{M} sacraux
sacral nerves
Ensemble des cinq paires de nerfs spinaux innervant le bas-ventre et les membres inférieurs.

LE SYSTÈME NERVEUX

sourire
L'action de sourire est commandée par le nerf facial et met en jeu une quinzaine de muscles du visage. Une affection de ce nerf peut donc entraîner l'impossibilité de sourire (paralysie faciale).

racine ^{F} sensitive
sensory root
Branche d'un nerf spinal transmettant des informations sensitives de la périphérie du corps vers la moelle épinière.

moelle ^{F} épinière
spinal cord
Partie du système nerveux central située dans la colonne vertébrale, qui transmet les informations nerveuses des nerfs spinaux à l'encéphale, et réciproquement.

nerf ^{M} coccygien
coccygeal nerve
Paire de nerfs spinaux innervant la région du coccyx.

ganglion ^{M} spinal
spinal ganglion
Renflement constitué par un amas de corps cellulaires de neurones sensitifs.

nerf ^{M} spinal
spinal nerve
Chacun des nerfs mixtes (sensitifs et moteurs) qui émergent de la moelle épinière et innervent toutes les parties du corps, à l'exception du visage.

rameau ^{M} dorsal
dorsal branch
Branche principale d'un nerf spinal destinée à l'innervation de la peau, des muscles, des articulations et des os de la partie postérieure du tronc.

rameau ^{M} ventral
ventral branch
Branche principale d'un nerf spinal destinée à l'innervation des membres et des parties antérieures et latérales du tronc.

racine ^{F} motrice
motor root
Branche d'un nerf spinal transmettant des informations motrices de la moelle épinière vers la périphérie du corps, notamment les muscles.

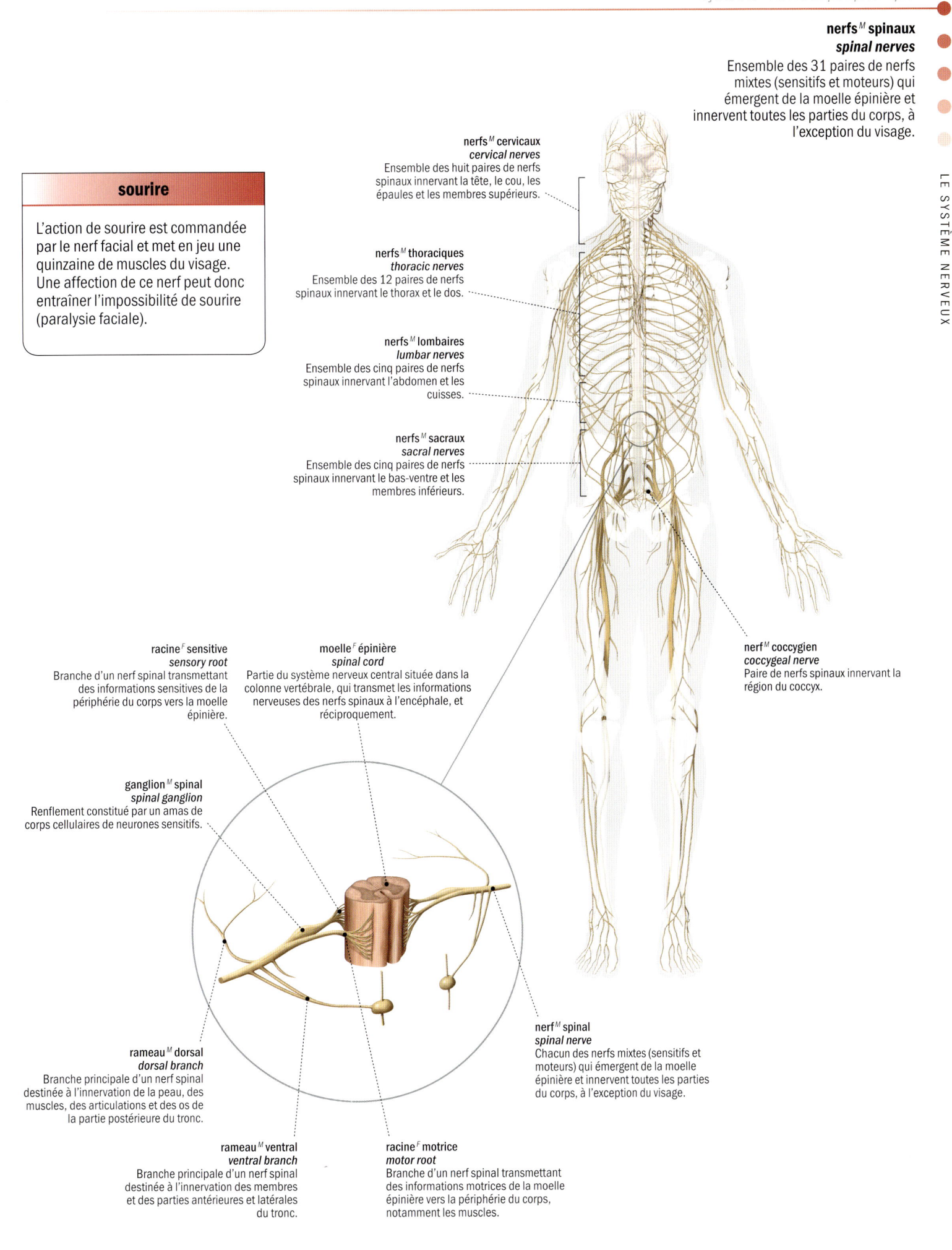

69

système^M nerveux périphérique

principaux nerfs^M : vue^F antérieure
main nerves: anterior view

Nerf : long cordon formé de fibres nerveuses, véhiculant des messages sensitifs ou moteurs entre le système nerveux central et le reste du corps.

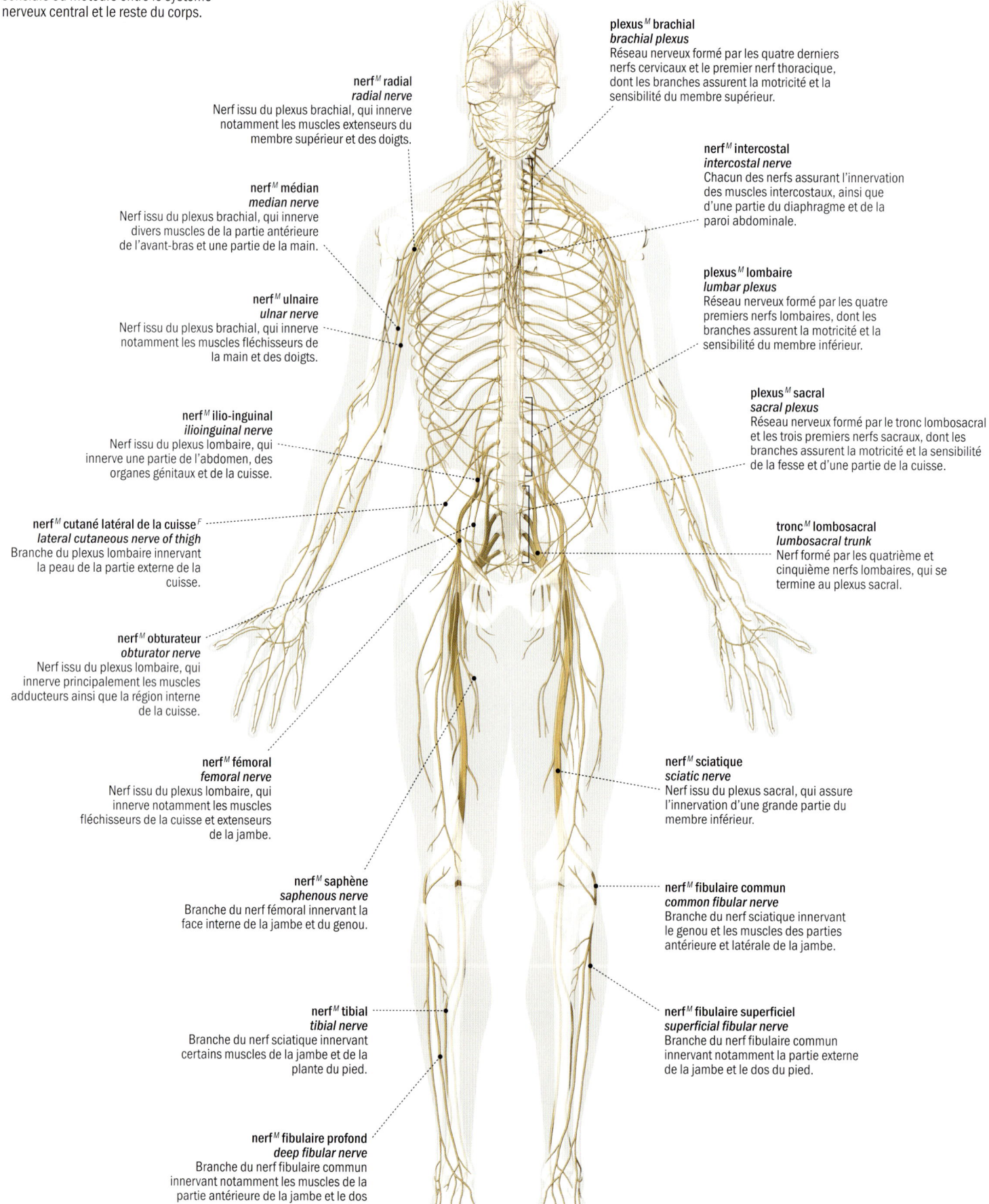

LE SYSTÈME NERVEUX

nerf^M radial
radial nerve
Nerf issu du plexus brachial, qui innerve notamment les muscles extenseurs du membre supérieur et des doigts.

nerf^M médian
median nerve
Nerf issu du plexus brachial, qui innerve divers muscles de la partie antérieure de l'avant-bras et une partie de la main.

nerf^M ulnaire
ulnar nerve
Nerf issu du plexus brachial, qui innerve notamment les muscles fléchisseurs de la main et des doigts.

nerf^M ilio-inguinal
ilioinguinal nerve
Nerf issu du plexus lombaire, qui innerve une partie de l'abdomen, des organes génitaux et de la cuisse.

nerf^M cutané latéral de la cuisse^F
lateral cutaneous nerve of thigh
Branche du plexus lombaire innervant la peau de la partie externe de la cuisse.

nerf^M obturateur
obturator nerve
Nerf issu du plexus lombaire, qui innerve principalement les muscles adducteurs ainsi que la région interne de la cuisse.

nerf^M fémoral
femoral nerve
Nerf issu du plexus lombaire, qui innerve notamment les muscles fléchisseurs de la cuisse et extenseurs de la jambe.

nerf^M saphène
saphenous nerve
Branche du nerf fémoral innervant la face interne de la jambe et du genou.

nerf^M tibial
tibial nerve
Branche du nerf sciatique innervant certains muscles de la jambe et de la plante du pied.

nerf^M fibulaire profond
deep fibular nerve
Branche du nerf fibulaire commun innervant notamment les muscles de la partie antérieure de la jambe et le dos du pied.

plexus^M brachial
brachial plexus
Réseau nerveux formé par les quatre derniers nerfs cervicaux et le premier nerf thoracique, dont les branches assurent la motricité et la sensibilité du membre supérieur.

nerf^M intercostal
intercostal nerve
Chacun des nerfs assurant l'innervation des muscles intercostaux, ainsi que d'une partie du diaphragme et de la paroi abdominale.

plexus^M lombaire
lumbar plexus
Réseau nerveux formé par les quatre premiers nerfs lombaires, dont les branches assurent la motricité et la sensibilité du membre inférieur.

plexus^M sacral
sacral plexus
Réseau nerveux formé par le tronc lombosacral et les trois premiers nerfs sacraux, dont les branches assurent la motricité et la sensibilité de la fesse et d'une partie de la cuisse.

tronc^M lombosacral
lumbosacral trunk
Nerf formé par les quatrième et cinquième nerfs lombaires, qui se termine au plexus sacral.

nerf^M sciatique
sciatic nerve
Nerf issu du plexus sacral, qui assure l'innervation d'une grande partie du membre inférieur.

nerf^M fibulaire commun
common fibular nerve
Branche du nerf sciatique innervant le genou et les muscles des parties antérieure et latérale de la jambe.

nerf^M fibulaire superficiel
superficial fibular nerve
Branche du nerf fibulaire commun innervant notamment la partie externe de la jambe et le dos du pied.

70

système nerveux périphérique

avant-bras et main : vue postérieure
forearm and hand: posterior view

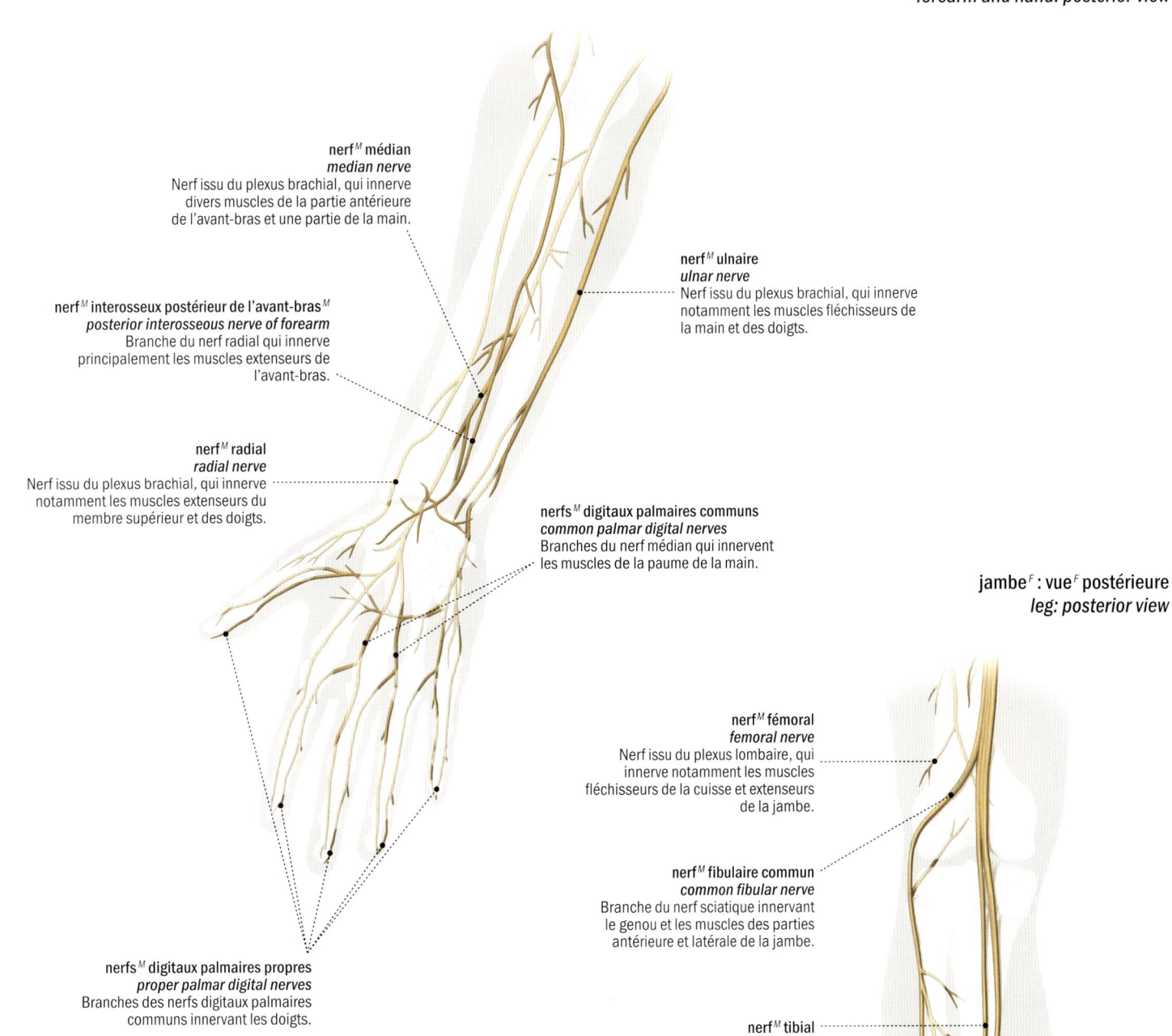

LE SYSTÈME NERVEUX

nerf médian
median nerve
Nerf issu du plexus brachial, qui innerve divers muscles de la partie antérieure de l'avant-bras et une partie de la main.

nerf ulnaire
ulnar nerve
Nerf issu du plexus brachial, qui innerve notamment les muscles fléchisseurs de la main et des doigts.

nerf interosseux postérieur de l'avant-bras
posterior interosseous nerve of forearm
Branche du nerf radial qui innerve principalement les muscles extenseurs de l'avant-bras.

nerf radial
radial nerve
Nerf issu du plexus brachial, qui innerve notamment les muscles extenseurs du membre supérieur et des doigts.

nerfs digitaux palmaires communs
common palmar digital nerves
Branches du nerf médian qui innervent les muscles de la paume de la main.

nerfs digitaux palmaires propres
proper palmar digital nerves
Branches des nerfs digitaux palmaires communs innervant les doigts.

jambe : vue postérieure
leg: posterior view

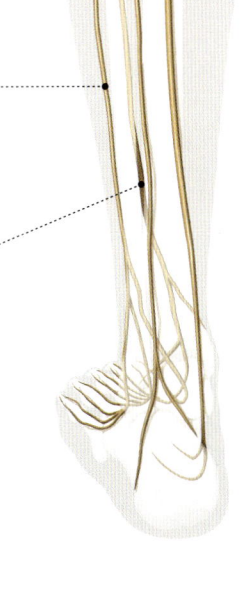

nerf fémoral
femoral nerve
Nerf issu du plexus lombaire, qui innerve notamment les muscles fléchisseurs de la cuisse et extenseurs de la jambe.

nerf fibulaire commun
common fibular nerve
Branche du nerf sciatique innervant le genou et les muscles des parties antérieure et latérale de la jambe.

nerf tibial
tibial nerve
Branche du nerf sciatique innervant certains muscles de la jambe et de la plante du pied.

nerf fibulaire superficiel
superficial fibular nerve
Branche du nerf fibulaire commun innervant notamment la partie externe de la jambe et le dos du pied.

nerf fibulaire profond
deep fibular nerve
Branche du nerf fibulaire commun innervant notamment les muscles de la partie antérieure de la jambe et le dos du pied.

le plus long

Le nerf sciatique est le plus long et le plus volumineux de l'organisme. Parcourant le bas du dos, la région pelvienne, la cuisse puis la partie postérieure de la jambe, il atteint par endroits un diamètre équivalent à celui du pouce.

74 sang

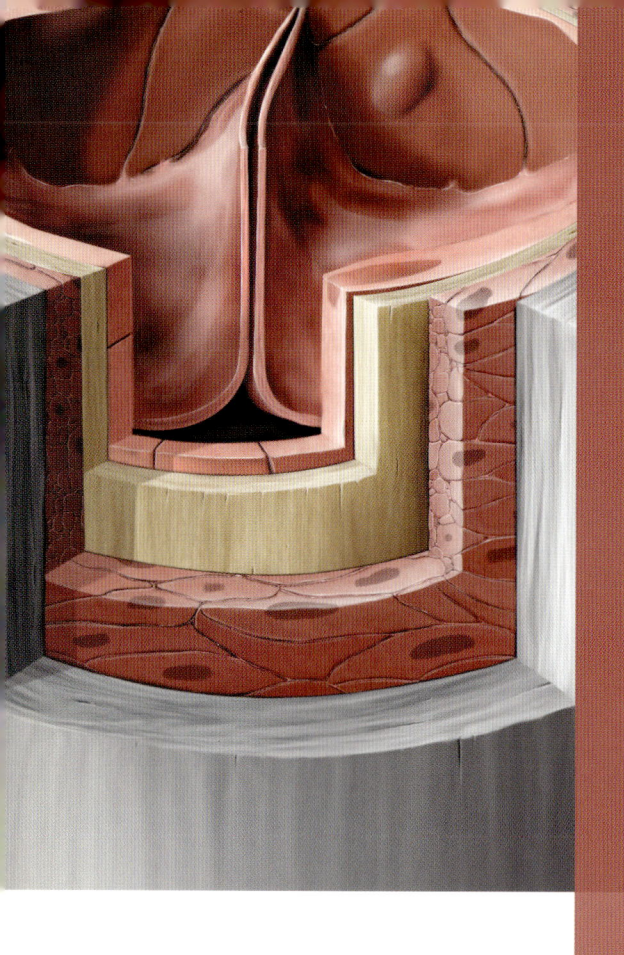

76 circulation sanguine

77 vaisseaux sanguins

82 cœur

Le système cardiovasculaire

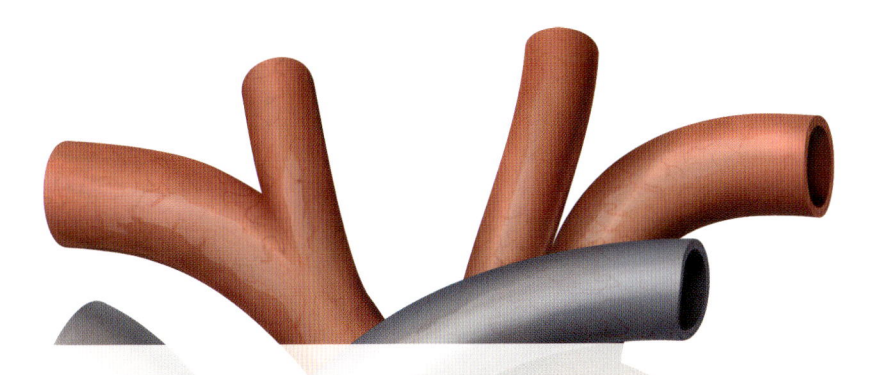

Le système cardiovasculaire est l'ensemble des organes qui assurent l'irrigation sanguine de l'organisme, et l'oxygénation du sang dans les poumons. Propulsé par les contractions régulières du cœur, le sang emprunte le réseau des artères, des capillaires sanguins et des veines afin d'acheminer l'oxygène et les éléments nutritifs indispensables aux cellules, et de drainer divers déchets comme le gaz carbonique. Il permet également aux hormones et aux globules blancs d'atteindre la plupart des parties du corps.

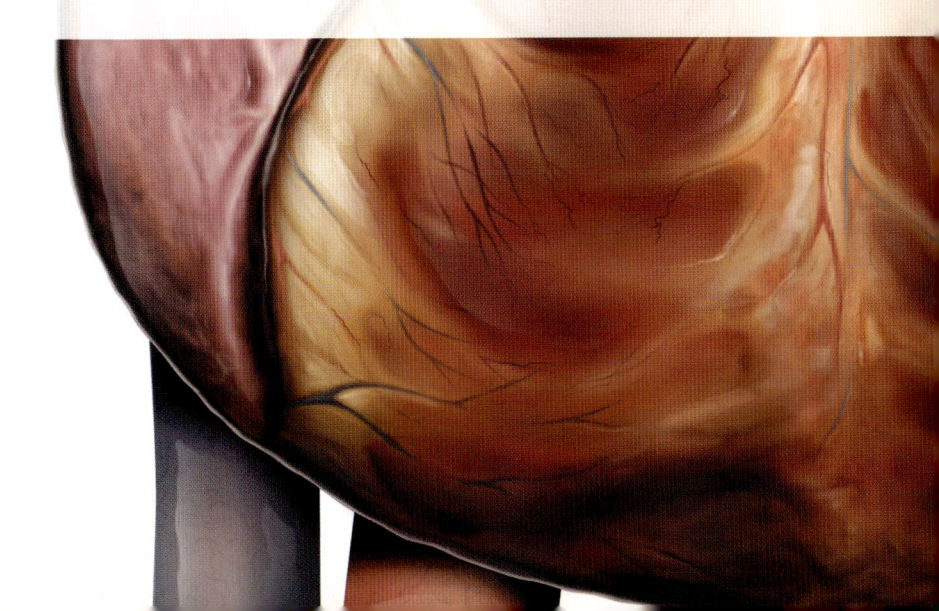

sang[M]
blood

Liquide rouge et visqueux circulant dans les vaisseaux sanguins, propulsé par le cœur.

LE SYSTÈME CARDIOVASCULAIRE

composition[F] du sang[M]
composition of blood
Le sang se compose d'un élément liquide (plasma) dans lequel circulent des cellules sanguines.

globule[M] blanc
white blood cell
Cellule sanguine appartenant au système immunitaire, qui joue un rôle essentiel dans la défense de l'organisme.

vaisseau[M] sanguin
blood vessel
Conduit dans lequel circule le sang ; on distingue les artères, les capillaires sanguins et les veines.

plaquette[F] sanguine
platelet
Cellule sanguine qui assure la coagulation du sang et empêche les hémorragies.

plasma[M]
plasma
Fluide jaunâtre composé d'eau, de nutriments, de minéraux et de protéines, dans lequel circulent les cellules sanguines ; il assure le transport des éléments nutritifs et la répartition de la chaleur dans l'organisme.

globule[M] rouge
red blood cell
Cellule sanguine qui transporte l'oxygène des poumons vers les tissus, et le gaz carbonique des tissus vers les poumons.

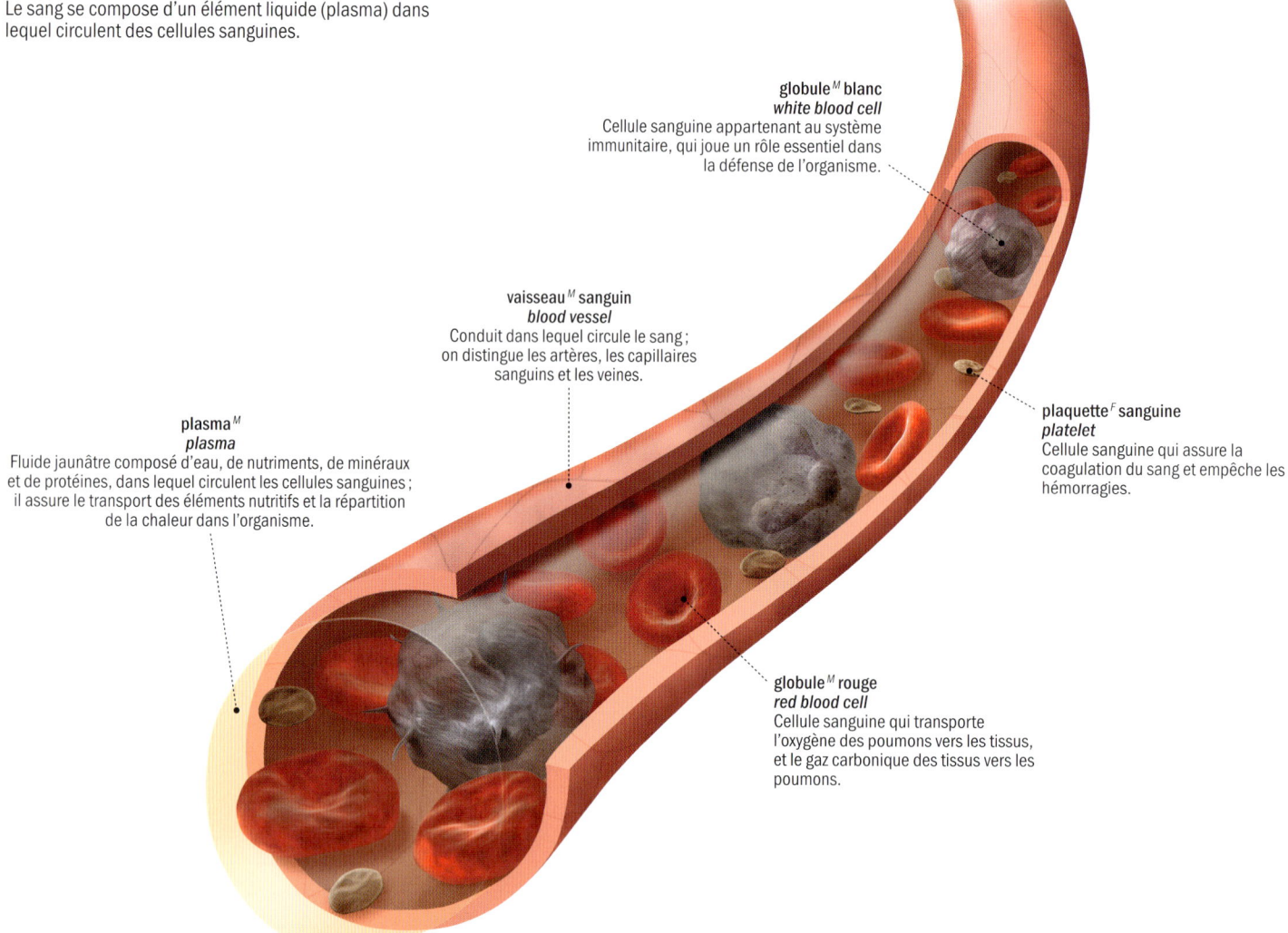

cellules[F] sanguines
blood cells
Cellules présentes dans le sang, qui comprennent les globules rouges, les différents types de globules blancs, ainsi que les plaquettes sanguines.

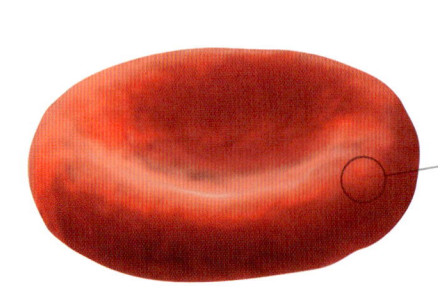

globine[F]
globin
Protéine constituant l'hémoglobine.

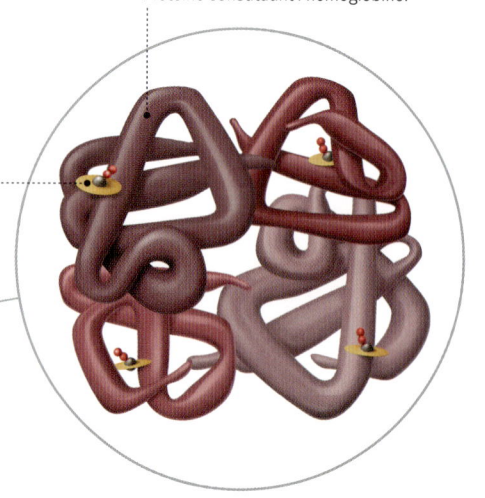

hème[M]
heme
Molécule contenant du fer sur lequel viennent se fixer des molécules d'oxygène ; l'hème donne la couleur rouge à l'hémoglobine.

globule[M] rouge
red blood cell
Cellule sanguine qui transporte l'oxygène des poumons vers les tissus, et le gaz carbonique des tissus vers les poumons.

hémoglobine[F]
hemoglobin
Molécule complexe contenue dans les globules rouges, qui permet le transport de l'oxygène et du gaz carbonique.

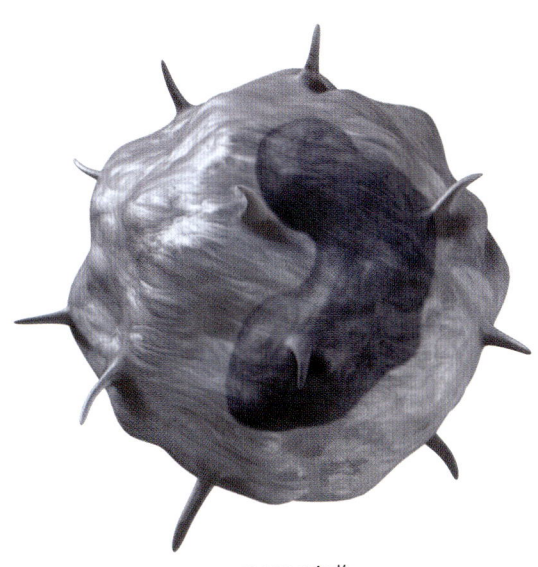

sang^M

monocyte^M
monocyte
Globule blanc qui se transforme en macrophage (cellule qui détruit les bactéries et les cellules mortes) dans les tissus lors d'une inflammation.

lymphocyte^M
lymphocyte
Globule blanc jouant un rôle fondamental dans le système immunitaire, notamment en produisant des anticorps ; il circule dans les vaisseaux sanguins et les organes lymphoïdes.

granule^M
granule
Petit grain sphérique contenant différentes substances chimiques ayant des propriétés toxiques ou inflammatoires.

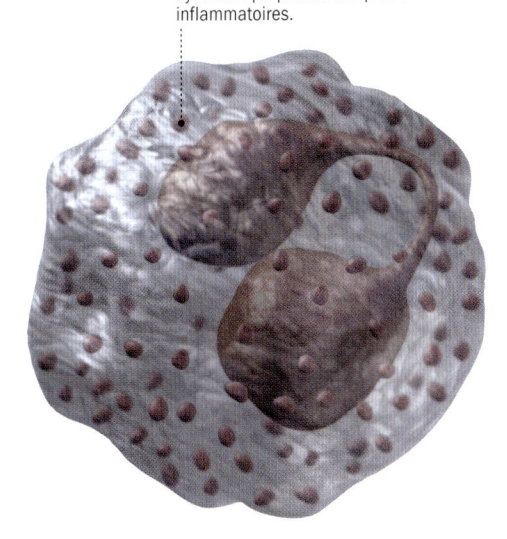

granule^M
granule
Petit grain sphérique contenant différentes substances chimiques intervenant dans la coagulation du sang.

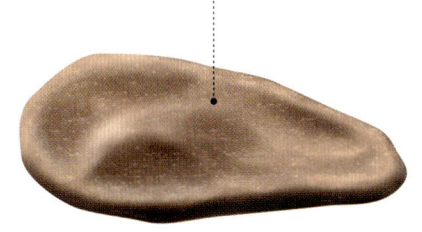

plaquette^F **sanguine**
platelet
Cellule sanguine qui assure la coagulation du sang et empêche les hémorragies.

granulocyte^M
granulocyte
Globule blanc dont le noyau comporte plusieurs lobes ; il intervient dans la réaction inflammatoire, dans la destruction de parasites ou dans les réactions allergiques.

quelques litres de sang

L'organisme adulte contient entre 4 et 5 litres de sang au total. Une seule goutte de sang renferme à elle seule quelque 200 millions de globules rouges.

LE SYSTÈME CARDIOVASCULAIRE

circulation F sanguine

blood circulation

Mouvement régulier et continu du sang à l'intérieur d'un réseau complexe de vaisseaux sanguins, répartis en deux circuits distincts, soit la circulation pulmonaire et la circulation générale.

LE SYSTÈME CARDIOVASCULAIRE

circulation F pulmonaire
pulmonary circulation
Ensemble des vaisseaux sanguins assurant les échanges gazeux entre le sang et l'air contenu dans les poumons.

→ sang M artériel
arterial blood
Sang riche en oxygène qui circule dans les artères, les veines pulmonaires et les cavités gauches du cœur.

→ sang M veineux
venous blood
Sang pauvre en oxygène et riche en gaz carbonique qui circule dans les veines, les artères pulmonaires et les cavités droites du cœur.

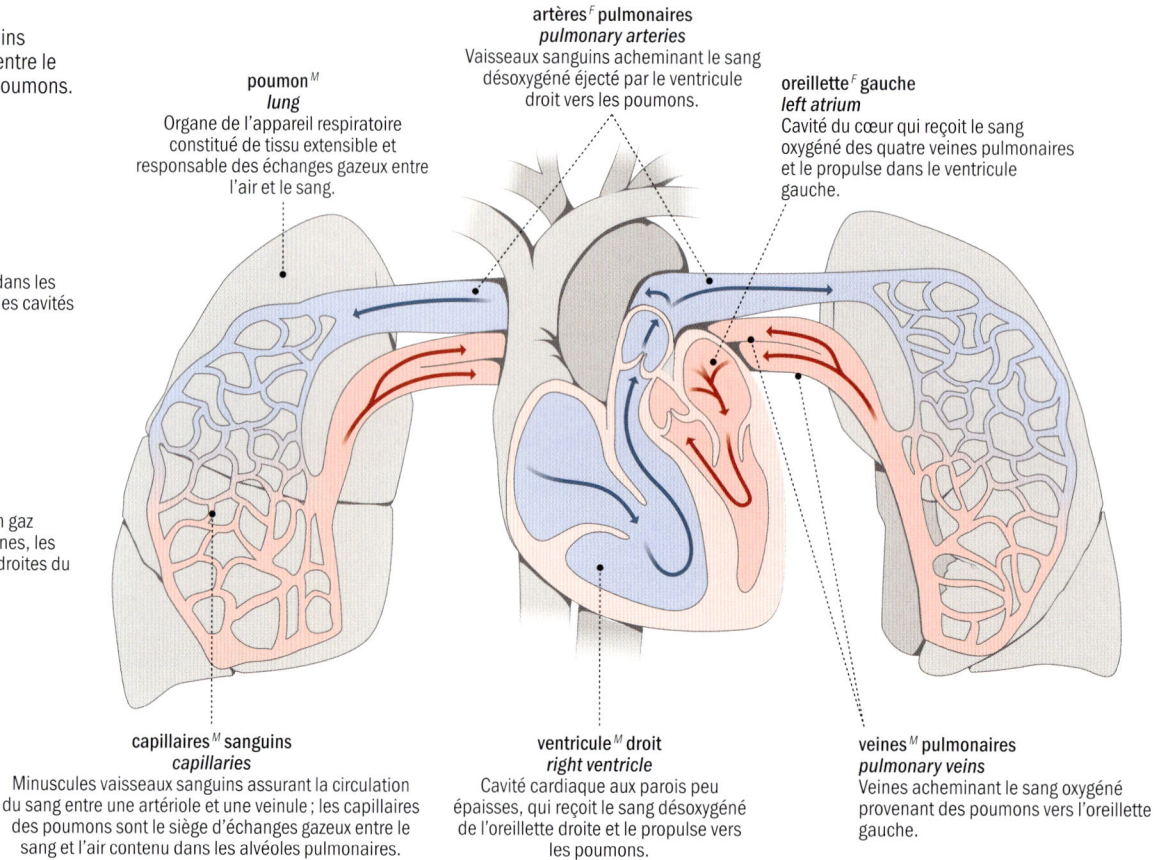

poumon M
lung
Organe de l'appareil respiratoire constitué de tissu extensible et responsable des échanges gazeux entre l'air et le sang.

artères F pulmonaires
pulmonary arteries
Vaisseaux sanguins acheminant le sang désoxygéné éjecté par le ventricule droit vers les poumons.

oreillette F gauche
left atrium
Cavité du cœur qui reçoit le sang oxygéné des quatre veines pulmonaires et le propulse dans le ventricule gauche.

capillaires M sanguins
capillaries
Minuscules vaisseaux sanguins assurant la circulation du sang entre une artériole et une veinule ; les capillaires des poumons sont le siège d'échanges gazeux entre le sang et l'air contenu dans les alvéoles pulmonaires.

ventricule M droit
right ventricle
Cavité cardiaque aux parois peu épaisses, qui reçoit le sang désoxygéné de l'oreillette droite et le propulse vers les poumons.

veines M pulmonaires
pulmonary veins
Veines acheminant le sang oxygéné provenant des poumons vers l'oreillette gauche.

circulation F générale
systemic circulation
Ensemble des vaisseaux sanguins assurant l'irrigation sanguine des tissus et des organes.

capillaires M sanguins
capillaries
Minuscules vaisseaux sanguins assurant la circulation du sang entre une artériole et une veinule ; ils forment des réseaux denses où a lieu le transfert de l'oxygène du sang vers les cellules et du gaz carbonique des cellules vers le sang.

veine F cave supérieure
superior vena cava
Veine ramenant le sang désoxygéné de la partie supérieure du corps (au-dessus du diaphragme) vers l'oreillette droite du cœur.

aorte F
aorta
Artère principale du corps, qui véhicule le sang oxygéné éjecté du ventricule gauche vers les organes.

oreillette F droite
right atrium
Cavité du cœur qui reçoit le sang désoxygéné des veines caves et le propulse dans le ventricule droit.

ventricule M gauche
left ventricle
Cavité cardiaque aux parois épaisses, qui reçoit le sang oxygéné de l'oreillette gauche et le propulse dans l'aorte pour irriguer l'organisme.

veine F cave inférieure
inferior vena cava
Veine ramenant le sang désoxygéné de la partie inférieure du corps (au-dessous du diaphragme) vers l'oreillette droite du cœur.

artère F
artery
Vaisseau sanguin qui achemine le sang oxygéné provenant du cœur dans toutes les parties du corps.

veine F
vein
Vaisseau sanguin ramenant le sang des organes vers le cœur.

vaisseauxᴹ sanguins
blood vessels

Conduits dans lesquels circule le sang ; on distingue les artères, les capillaires sanguins et les veines.

diamètre variable

Les vaisseaux sanguins ont la capacité de diminuer leur calibre (vasoconstriction) ou de l'augmenter (vasodilatation) afin de réguler le débit sanguin. Ce phénomène est particulièrement apparent dans le cas des artères de diamètre moyen et des artérioles.

coupeᶠ d'un capillaireᴹ sanguin
section of a capillary

Capillaire : minuscule vaisseau sanguin assurant la circulation du sang entre une artériole et une veinule ; sa paroi permet les échanges entre le sang et le milieu extérieur.

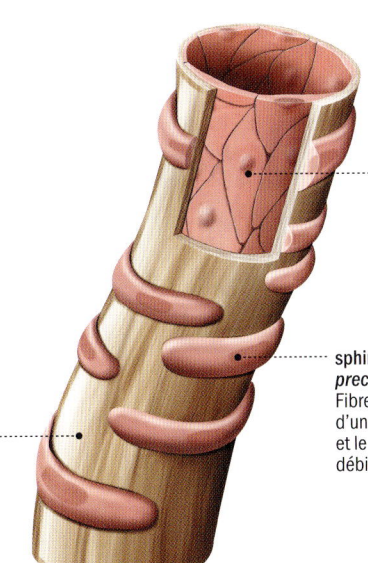

endothéliumᴹ / *endothelium*
Tissu épithélial recouvrant l'intérieur du capillaire.

sphincterᴹ précapillaire / *precapillary sphincter*
Fibre musculaire annulaire entourant la paroi d'un capillaire sanguin, dont la contraction et le relâchement involontaires régulent le débit sanguin.

lameᶠ basale / *basal lamina*
Fine membrane adhérant à l'endothélium.

coupeᶠ d'une artèreᶠ
section of an artery

Artère : vaisseau sanguin qui achemine le sang oxygéné provenant du cœur dans toutes les parties du corps ; sa paroi riche en muscles lisses et en fibres élastiques permet d'ajuster le calibre pour réguler la circulation.

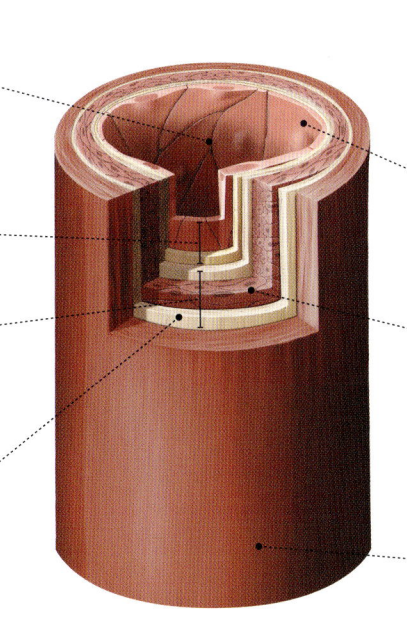

lumièreᶠ / *lumen*
Ouverture centrale d'un organe creux.

intimaᶠ / *tunica intima*
Couche interne d'un vaisseau sanguin, constituée d'un endothélium et d'une lame basale.

médiaᶠ / *tunica media*
Couche centrale de la paroi des artères et des veines, formée de muscles lisses et de fibres élastiques.

fibresᶠ élastiques / *elastic fibers*
Fibres surtout composées d'élastine, une protéine capable de s'étirer puis de reprendre sa forme initiale.

endothéliumᴹ / *endothelium*
Tissu épithélial recouvrant l'intérieur de l'artère.

muscleᴹ lisse / *smooth muscle*
Muscle qui permet les mouvements involontaires de certains organes, sous l'action du système nerveux autonome ou d'hormones.

adventiceᶠ / *tunica adventitia*
Couche externe de la paroi des artères et des veines, riche en fibres de collagène.

coupeᶠ d'une veineᶠ
section of a vein

Veine : vaisseau sanguin ramenant le sang désoxygéné des organes vers le cœur ; les veines possèdent une paroi plus mince que celle des artères.

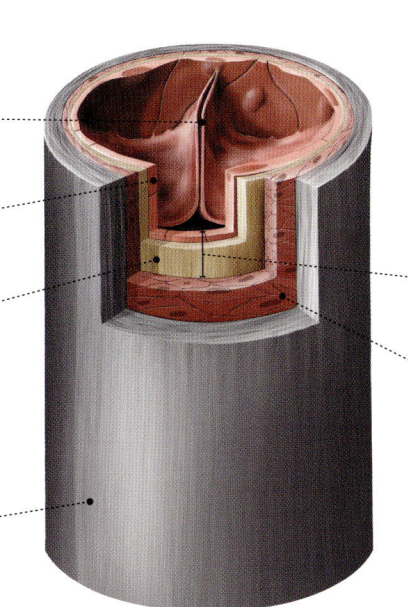

valvuleᶠ / *valve*
Repli membraneux à l'intérieur d'une veine, qui empêche le reflux du sang.

endothéliumᴹ / *endothelium*
Tissu épithélial recouvrant l'intérieur de la veine.

lameᶠ basale / *basal lamina*
Membrane assurant l'adhérence des cellules épithéliales au tissu adjacent.

adventiceᶠ / *tunica adventitia*
Couche externe de la paroi des artères et des veines, riche en fibres de collagène.

intimaᶠ / *tunica intima*
Couche interne d'un vaisseau sanguin, constituée d'un endothélium et d'une lame basale.

médiaᶠ / *tunica media*
Couche centrale de la paroi des artères et des veines, formée de muscles lisses et de fibres élastiques.

LE SYSTÈME CARDIOVASCULAIRE

vaisseaux^M sanguins

principales artères^F : vue^F antérieure
principal arteries: anterior view

Artère : vaisseau sanguin qui achemine le sang oxygéné provenant du cœur dans toutes les parties du corps ; la plupart se présentent en deux exemplaires qui irriguent les parties gauche et droite du corps.

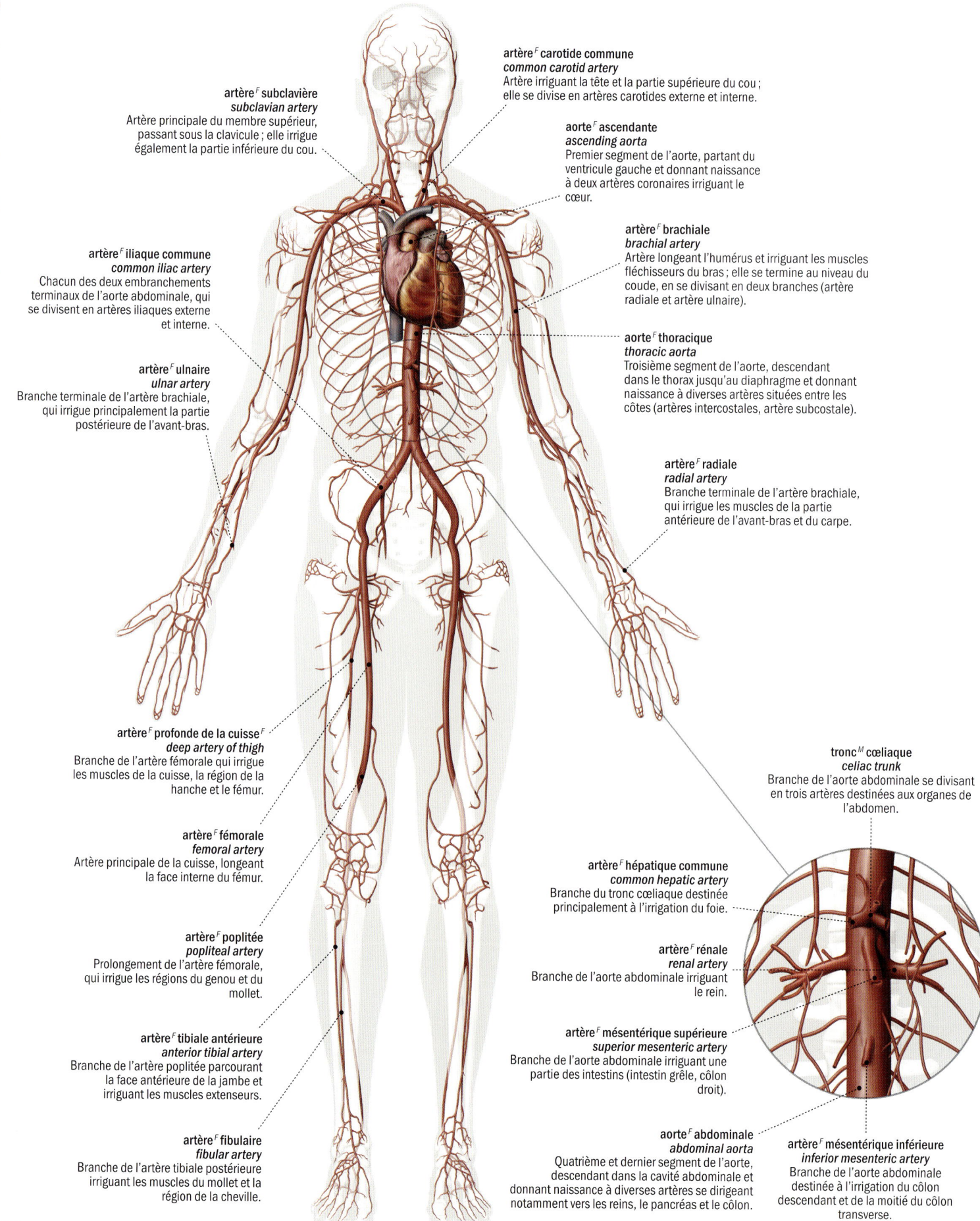

LE SYSTÈME CARDIOVASCULAIRE

artère^F carotide commune
common carotid artery
Artère irriguant la tête et la partie supérieure du cou ; elle se divise en artères carotides externe et interne.

artère^F subclavière
subclavian artery
Artère principale du membre supérieur, passant sous la clavicule ; elle irrigue également la partie inférieure du cou.

aorte^F ascendante
ascending aorta
Premier segment de l'aorte, partant du ventricule gauche et donnant naissance à deux artères coronaires irriguant le cœur.

artère^F brachiale
brachial artery
Artère longeant l'humérus et irriguant les muscles fléchisseurs du bras ; elle se termine au niveau du coude, en se divisant en deux branches (artère radiale et artère ulnaire).

artère^F iliaque commune
common iliac artery
Chacun des deux embranchements terminaux de l'aorte abdominale, qui se divisent en artères iliaques externe et interne.

aorte^F thoracique
thoracic aorta
Troisième segment de l'aorte, descendant dans le thorax jusqu'au diaphragme et donnant naissance à diverses artères situées entre les côtes (artères intercostales, artère subcostale).

artère^F ulnaire
ulnar artery
Branche terminale de l'artère brachiale, qui irrigue principalement la partie postérieure de l'avant-bras.

artère^F radiale
radial artery
Branche terminale de l'artère brachiale, qui irrigue les muscles de la partie antérieure de l'avant-bras et du carpe.

artère^F profonde de la cuisse^F
deep artery of thigh
Branche de l'artère fémorale qui irrigue les muscles de la cuisse, la région de la hanche et le fémur.

tronc^M cœliaque
celiac trunk
Branche de l'aorte abdominale se divisant en trois artères destinées aux organes de l'abdomen.

artère^F fémorale
femoral artery
Artère principale de la cuisse, longeant la face interne du fémur.

artère^F hépatique commune
common hepatic artery
Branche du tronc cœliaque destinée principalement à l'irrigation du foie.

artère^F poplitée
popliteal artery
Prolongement de l'artère fémorale, qui irrigue les régions du genou et du mollet.

artère^F rénale
renal artery
Branche de l'aorte abdominale irriguant le rein.

artère^F tibiale antérieure
anterior tibial artery
Branche de l'artère poplitée parcourant la face antérieure de la jambe et irriguant les muscles extenseurs.

artère^F mésentérique supérieure
superior mesenteric artery
Branche de l'aorte abdominale irriguant une partie des intestins (intestin grêle, côlon droit).

artère^F fibulaire
fibular artery
Branche de l'artère tibiale postérieure irriguant les muscles du mollet et la région de la cheville.

aorte^F abdominale
abdominal aorta
Quatrième et dernier segment de l'aorte, descendant dans la cavité abdominale et donnant naissance à diverses artères se dirigeant notamment vers les reins, le pancréas et le côlon.

artère^F mésentérique inférieure
inferior mesenteric artery
Branche de l'aorte abdominale destinée à l'irrigation du côlon descendant et de la moitié du côlon transverse.

78

vaisseaux^M sanguins

principales veines^F : vue^F antérieure
principal veins: anterior view

Veine : vaisseau sanguin ramenant le sang désoxygéné des organes vers le cœur ; la plupart se présentent en deux exemplaires qui drainent les parties gauche et droite du corps.

veine^F subclavière — *subclavian vein*
Prolongement de la veine axillaire collectant le sang du bras et d'une partie du cou et de la face ; elle s'unit à la veine jugulaire interne pour former la veine brachiocéphalique.

veine^F jugulaire interne — *internal jugular vein*
Veine drainant le sang de l'encéphale, d'une partie du visage et du cou ; elle s'unit à la veine subclavière pour former la veine brachiocéphalique.

veine^F jugulaire externe — *external jugular vein*
Veine naissant dans la région de la glande parotide et se jetant dans la veine subclavière.

veine^F céphalique — *cephalic vein*
Veine de la face externe du bras, qui se jette dans la veine axillaire ; elle reçoit les veines superficielles de l'épaule.

veine^F brachiale — *brachial vein*
Veine du bras qui s'unit à la veine basilique pour former la veine axillaire.

veine^F basilique — *basilic vein*
Veine de la face interne du bras qui s'unit aux veines brachiales pour former la veine axillaire.

veine^F brachiocéphalique — *brachiocephalic vein*
Chacune des deux veines qui recueillent le sang provenant de la tête, du cou et des membres supérieurs.

veine^F cave inférieure — *inferior vena cava*
Veine ramenant le sang désoxygéné de la partie inférieure du corps (au-dessous du diaphragme) vers l'oreillette droite du cœur.

veine^F axillaire — *axillary vein*
Veine traversant le creux de l'aisselle et aboutissant à la veine subclavière ; elle reçoit notamment les veines de l'épaule et du thorax.

veine^F cave supérieure — *superior vena cava*
Veine ramenant le sang désoxygéné de la partie supérieure du corps (au-dessus du diaphragme) vers l'oreillette droite du cœur.

veine^F radiale — *radial vein*
Veine recevant le sang de la main et participant ensuite à la formation de la veine brachiale.

veine^F ulnaire — *ulnar vein*
Veine de la partie postérieure de l'avant-bras, qui s'unit à la veine radiale au niveau du coude pour former la veine brachiale.

veine^F iliaque commune — *common iliac vein*
Veine qui conduit le sang provenant du membre inférieur et du bassin vers la veine cave inférieure.

veine^F fémorale — *femoral vein*
Prolongement de la veine poplitée, qui draine les régions profondes de la cuisse ; elle devient la veine iliaque externe à son entrée dans l'abdomen.

veine^F poplitée — *popliteal vein*
Veine formée par l'union des veines tibiales postérieures et antérieures, et se prolongeant par la veine fémorale.

grande veine^F saphène — *great saphenous vein*
Veine collectant le sang de la face médiale de la jambe et de la cuisse et recevant certaines veines du pied. C'est la plus longue veine du corps.

petite veine^F saphène — *small saphenous vein*
Veine naissant dans la partie latérale du pied, qui rejoint la veine poplitée au niveau du genou.

LE SYSTÈME CARDIOVASCULAIRE

un réseau étendu

Les vaisseaux sanguins forment un vaste réseau dont la longueur totale atteint 150 000 km. Le sang circule à vitesse variable selon la taille du vaisseau qu'il emprunte, mais on estime que le même volume de sang fait le tour du corps 120 fois en une heure.

vaisseaux^M sanguins

tête^F et cou^M : vue^F antérieure
head and neck: anterior view

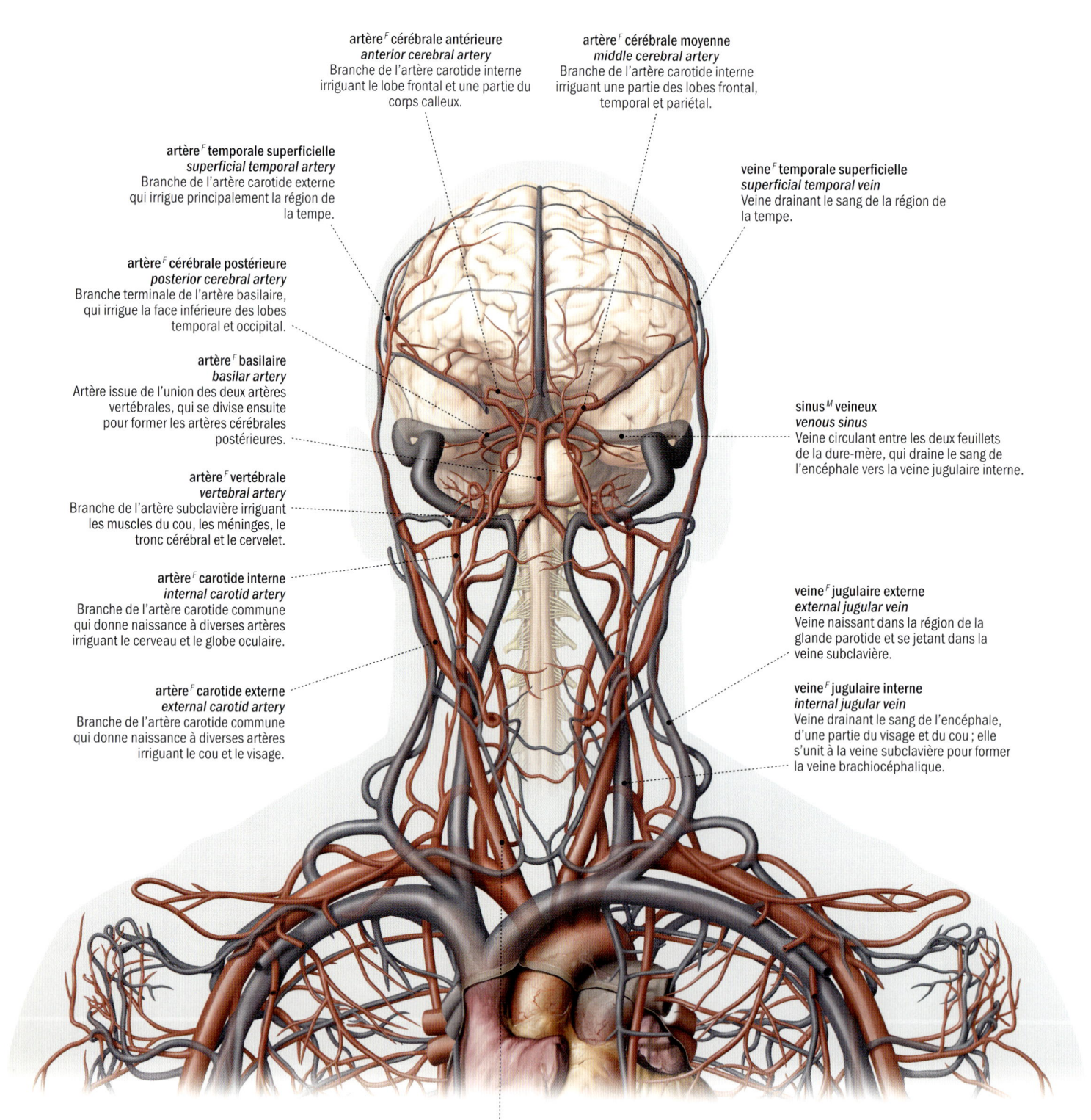

LE SYSTÈME CARDIOVASCULAIRE

artère^F cérébrale antérieure
anterior cerebral artery
Branche de l'artère carotide interne irriguant le lobe frontal et une partie du corps calleux.

artère^F cérébrale moyenne
middle cerebral artery
Branche de l'artère carotide interne irriguant une partie des lobes frontal, temporal et pariétal.

artère^F temporale superficielle
superficial temporal artery
Branche de l'artère carotide externe qui irrigue principalement la région de la tempe.

veine^F temporale superficielle
superficial temporal vein
Veine drainant le sang de la région de la tempe.

artère^F cérébrale postérieure
posterior cerebral artery
Branche terminale de l'artère basilaire, qui irrigue la face inférieure des lobes temporal et occipital.

artère^F basilaire
basilar artery
Artère issue de l'union des deux artères vertébrales, qui se divise ensuite pour former les artères cérébrales postérieures.

sinus^M veineux
venous sinus
Veine circulant entre les deux feuillets de la dure-mère, qui draine le sang de l'encéphale vers la veine jugulaire interne.

artère^F vertébrale
vertebral artery
Branche de l'artère subclavière irriguant les muscles du cou, les méninges, le tronc cérébral et le cervelet.

artère^F carotide interne
internal carotid artery
Branche de l'artère carotide commune qui donne naissance à diverses artères irriguant le cerveau et le globe oculaire.

veine^F jugulaire externe
external jugular vein
Veine naissant dans la région de la glande parotide et se jetant dans la veine subclavière.

veine^F jugulaire interne
internal jugular vein
Veine drainant le sang de l'encéphale, d'une partie du visage et du cou ; elle s'unit à la veine subclavière pour former la veine brachiocéphalique.

artère^F carotide externe
external carotid artery
Branche de l'artère carotide commune qui donne naissance à diverses artères irriguant le cou et le visage.

artère^F carotide commune
common carotid artery
Artère irriguant la tête et la partie supérieure du cou ; elle se divise en artères carotides externe et interne.

sang neuf

Environ 20 % du sang pompé par le cœur se dirige vers le cerveau, ce qui représente près d'un litre de sang par minute. Une partie de ce sang est filtrée pour produire le liquide céphalorachidien, dans lequel baigne le cerveau.

vaisseaux^M sanguins

avant-bras^M et main^F : vue^F antérieure
forearm and hand: anterior view

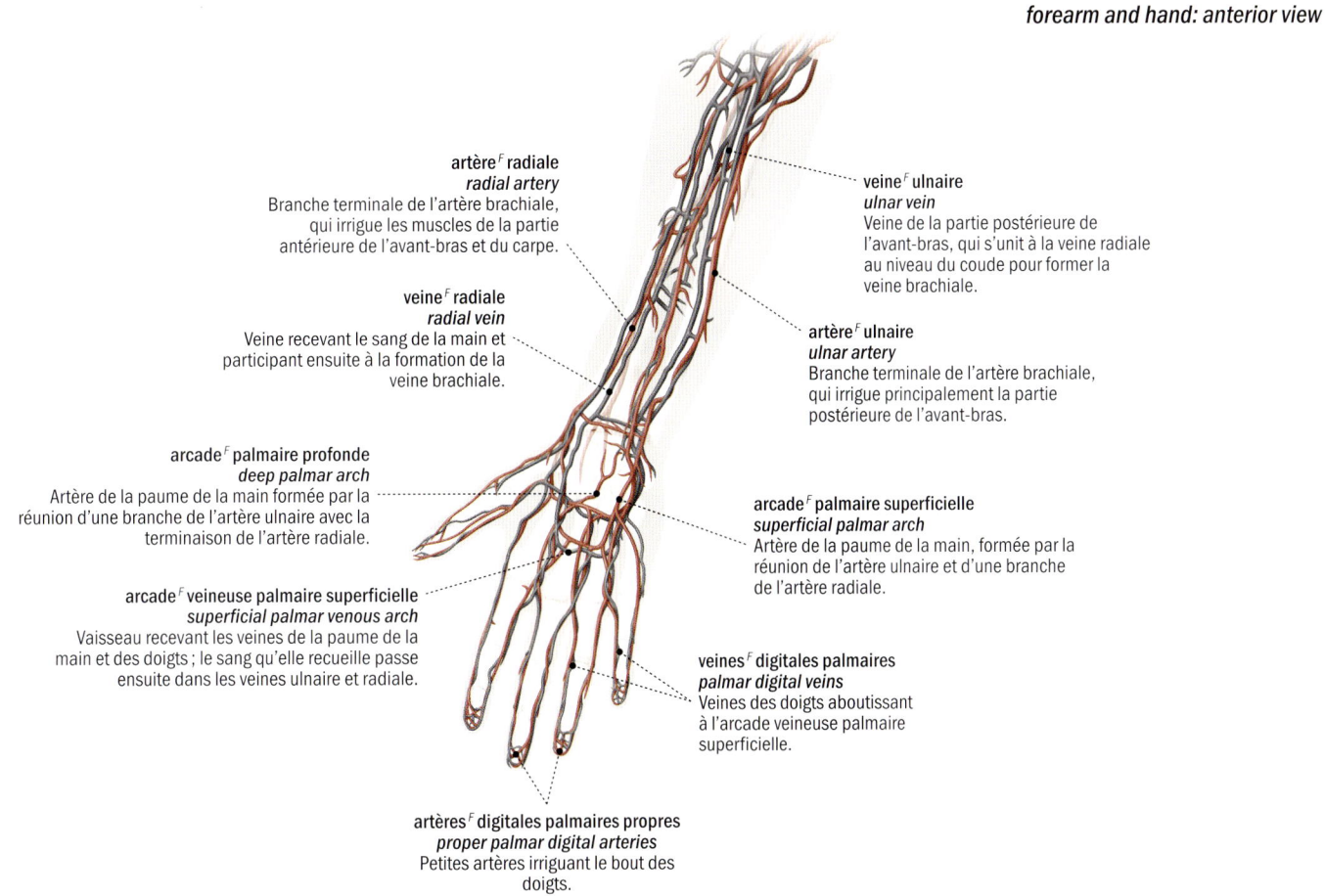

artère^F radiale
radial artery
Branche terminale de l'artère brachiale, qui irrigue les muscles de la partie antérieure de l'avant-bras et du carpe.

veine^F radiale
radial vein
Veine recevant le sang de la main et participant ensuite à la formation de la veine brachiale.

arcade^F palmaire profonde
deep palmar arch
Artère de la paume de la main formée par la réunion d'une branche de l'artère ulnaire avec la terminaison de l'artère radiale.

arcade^F veineuse palmaire superficielle
superficial palmar venous arch
Vaisseau recevant les veines de la paume de la main et des doigts ; le sang qu'elle recueille passe ensuite dans les veines ulnaire et radiale.

veine^F ulnaire
ulnar vein
Veine de la partie postérieure de l'avant-bras, qui s'unit à la veine radiale au niveau du coude pour former la veine brachiale.

artère^F ulnaire
ulnar artery
Branche terminale de l'artère brachiale, qui irrigue principalement la partie postérieure de l'avant-bras.

arcade^F palmaire superficielle
superficial palmar arch
Artère de la paume de la main, formée par la réunion de l'artère ulnaire et d'une branche de l'artère radiale.

veines^F digitales palmaires
palmar digital veins
Veines des doigts aboutissant à l'arcade veineuse palmaire superficielle.

artères^F digitales palmaires propres
proper palmar digital arteries
Petites artères irriguant le bout des doigts.

pied^M et jambe^F : vue^F antérieure
foot and leg: anterior view

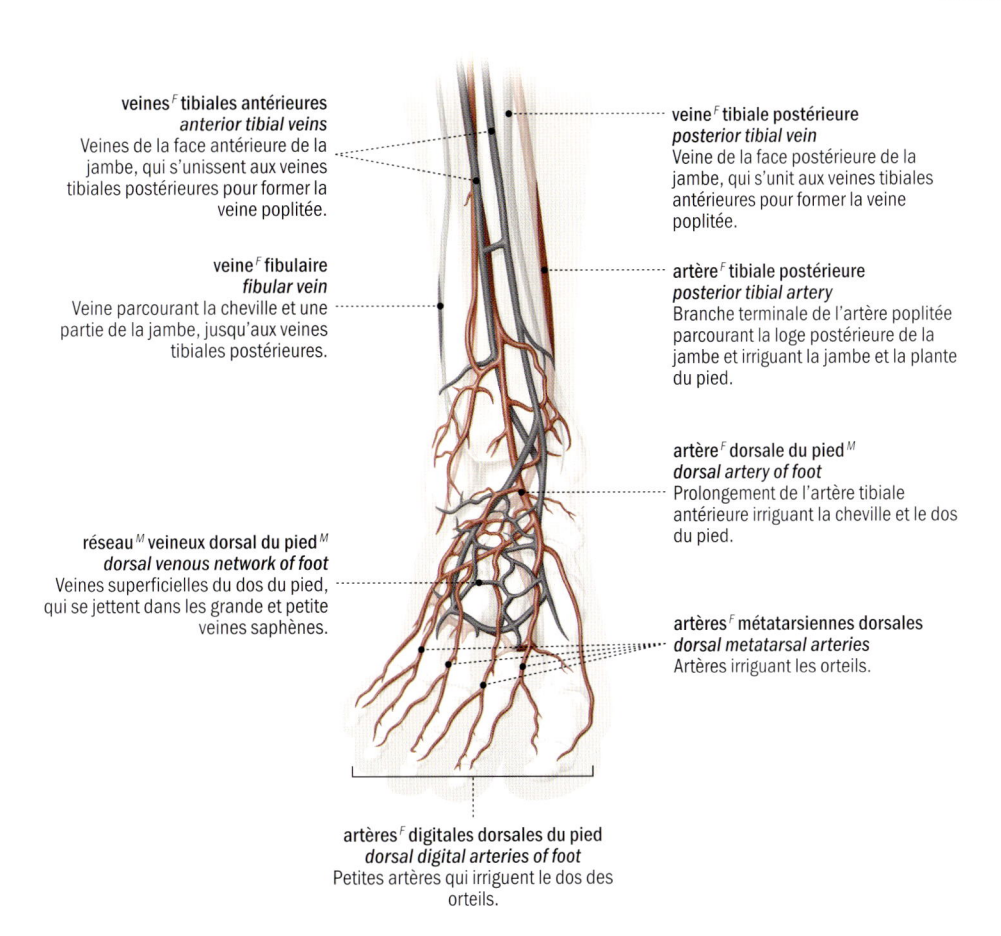

veines^F tibiales antérieures
anterior tibial veins
Veines de la face antérieure de la jambe, qui s'unissent aux veines tibiales postérieures pour former la veine poplitée.

veine^F fibulaire
fibular vein
Veine parcourant la cheville et une partie de la jambe, jusqu'aux veines tibiales postérieures.

réseau^M veineux dorsal du pied^M
dorsal venous network of foot
Veines superficielles du dos du pied, qui se jettent dans les grande et petite veines saphènes.

veine^F tibiale postérieure
posterior tibial vein
Veine de la face postérieure de la jambe, qui s'unit aux veines tibiales antérieures pour former la veine poplitée.

artère^F tibiale postérieure
posterior tibial artery
Branche terminale de l'artère poplitée parcourant la loge postérieure de la jambe et irriguant la jambe et la plante du pied.

artère^F dorsale du pied^M
dorsal artery of foot
Prolongement de l'artère tibiale antérieure irriguant la cheville et le dos du pied.

artères^F métatarsiennes dorsales
dorsal metatarsal arteries
Artères irriguant les orteils.

artères^F digitales dorsales du pied
dorsal digital arteries of foot
Petites artères qui irriguent le dos des orteils.

LE SYSTÈME CARDIOVASCULAIRE

cœurᴹ
heart

Organe musculaire divisé en quatre cavités dont les contractions rythmiques et autonomes assurent la circulation sanguine dans l'ensemble de l'organisme.

LE SYSTÈME CARDIOVASCULAIRE

coupeᶠ frontale du cœurᴹ
frontal section of heart

aorteᶠ
aorta
Artère principale du corps, qui véhicule le sang oxygéné éjecté du ventricule gauche vers les organes.

troncᴹ pulmonaire
pulmonary trunk
Vaisseau sanguin dirigeant le sang issu du ventricule droit vers les deux artères pulmonaires.

valveᶠ pulmonaire
pulmonary valve
Structure élastique qui achemine le sang provenant du ventricule droit au tronc pulmonaire et empêche son reflux.

veineᶠ cave supérieure
superior vena cava
Veine ramenant le sang désoxygéné de la partie supérieure du corps (au-dessus du diaphragme) vers l'oreillette droite du cœur.

artèreᶠ pulmonaire gauche
left pulmonary artery
Branche du tronc pulmonaire qui achemine le sang désoxygéné vers le poumon gauche.

artèreᶠ pulmonaire droite
right pulmonary artery
Branche du tronc pulmonaire qui achemine le sang désoxygéné vers le poumon droit.

veinesᶠ pulmonaires gauches
left pulmonary veins
Veines qui ramènent vers l'oreillette gauche du cœur le sang oxygéné dans le poumon gauche.

veinesᶠ pulmonaires droites
right pulmonary veins
Veines qui ramènent vers l'oreillette gauche du cœur le sang oxygéné dans le poumon droit.

oreilletteᶠ gauche
left atrium
Cavité du cœur qui reçoit le sang oxygéné des quatre veines pulmonaires et le propulse dans le ventricule gauche.

valveᶠ aortique
aortic valve
Structure élastique qui achemine le sang provenant du ventricule gauche vers l'aorte et empêche son reflux.

valveᶠ mitrale
mitral valve
Structure élastique empêchant le reflux du sang du ventricule gauche vers l'oreillette gauche.

oreilletteᶠ droite
right atrium
Cavité du cœur qui reçoit le sang désoxygéné des veines caves et le propulse dans le ventricule droit.

musclesᴹ papillaires
papillary muscles
Muscles qui retiennent la valve mitrale ou tricuspide et l'empêchent d'être repoussée dans l'oreillette lors de la contraction du ventricule.

valveᶠ tricuspide
tricuspid valve
Structure élastique empêchant le reflux du sang du ventricule droit vers l'oreillette droite.

ventriculeᴹ gauche
left ventricle
Cavité cardiaque aux parois épaisses, qui reçoit le sang oxygéné de l'oreillette gauche et le propulse dans l'aorte pour irriguer l'organisme.

ventriculeᴹ droit
right ventricle
Cavité cardiaque aux parois peu épaisses, qui reçoit le sang désoxygéné de l'oreillette droite et le propulse dans le tronc pulmonaire vers les poumons.

veineᶠ cave inférieure
inferior vena cava
Veine ramenant le sang désoxygéné de la partie inférieure du corps (au-dessous du diaphragme) vers l'oreillette droite du cœur.

septumᴹ interventriculaire
interventricular septum
Cloison essentiellement musculaire séparant les ventricules droit et gauche du cœur.

péricardeᴹ
pericardium
Enveloppe de tissu conjonctif, formée de plusieurs feuillets, entourant le cœur et assurant sa protection.

endocardeᴹ
endocardium
Endothélium tapissant l'intérieur des cavités du cœur ; il se prolonge par l'endothélium des vaisseaux sanguins connectés au cœur.

myocardeᴹ
myocardium
Épaisse enveloppe musculaire du cœur, qui commande les contractions cardiaques.

cœur^M

cœur^M : vue^F antérieure
heart: anterior view

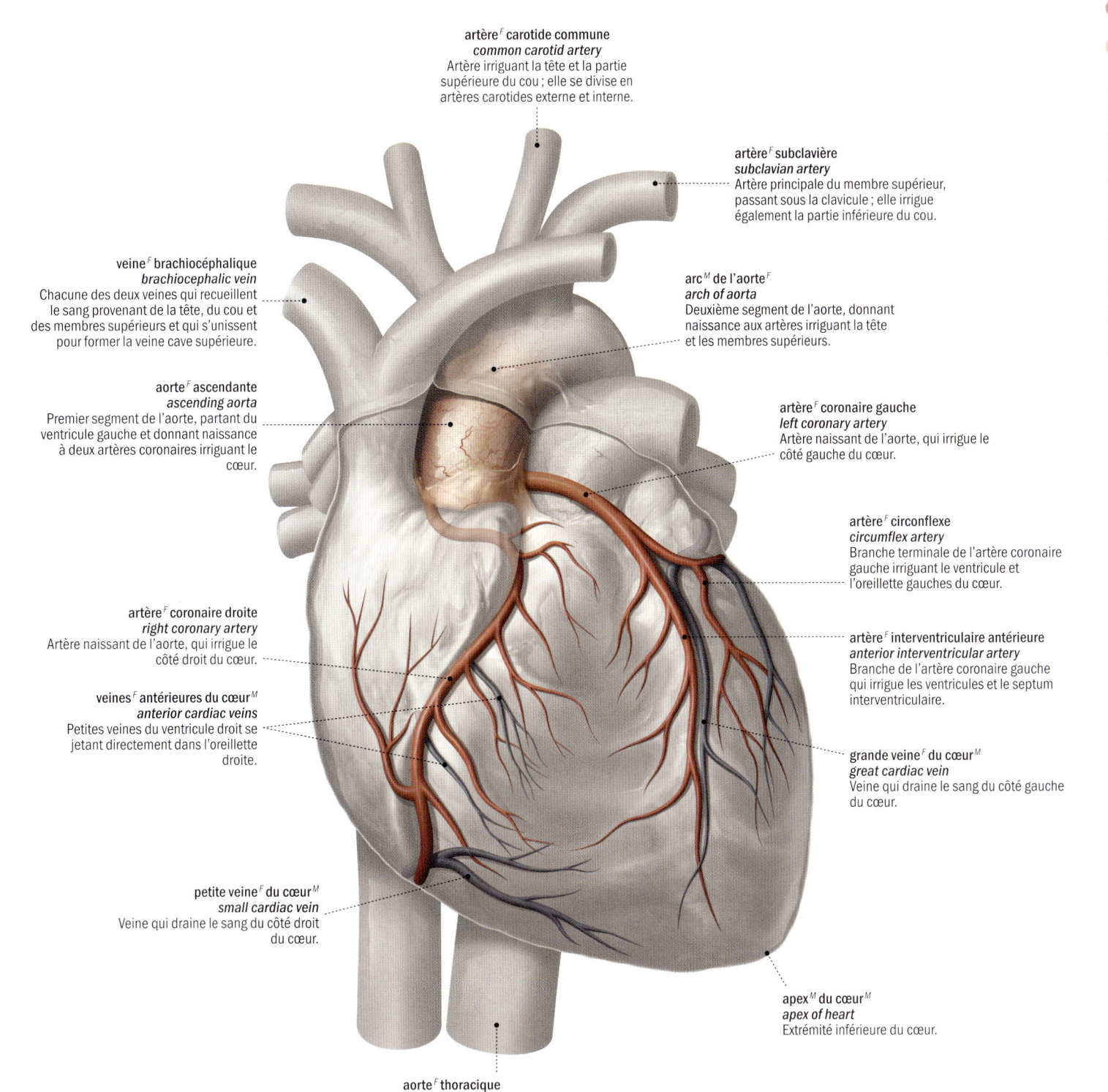

artère^F carotide commune
common carotid artery
Artère irriguant la tête et la partie supérieure du cou ; elle se divise en artères carotides externe et interne.

artère^F subclavière
subclavian artery
Artère principale du membre supérieur, passant sous la clavicule ; elle irrigue également la partie inférieure du cou.

veine^F brachiocéphalique
brachiocephalic vein
Chacune des deux veines qui recueillent le sang provenant de la tête, du cou et des membres supérieurs et qui s'unissent pour former la veine cave supérieure.

arc^M de l'aorte^F
arch of aorta
Deuxième segment de l'aorte, donnant naissance aux artères irriguant la tête et les membres supérieurs.

aorte^F ascendante
ascending aorta
Premier segment de l'aorte, partant du ventricule gauche et donnant naissance à deux artères coronaires irriguant le cœur.

artère^F coronaire gauche
left coronary artery
Artère naissant de l'aorte, qui irrigue le côté gauche du cœur.

artère^F circonflexe
circumflex artery
Branche terminale de l'artère coronaire gauche irriguant le ventricule et l'oreillette gauches du cœur.

artère^F coronaire droite
right coronary artery
Artère naissant de l'aorte, qui irrigue le côté droit du cœur.

artère^F interventriculaire antérieure
anterior interventricular artery
Branche de l'artère coronaire gauche qui irrigue les ventricules et le septum interventriculaire.

veines^F antérieures du cœur^M
anterior cardiac veins
Petites veines du ventricule droit se jetant directement dans l'oreillette droite.

grande veine^F du cœur^M
great cardiac vein
Veine qui draine le sang du côté gauche du cœur.

petite veine^F du cœur^M
small cardiac vein
Veine qui draine le sang du côté droit du cœur.

apex^M du cœur^M
apex of heart
Extrémité inférieure du cœur.

aorte^F thoracique
thoracic aorta
Troisième segment de l'aorte, descendant dans le thorax jusqu'au diaphragme et donnant naissance à diverses artères situées entre les côtes (artères intercostales, artère subcostale).

LE SYSTÈME CARDIOVASCULAIRE

le cycle cardiaque

Le cycle cardiaque est la séquence des événements permettant au cœur de propulser le sang dans les artères. Un cycle cardiaque dure en moyenne 0,8 seconde chez l'adulte et permet l'expulsion de 70 ml de sang. Au total, le cœur se contracte en moyenne 70 fois par minute, entraînant quelque 7 000 litres de sang quotidiennement.

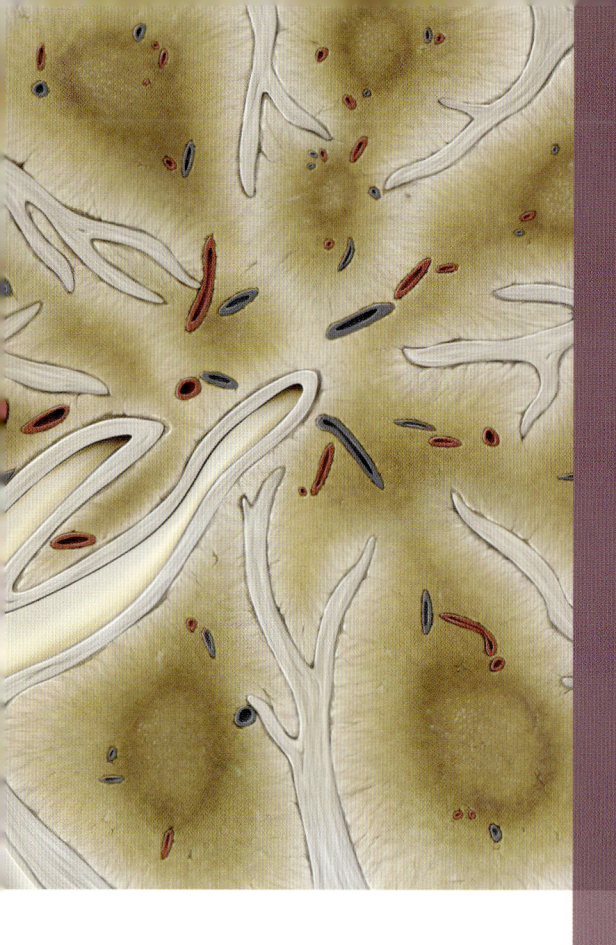

86 organes du système lymphatique

Le système lymphatique

Le système lymphatique est composé des vaisseaux lymphatiques et des organes lymphoïdes, soit les organes dans lesquels sont produits, stockés et activés les lymphocytes. Il joue un rôle majeur dans l'immunité, tout en assurant le drainage des tissus. Intimement lié au système cardiovasculaire, le système lymphatique maintient un volume sanguin constant en assurant le retour de la lymphe dans le sang. La circulation lymphatique s'effectue lentement, par simple différence de pression.

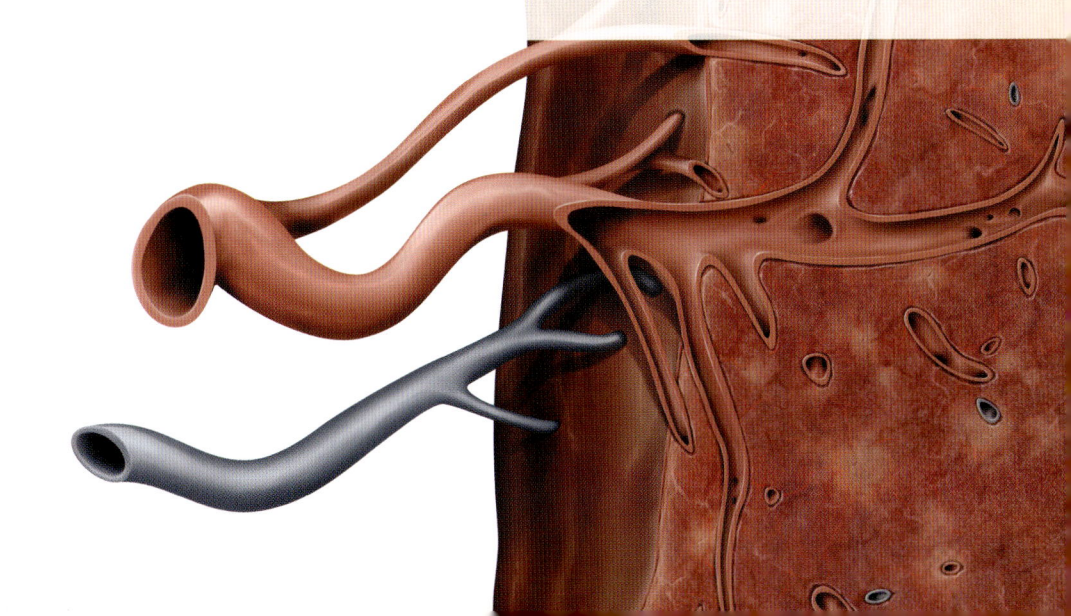

organes[M] du système[M] lymphatique
organs of the lymphatic system

On distingue les organes lymphoïdes primaires (moelle osseuse et thymus), dans lesquels sont produits les globules blancs, et les organes secondaires (ganglions lymphatiques, rate, amygdales) où a lieu la prolifération des globules blancs et des anticorps.

amygdales[F]
tonsils
Organes lymphoïdes d'aspect irrégulier, situés sur le pourtour du pharynx, qui jouent un rôle important dans l'immunité des voies aériennes supérieures.

conduit[M] lymphatique droit
right lymphatic duct
Vaisseau qui achemine la lymphe provenant du quart supérieur droit du corps vers la veine subclavière droite.

thymus[M]
thymus
Glande située derrière le sternum, qui est le siège de la maturation de certains globules blancs ; elle est particulièrement active chez l'enfant.

conduit[M] thoracique
thoracic duct
Vaisseau qui achemine la lymphe issue de la plus grande partie de l'organisme vers la veine subclavière gauche.

ganglions[M] lymphatiques intestinaux
intestinal lymph nodes
Ganglions qui filtrent la lymphe provenant des intestins.

ganglions[M] lymphatiques cervicaux
cervical lymph nodes
Ganglions de la région du cou, qui filtrent la lymphe provenant notamment des organes et des muscles du cou et d'une partie de la tête.

veines[F] subclavières
subclavian veins
Veines collectant le sang du bras et d'une partie du cou, et dans lesquelles se déverse la lymphe.

ganglions[M] lymphatiques axillaires
axillary lymph nodes
Ganglions de la région de l'aisselle, qui filtrent la lymphe provenant des membres supérieurs et de la partie supérieure du thorax.

ganglions[M] lymphatiques thoraciques
thoracic lymph nodes
Ganglions qui filtrent la lymphe provenant des parois et des organes du thorax.

rate[F]
spleen
Organe lymphoïde situé entre l'estomac et le pancréas ; siège de la production de globules blancs et d'anticorps, elle constitue aussi un lieu de stockage et de filtration du sang.

ganglions[M] lymphatiques inguinaux
inguinal lymph nodes
Ganglions qui filtrent la lymphe provenant surtout du membre inférieur.

ganglions[M] lymphatiques poplités
popliteal lymph nodes
Ganglions qui filtrent la lymphe provenant de diverses parties du genou, de la jambe et du pied.

armée de protection

L'organisme contient environ 500 ganglions lymphatiques, qui forment des grappes dans différentes parties de l'organisme, notamment sous les aisselles, dans le cou, au niveau de l'aine et dans les intestins. Lors d'une infection, les globules blancs se multiplient et les ganglions augmentent de volume.

organes^M du système^M lymphatique

coupe^F de la rate^F
cross section of spleen
Rate : organe lymphoïde situé entre l'estomac et le pancréas ; siège de la production de globules blancs et d'anticorps, elle constitue aussi un lieu de stockage et de filtration du sang.

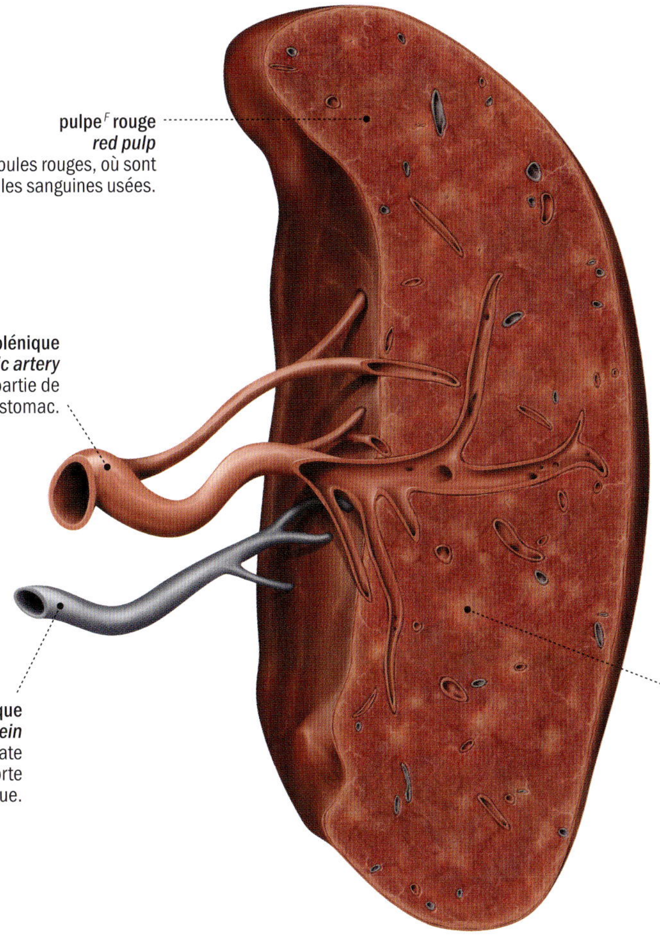

pulpe^F rouge
red pulp
Tissu riche en globules rouges, où sont détruites les cellules sanguines usées.

artère^F splénique
splenic artery
Artère irriguant la rate et une partie de l'estomac.

veine^F splénique
splenic vein
Veine drainant le sang de la rate et le déversant dans la veine porte hépatique.

pulpe^F blanche
white pulp
Tissu riche en globules blancs qui participent aux réactions immunitaires.

LE SYSTÈME LYMPHATIQUE

coupe^F d'un vaisseau^M lymphatique
cross section of a lymphatic vessel
Vaisseau lymphatique : canal dans lequel circule la lymphe ; les vaisseaux lymphatiques forment un réseau arborescent qui draine la lymphe en sens unique, des capillaires lymphatiques vers les conduits lymphatiques droit et thoracique.

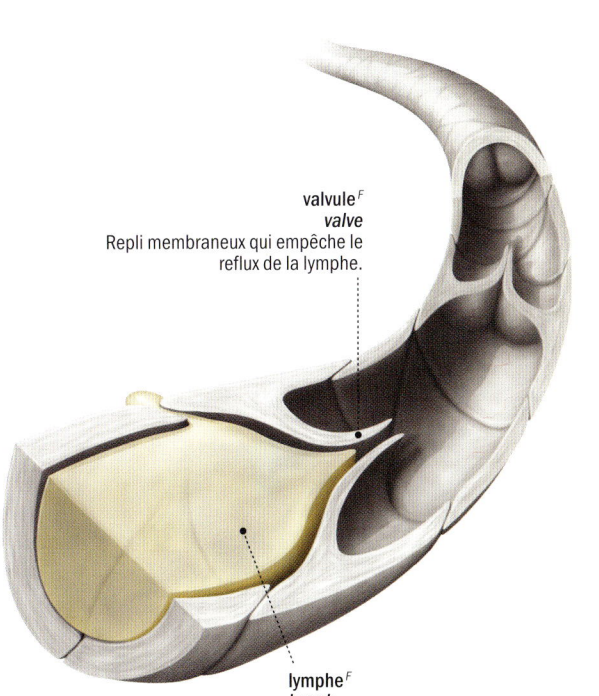

valvule^F
valve
Repli membraneux qui empêche le reflux de la lymphe.

lymphe^F
lymph
Liquide jaune clair translucide qui circule dans les vaisseaux lymphatiques ; elle participe à l'immunité en assurant la circulation des globules blancs vers les foyers infectieux.

coupe^F d'un ganglion^M lymphatique
cross section of a lymph node
Ganglion lymphatique : petit organe lymphoïde situé sur le parcours d'un vaisseau lymphatique, qui filtre et nettoie la lymphe.

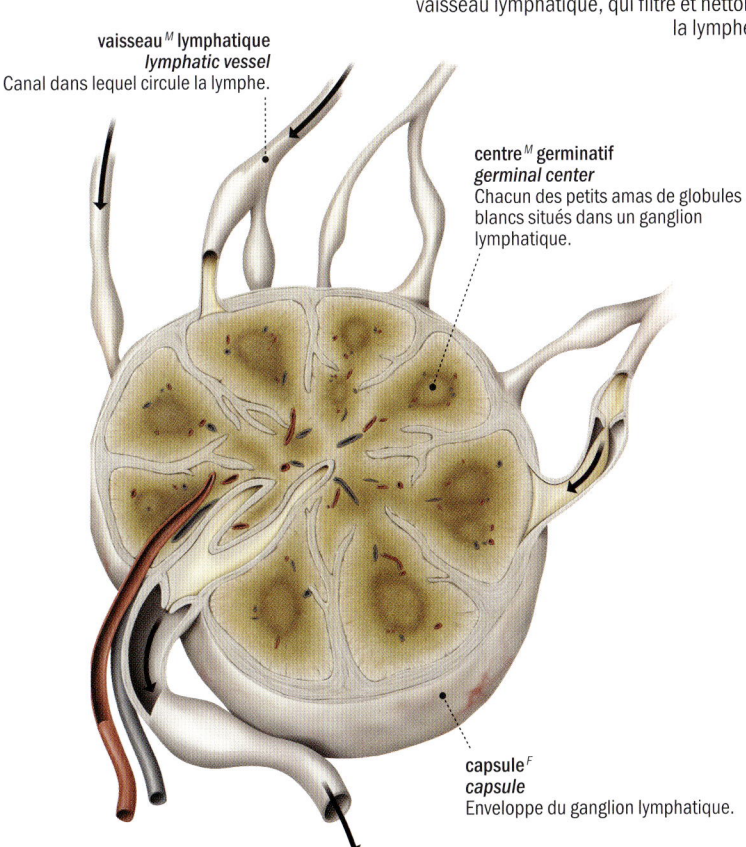

vaisseau^M lymphatique
lymphatic vessel
Canal dans lequel circule la lymphe.

centre^M germinatif
germinal center
Chacun des petits amas de globules blancs situés dans un ganglion lymphatique.

capsule^F
capsule
Enveloppe du ganglion lymphatique.

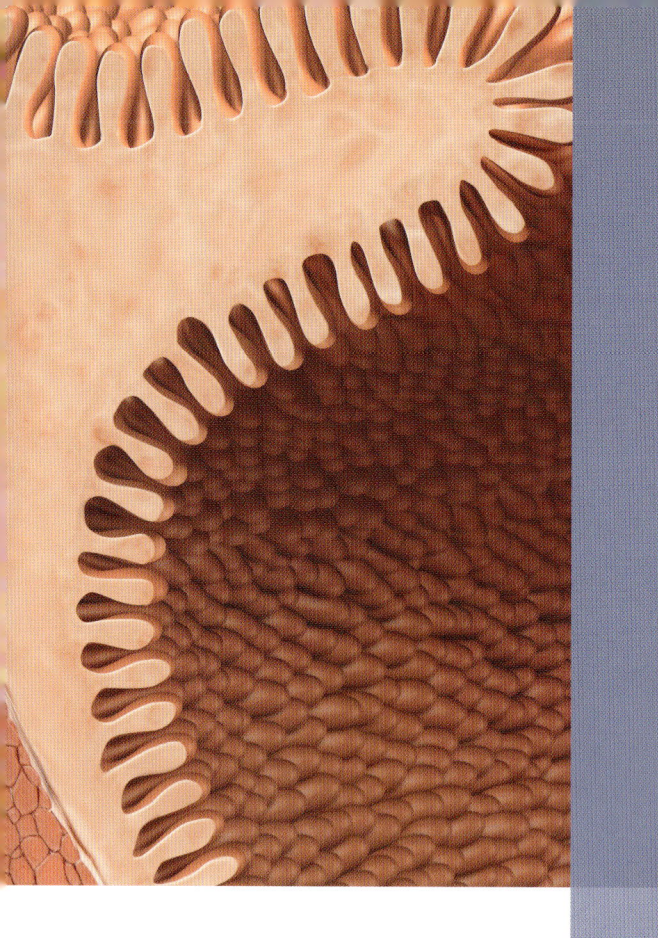

90 organes de l'appareil digestif

91 bouche

92 dents

94 tube digestif

97 pancréas

98 foie

L'appareil digestif

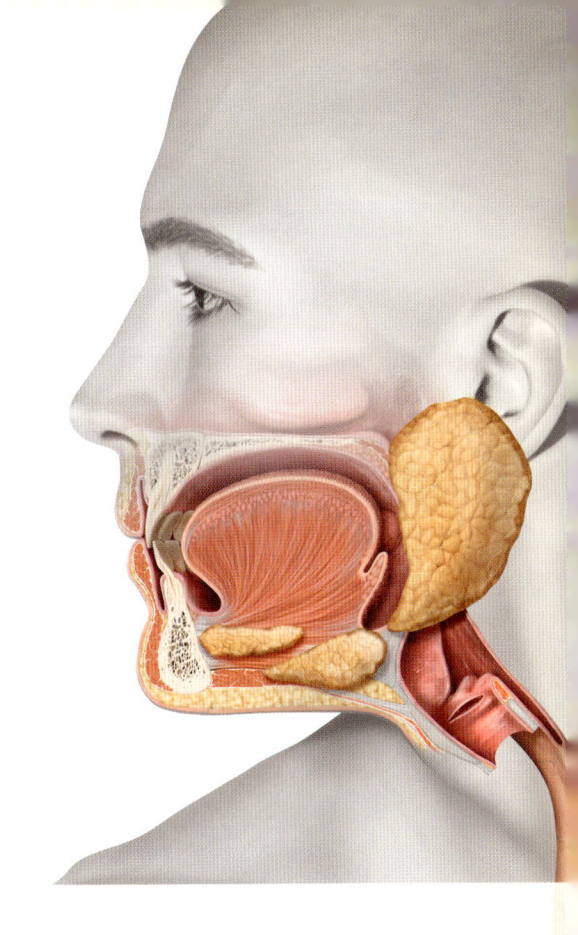

L'appareil digestif est l'ensemble des organes destinés à transformer les aliments en nutriments, c'est-à-dire en éléments directement assimilables par l'organisme. Il fournit ainsi l'énergie et les matières premières nécessaires au développement et au fonctionnement du corps humain. Les aliments sont d'abord ingérés par la bouche, mastiqués, transformés par la salive, puis déglutis. Ils passent alors dans le tube digestif, où ils sont progressivement dégradés par des moyens mécaniques (contractions) et chimiques (action des enzymes). Les nutriments, les minéraux et l'eau sont ensuite absorbés et acheminés partout dans l'organisme, alors que les éléments non assimilables sont évacués à l'extérieur du corps.

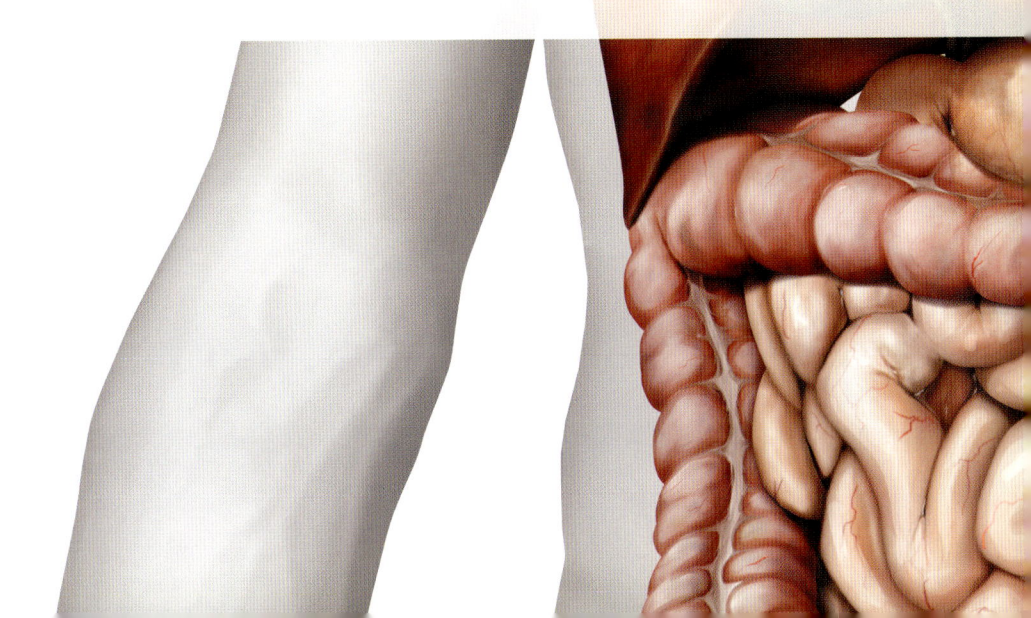

organes^M de l'appareil^M digestif

organs of the digestive system

L'appareil digestif est constitué de trois parties : la bouche, le tube digestif (œsophage, estomac, intestins) et les glandes annexes (glandes salivaires, foie, pancréas).

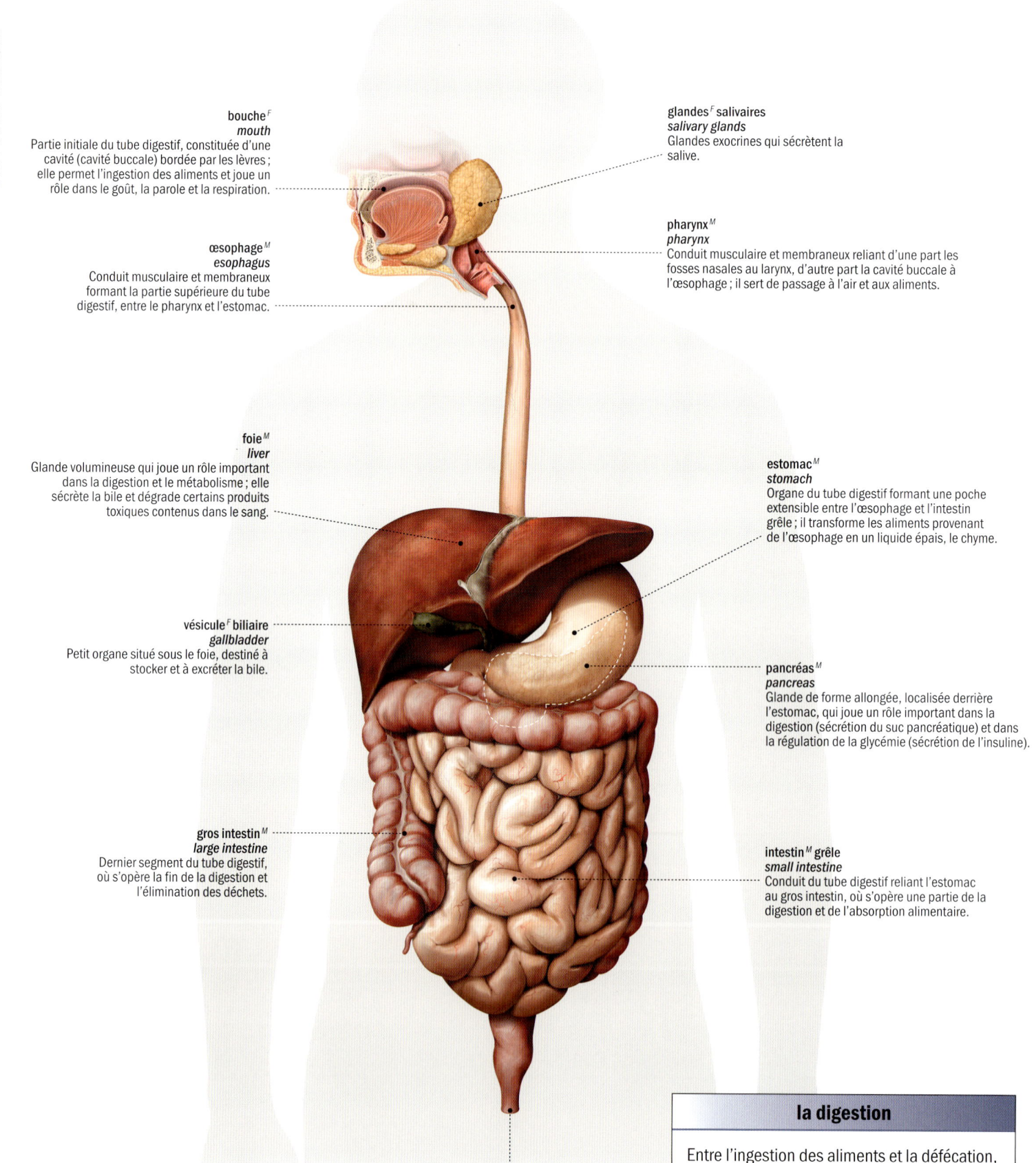

bouche^F
mouth
Partie initiale du tube digestif, constituée d'une cavité (cavité buccale) bordée par les lèvres ; elle permet l'ingestion des aliments et joue un rôle dans le goût, la parole et la respiration.

œsophage^M
esophagus
Conduit musculaire et membraneux formant la partie supérieure du tube digestif, entre le pharynx et l'estomac.

foie^M
liver
Glande volumineuse qui joue un rôle important dans la digestion et le métabolisme ; elle sécrète la bile et dégrade certains produits toxiques contenus dans le sang.

vésicule^F biliaire
gallbladder
Petit organe situé sous le foie, destiné à stocker et à excréter la bile.

gros intestin^M
large intestine
Dernier segment du tube digestif, où s'opère la fin de la digestion et l'élimination des déchets.

anus^M
anus
Orifice terminal du tube digestif, contrôlé par un sphincter permettant l'éjection des matières fécales.

glandes^F salivaires
salivary glands
Glandes exocrines qui sécrètent la salive.

pharynx^M
pharynx
Conduit musculaire et membraneux reliant d'une part les fosses nasales au larynx, d'autre part la cavité buccale à l'œsophage ; il sert de passage à l'air et aux aliments.

estomac^M
stomach
Organe du tube digestif formant une poche extensible entre l'œsophage et l'intestin grêle ; il transforme les aliments provenant de l'œsophage en un liquide épais, le chyme.

pancréas^M
pancreas
Glande de forme allongée, localisée derrière l'estomac, qui joue un rôle important dans la digestion (sécrétion du suc pancréatique) et dans la régulation de la glycémie (sécrétion de l'insuline).

intestin^M grêle
small intestine
Conduit du tube digestif reliant l'estomac au gros intestin, où s'opère une partie de la digestion et de l'absorption alimentaire.

la digestion

Entre l'ingestion des aliments et la défécation, il s'écoule entre 24 et 48 heures. La distance totale parcourue par les aliments dans le tube digestif est de 6 à 8 m.

bouche[F]
mouth

Partie initiale du tube digestif, constituée d'une cavité (cavité buccale) bordée par les lèvres ; elle permet l'ingestion des aliments et joue un rôle dans le goût, la parole et la respiration.

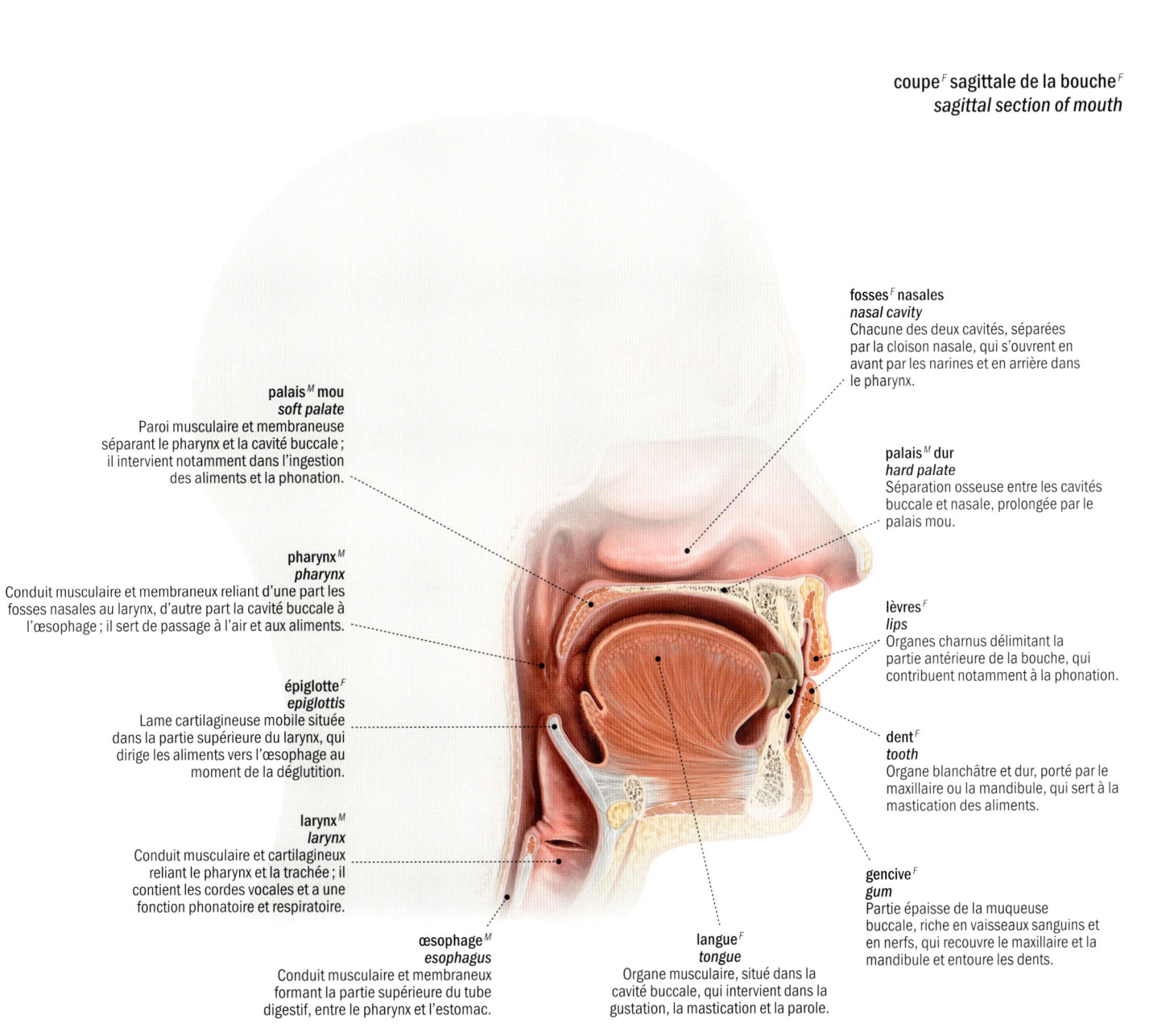

bouche[F] : vue[F] externe
mouth: external view

commissure[F] des lèvres[F]
labial angle
Zone de jonction des lèvres, de part et d'autre de la bouche.

lèvre[F] supérieure
upper lip
Lèvre formant le contour supérieur de la bouche.

lèvre[F] inférieure
lower lip
Lèvre formant le contour inférieur de la bouche.

coupe[F] sagittale de la bouche[F]
sagittal section of mouth

fosses[F] nasales
nasal cavity
Chacune des deux cavités, séparées par la cloison nasale, qui s'ouvrent en avant par les narines et en arrière dans le pharynx.

palais[M] mou
soft palate
Paroi musculaire et membraneuse séparant le pharynx et la cavité buccale ; il intervient notamment dans l'ingestion des aliments et la phonation.

palais[M] dur
hard palate
Séparation osseuse entre les cavités buccale et nasale, prolongée par le palais mou.

pharynx[M]
pharynx
Conduit musculaire et membraneux reliant d'une part les fosses nasales au larynx, d'autre part la cavité buccale à l'œsophage ; il sert de passage à l'air et aux aliments.

lèvres[F]
lips
Organes charnus délimitant la partie antérieure de la bouche, qui contribuent notamment à la phonation.

épiglotte[F]
epiglottis
Lame cartilagineuse mobile située dans la partie supérieure du larynx, qui dirige les aliments vers l'œsophage au moment de la déglutition.

dent[F]
tooth
Organe blanchâtre et dur, porté par le maxillaire ou la mandibule, qui sert à la mastication des aliments.

larynx[M]
larynx
Conduit musculaire et cartilagineux reliant le pharynx et la trachée ; il contient les cordes vocales et a une fonction phonatoire et respiratoire.

gencive[F]
gum
Partie épaisse de la muqueuse buccale, riche en vaisseaux sanguins et en nerfs, qui recouvre le maxillaire et la mandibule et entoure les dents.

œsophage[M]
esophagus
Conduit musculaire et membraneux formant la partie supérieure du tube digestif, entre le pharynx et l'estomac.

langue[F]
tongue
Organe musculaire, situé dans la cavité buccale, qui intervient dans la gustation, la mastication et la parole.

L'APPAREIL DIGESTIF

dents[F]
teeth

Organes blanchâtres et durs, portés par le maxillaire et la mandibule, qui servent à la mastication des aliments ; la denture complète d'un adulte comprend 32 dents.

L'APPAREIL DIGESTIF

denture[F] supérieure
upper dentition
Ensemble des dents (incisives, canines, prémolaires et molaires) portées par le maxillaire.

incisive[F] latérale
lateral incisor
Incisive située entre l'incisive centrale et la canine.

incisive[F] centrale
central incisor
Incisive située dans la partie antérieure de la denture.

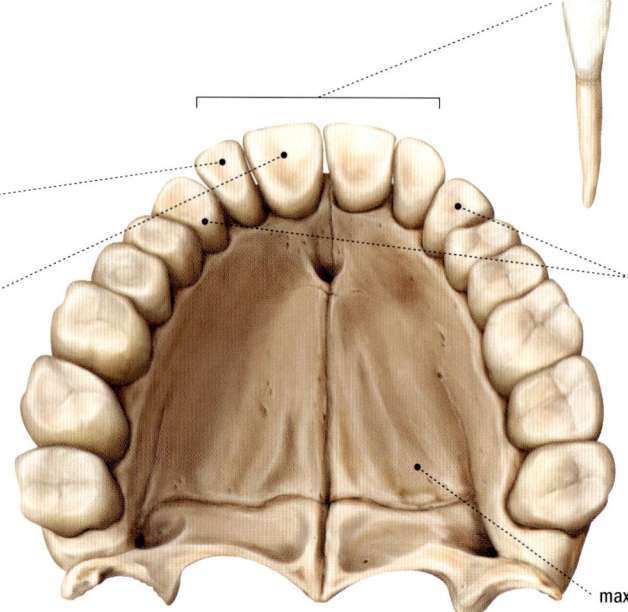

incisives[F]
incisors
Dents aplaties (8) situées à l'avant du maxillaire et de la mandibule, dotées d'une arête tranchante qui leur permet de couper les aliments.

canines[F]
canines
Dents (4) situées entre les incisives et les prémolaires, possédant une couronne pointue capable de transpercer et de déchirer les aliments.

maxillaire[M]
maxilla
Os pair formant la mâchoire supérieure, une partie du palais dur, des orbites et de la cavité nasale.

denture[F] inférieure
lower dentition
Ensemble des dents (incisives, canines, prémolaires et molaires) portées par la mandibule.

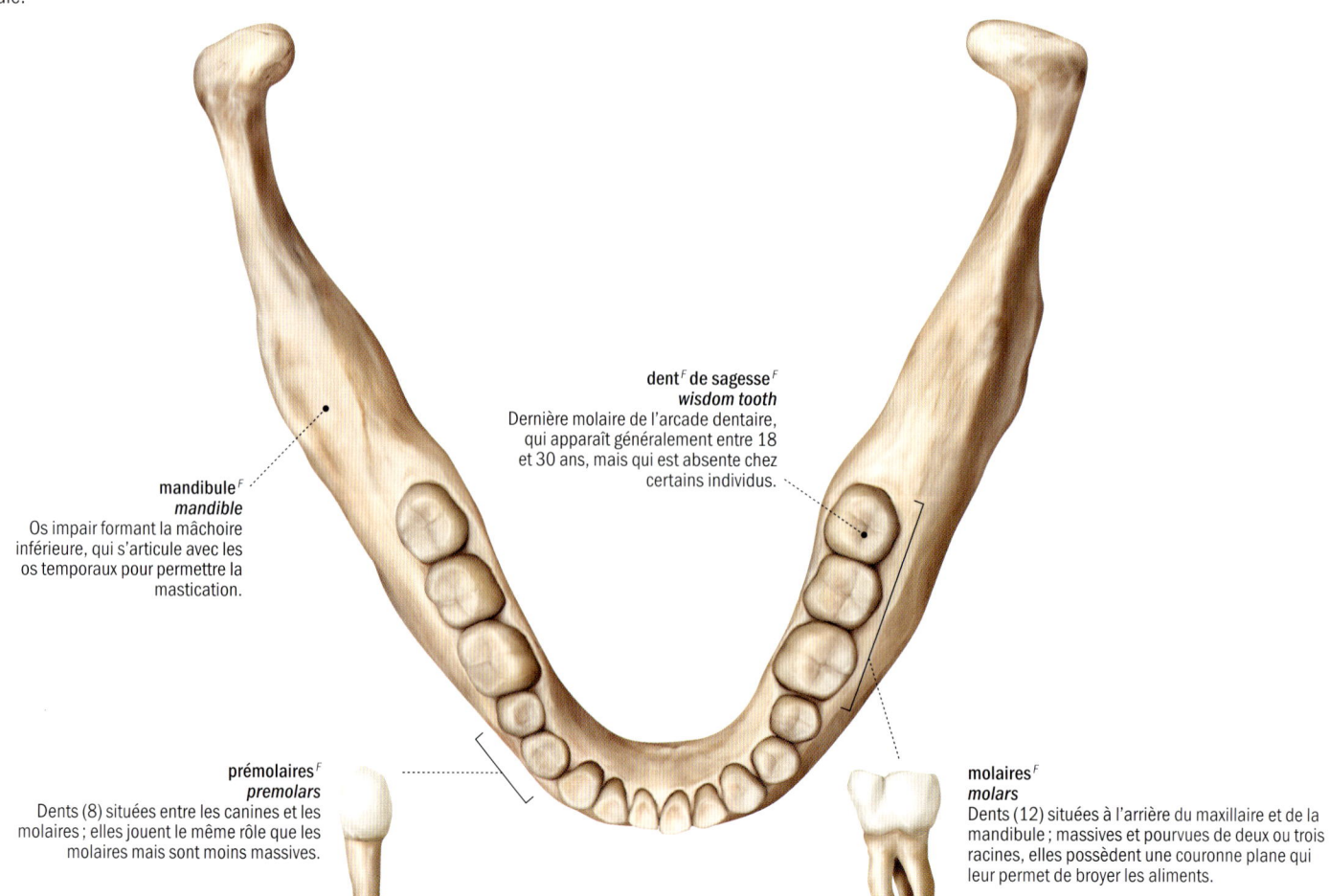

mandibule[F]
mandible
Os impair formant la mâchoire inférieure, qui s'articule avec les os temporaux pour permettre la mastication.

dent[F] de sagesse[F]
wisdom tooth
Dernière molaire de l'arcade dentaire, qui apparaît généralement entre 18 et 30 ans, mais qui est absente chez certains individus.

prémolaires[F]
premolars
Dents (8) situées entre les canines et les molaires ; elles jouent le même rôle que les molaires mais sont moins massives.

molaires[F]
molars
Dents (12) situées à l'arrière du maxillaire et de la mandibule ; massives et pourvues de deux ou trois racines, elles possèdent une couronne plane qui leur permet de broyer les aliments.

dents F

coupe F d'une molaire F
section of a molar

Une dent est constituée de deux parties : la couronne, qui émerge de la gencive et assure la mastication, et une ou plusieurs racines, qui s'insèrent dans l'os.

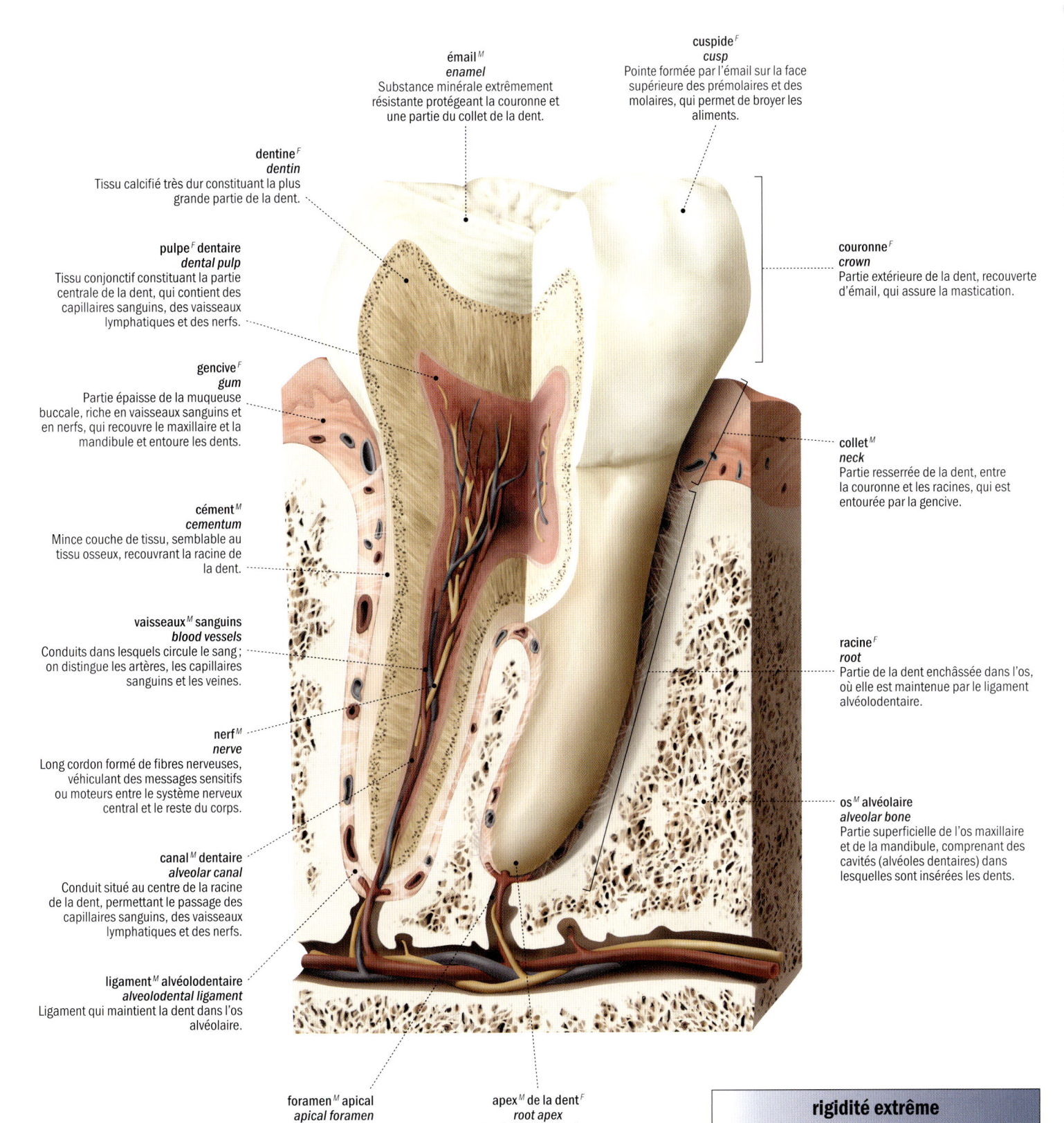

L'APPAREIL DIGESTIF

émail M
enamel
Substance minérale extrêmement résistante protégeant la couronne et une partie du collet de la dent.

cuspide F
cusp
Pointe formée par l'émail sur la face supérieure des prémolaires et des molaires, qui permet de broyer les aliments.

dentine F
dentin
Tissu calcifié très dur constituant la plus grande partie de la dent.

couronne F
crown
Partie extérieure de la dent, recouverte d'émail, qui assure la mastication.

pulpe F **dentaire**
dental pulp
Tissu conjonctif constituant la partie centrale de la dent, qui contient des capillaires sanguins, des vaisseaux lymphatiques et des nerfs.

gencive F
gum
Partie épaisse de la muqueuse buccale, riche en vaisseaux sanguins et en nerfs, qui recouvre le maxillaire et la mandibule et entoure les dents.

collet M
neck
Partie resserrée de la dent, entre la couronne et les racines, qui est entourée par la gencive.

cément M
cementum
Mince couche de tissu, semblable au tissu osseux, recouvrant la racine de la dent.

vaisseaux M **sanguins**
blood vessels
Conduits dans lesquels circule le sang ; on distingue les artères, les capillaires sanguins et les veines.

racine F
root
Partie de la dent enchâssée dans l'os, où elle est maintenue par le ligament alvéolodentaire.

nerf M
nerve
Long cordon formé de fibres nerveuses, véhiculant des messages sensitifs ou moteurs entre le système nerveux central et le reste du corps.

os M **alvéolaire**
alveolar bone
Partie superficielle de l'os maxillaire et de la mandibule, comprenant des cavités (alvéoles dentaires) dans lesquelles sont insérées les dents.

canal M **dentaire**
alveolar canal
Conduit situé au centre de la racine de la dent, permettant le passage des capillaires sanguins, des vaisseaux lymphatiques et des nerfs.

ligament M **alvéolodentaire**
alveolodental ligament
Ligament qui maintient la dent dans l'os alvéolaire.

foramen M **apical**
apical foramen
Orifice à la base de chaque racine de la dent, permettant le passage des capillaires sanguins, des vaisseaux lymphatiques et des nerfs vers le canal dentaire.

apex M **de la dent** F
root apex
Extrémité de la racine.

rigidité extrême

La couche d'émail qui recouvre les dents est la structure la plus dure du corps humain. La dentine l'est un peu moins, mais demeure presque aussi dure qu'un os.

93

tube^M digestif
digestive tract

Ensemble des organes creux (œsophage, estomac, intestins) qui assurent le transit des aliments et leur digestion ; ils se succèdent pour former un conduit de 6 à 8 m de longueur qui joint le pharynx à l'anus.

estomac^M
stomach
Organe du tube digestif formant une poche extensible entre l'œsophage et l'intestin grêle ; il transforme les aliments provenant de l'œsophage en un liquide épais, le chyme.

un organe élastique

L'estomac vide a un volume d'environ un demi-litre, mais sa contenance maximale peut atteindre quatre litres après un repas.

œsophage^M
esophagus
Conduit musculaire et membraneux formant la partie supérieure du tube digestif, entre le pharynx et l'estomac.

cardia^M
cardia
Orifice supérieur de l'estomac, communiquant avec l'œsophage.

fundus^M de l'estomac^M
fundus of stomach
Partie supérieure de l'estomac.

petite courbure^F de l'estomac^M
lesser curvature of stomach
Bordure droite de l'estomac.

corps^M de l'estomac^M
body of stomach
Partie principale de l'estomac, comprise entre le fundus et la partie pylorique.

sphincter^M pylorique
pyloric sphincter
Anneau musculaire fermant le pylore et dont le relâchement permet le passage des aliments dans le duodénum.

grande courbure^F de l'estomac^M
greater curvature of stomach
Bordure gauche de l'estomac.

muqueuse^F gastrique
mucous membrane of stomach
Muqueuse tapissant la face interne de l'estomac, qui produit différentes sécrétions (mucus, suc gastrique).

antre^M pylorique
pyloric antrum
Partie inférieure de l'estomac.

pylore^M
pylorus
Orifice inférieur de l'estomac, communiquant avec le duodénum.

duodénum^M
duodenum
Segment initial de l'intestin grêle, qui communique avec l'estomac et reçoit les sécrétions du foie et du pancréas.

crypte^F
crypt
Profond repli formé à l'intérieur d'une muqueuse ; les cryptes de la muqueuse gastrique peuvent abriter quatre ou cinq glandes gastriques.

glande^F gastrique
gastric gland
Glande exocrine située au fond d'une crypte et produisant le suc gastrique, un liquide très acide qui contribue à la digestion des aliments.

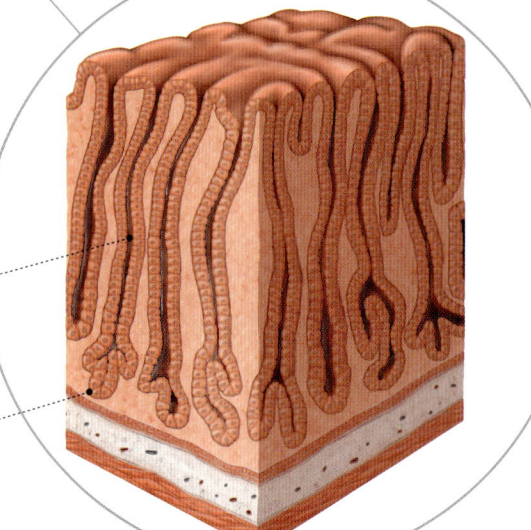

L'APPAREIL DIGESTIF

tubeᴹ digestif

intestinᴹ grêle
small intestine
Conduit du tube digestif reliant l'estomac au gros intestin, où s'opère une partie de la digestion et de l'absorption alimentaire.

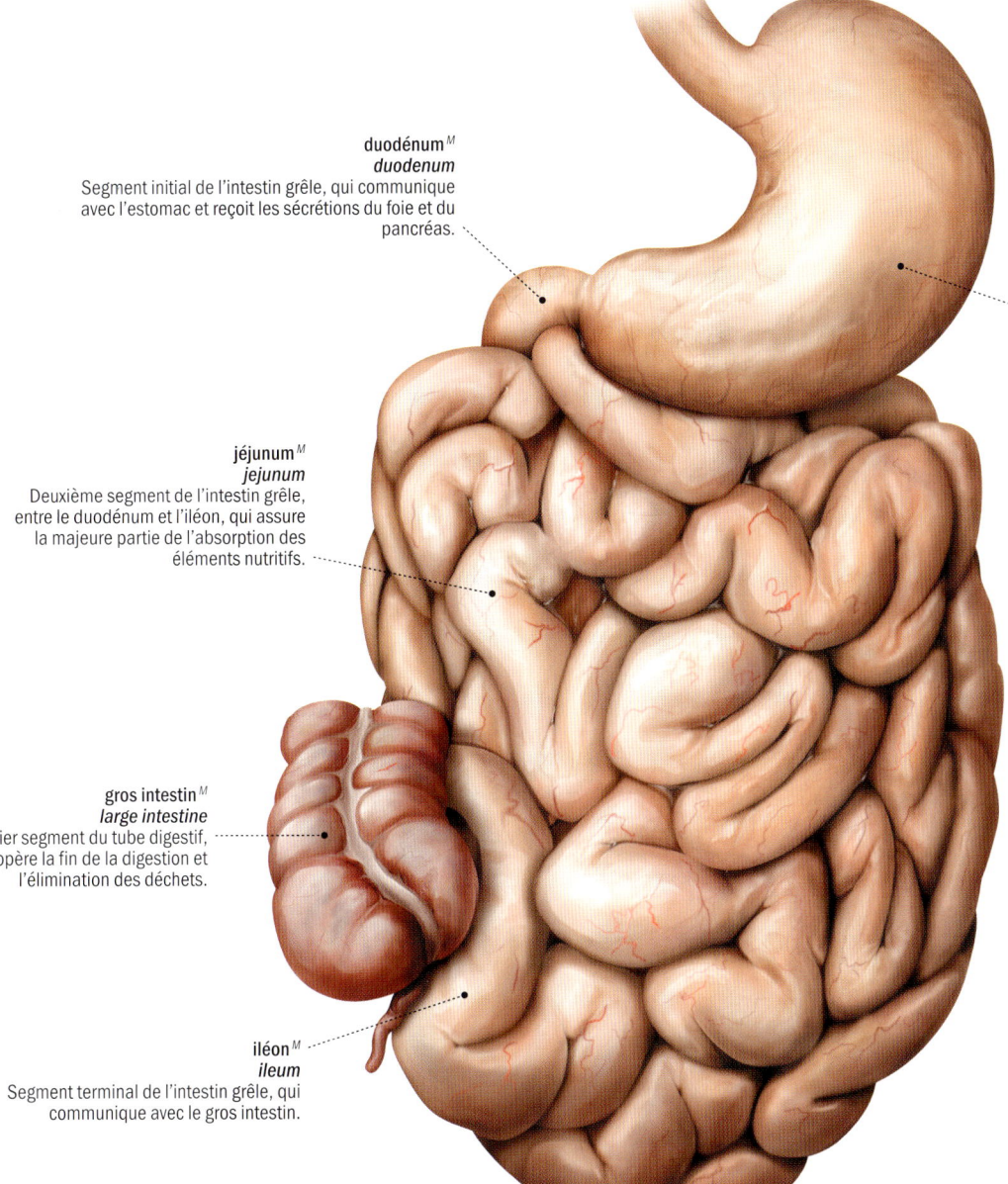

duodénumᴹ
duodenum
Segment initial de l'intestin grêle, qui communique avec l'estomac et reçoit les sécrétions du foie et du pancréas.

estomacᴹ
stomach
Organe du tube digestif formant une poche extensible entre l'œsophage et l'intestin grêle ; il transforme les aliments provenant de l'œsophage en un liquide épais, le chyme.

jéjunumᴹ
jejunum
Deuxième segment de l'intestin grêle, entre le duodénum et l'iléon, qui assure la majeure partie de l'absorption des éléments nutritifs.

gros intestinᴹ
large intestine
Dernier segment du tube digestif, où s'opère la fin de la digestion et l'élimination des déchets.

iléonᴹ
ileum
Segment terminal de l'intestin grêle, qui communique avec le gros intestin.

coupeᶠ du duodénumᴹ
section of duodenum

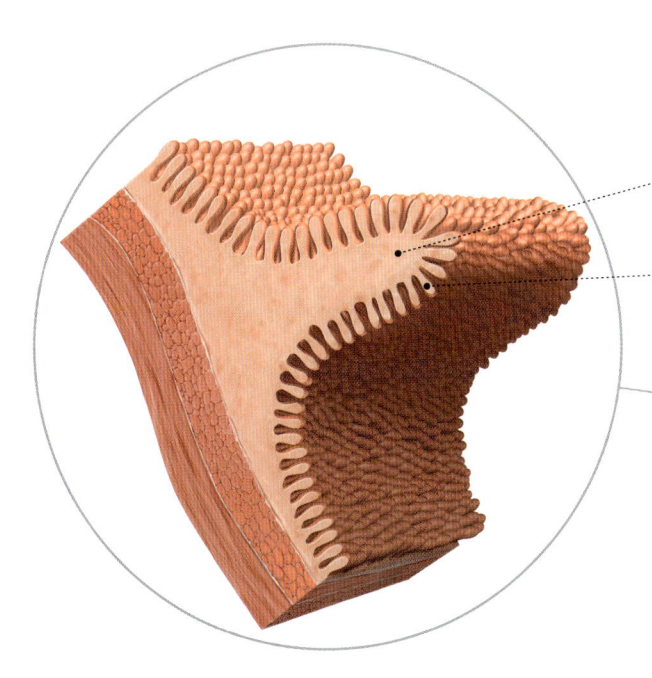

valvuleᶠ connivente
circular fold
Grand pli circulaire formé par la muqueuse de l'intestin grêle.

villositéᶠ intestinale
intestinal villus
Repli dans la muqueuse de l'intestin grêle qui permet d'accroître la surface d'absorption.

muqueuseᶠ intestinale
mucous membrane of small intestine
Muqueuse tapissant la face interne de l'intestin grêle, qui produit le suc intestinal, un liquide facilitant l'absorption des nutriments.

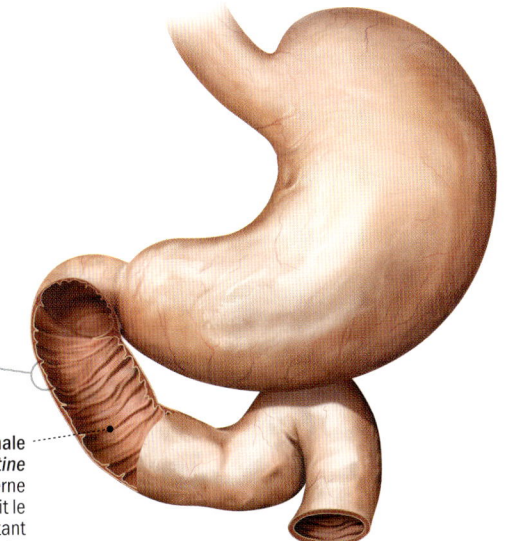

L'APPAREIL DIGESTIF

tube^M digestif

gros intestin^M
large intestine
Dernier segment du tube digestif, où s'opère la fin de la digestion et l'élimination des déchets.

côlon^M transverse
transverse colon
Segment horizontal du côlon, entre le côlon ascendant et le côlon descendant.

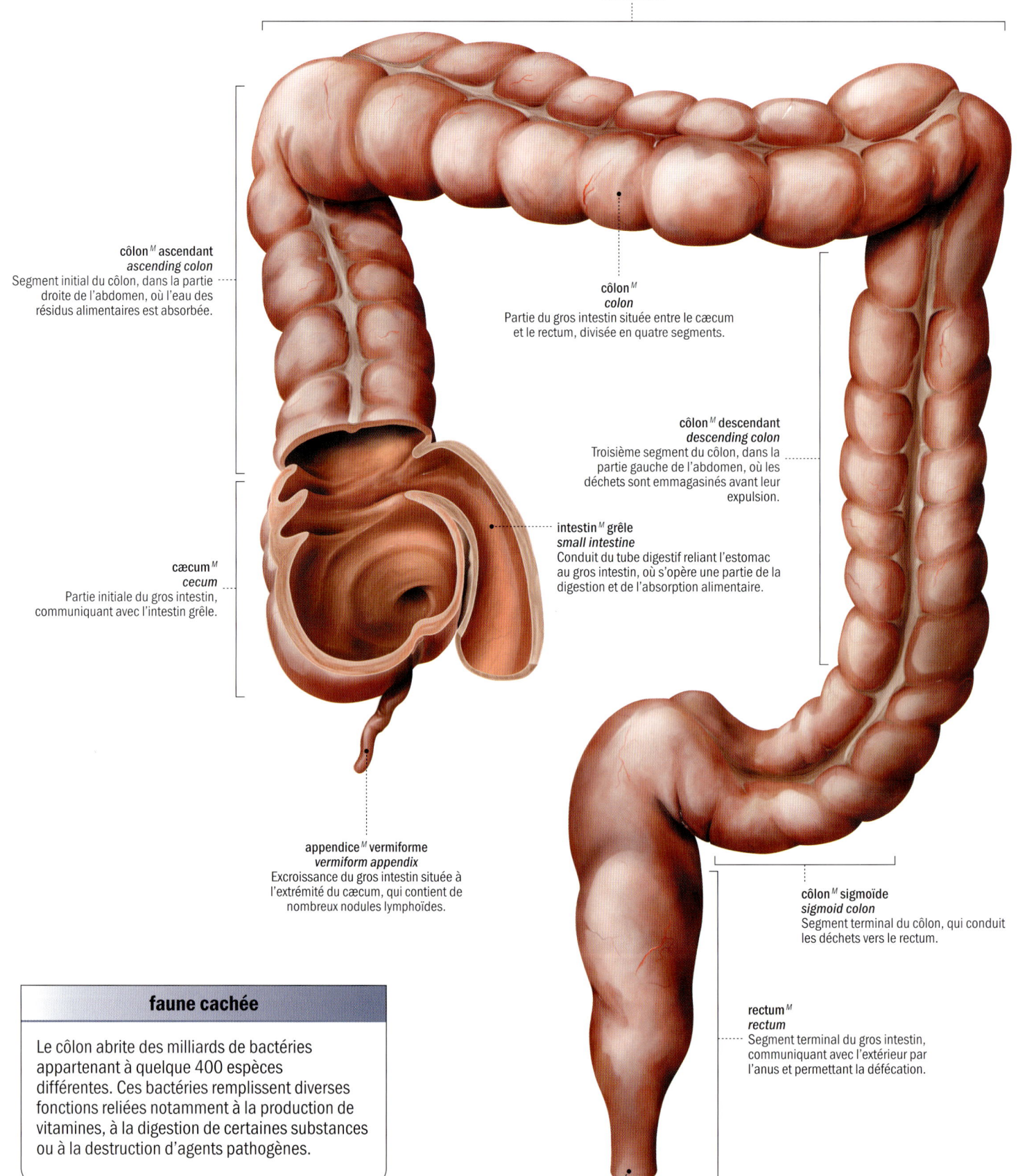

côlon^M ascendant
ascending colon
Segment initial du côlon, dans la partie droite de l'abdomen, où l'eau des résidus alimentaires est absorbée.

côlon^M
colon
Partie du gros intestin située entre le cæcum et le rectum, divisée en quatre segments.

côlon^M descendant
descending colon
Troisième segment du côlon, dans la partie gauche de l'abdomen, où les déchets sont emmagasinés avant leur expulsion.

cæcum^M
cecum
Partie initiale du gros intestin, communiquant avec l'intestin grêle.

intestin^M grêle
small intestine
Conduit du tube digestif reliant l'estomac au gros intestin, où s'opère une partie de la digestion et de l'absorption alimentaire.

appendice^M vermiforme
vermiform appendix
Excroissance du gros intestin située à l'extrémité du cæcum, qui contient de nombreux nodules lymphoïdes.

côlon^M sigmoïde
sigmoid colon
Segment terminal du côlon, qui conduit les déchets vers le rectum.

rectum^M
rectum
Segment terminal du gros intestin, communiquant avec l'extérieur par l'anus et permettant la défécation.

anus^M
anus
Orifice terminal du tube digestif, contrôlé par un sphincter permettant l'éjection des matières fécales.

faune cachée
Le côlon abrite des milliards de bactéries appartenant à quelque 400 espèces différentes. Ces bactéries remplissent diverses fonctions reliées notamment à la production de vitamines, à la digestion de certaines substances ou à la destruction d'agents pathogènes.

L'APPAREIL DIGESTIF

pancréas[M]
pancreas

Glande de forme allongée qui joue un rôle important dans la digestion (sécrétion du suc pancréatique) et dans la régulation de la glycémie (sécrétion de l'insuline).

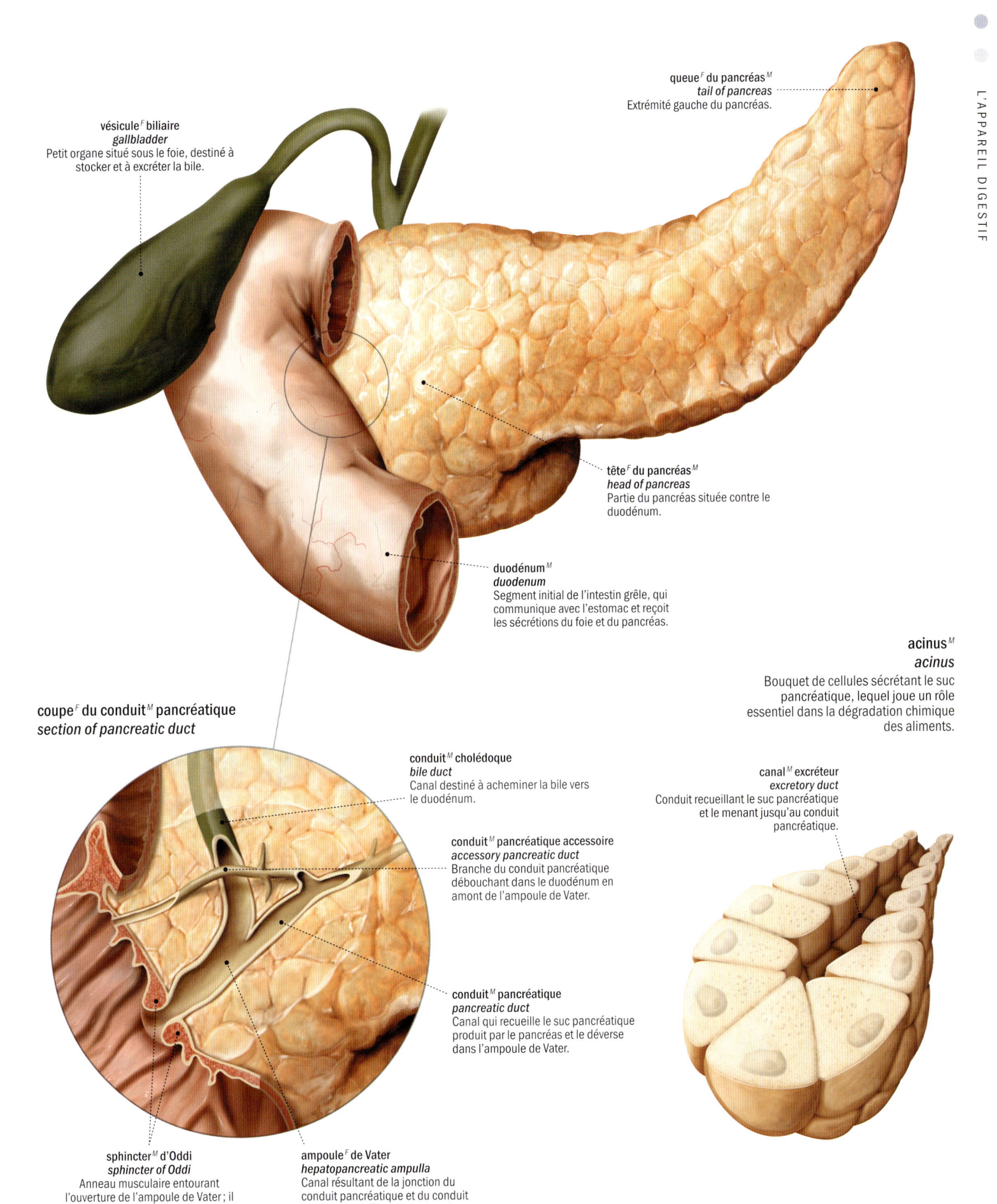

queue[F] du pancréas[M]
tail of pancreas
Extrémité gauche du pancréas.

vésicule[F] biliaire
gallbladder
Petit organe situé sous le foie, destiné à stocker et à excréter la bile.

tête[F] du pancréas[M]
head of pancreas
Partie du pancréas située contre le duodénum.

duodénum[M]
duodenum
Segment initial de l'intestin grêle, qui communique avec l'estomac et reçoit les sécrétions du foie et du pancréas.

acinus[M]
acinus
Bouquet de cellules sécrétant le suc pancréatique, lequel joue un rôle essentiel dans la dégradation chimique des aliments.

coupe[F] du conduit[M] pancréatique
section of pancreatic duct

conduit[M] cholédoque
bile duct
Canal destiné à acheminer la bile vers le duodénum.

conduit[M] pancréatique accessoire
accessory pancreatic duct
Branche du conduit pancréatique débouchant dans le duodénum en amont de l'ampoule de Vater.

conduit[M] pancréatique
pancreatic duct
Canal qui recueille le suc pancréatique produit par le pancréas et le déverse dans l'ampoule de Vater.

canal[M] excréteur
excretory duct
Conduit recueillant le suc pancréatique et le menant jusqu'au conduit pancréatique.

sphincter[M] d'Oddi
sphincter of Oddi
Anneau musculaire entourant l'ouverture de l'ampoule de Vater ; il règle le passage des sécrétions vers le duodénum.

ampoule[F] de Vater
hepatopancreatic ampulla
Canal résultant de la jonction du conduit pancréatique et du conduit cholédoque, débouchant dans le duodénum.

L'APPAREIL DIGESTIF

foie^M
liver

Glande volumineuse qui joue un rôle important dans la digestion et le métabolisme ; elle sécrète la bile et dégrade certains produits toxiques contenus dans le sang.

foie^M : vue^F antérieure
liver: anterior view

ligament^M falciforme
falciform ligament
Membrane séparant les lobes droit et gauche du foie.

lobe^M gauche du foie^M
left lobe of liver
Partie du foie située à la gauche du ligament falciforme.

lobe^M droit du foie^M
right lobe of liver
Partie principale du foie, située à la droite du ligament falciforme.

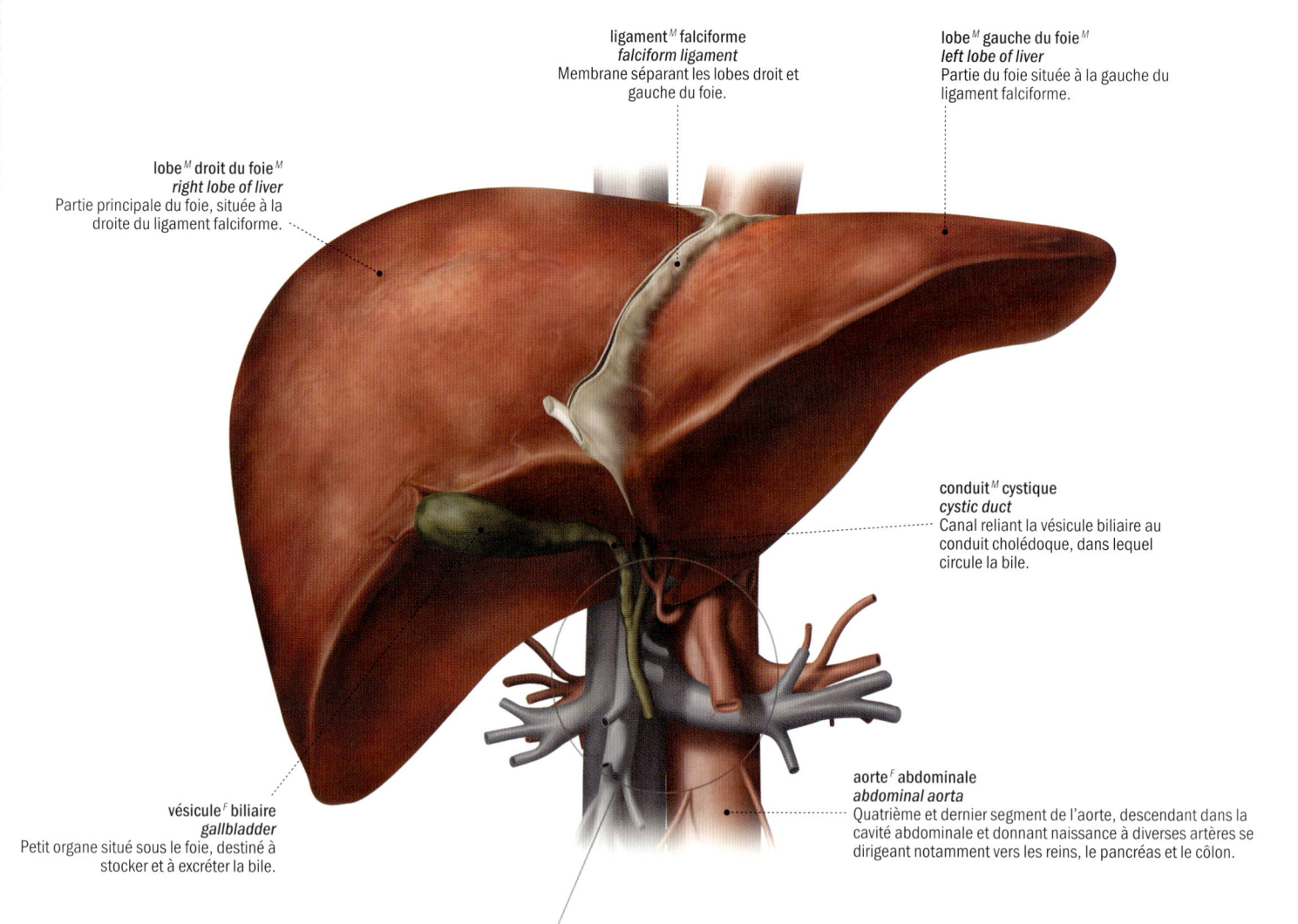

conduit^M cystique
cystic duct
Canal reliant la vésicule biliaire au conduit cholédoque, dans lequel circule la bile.

vésicule^F biliaire
gallbladder
Petit organe situé sous le foie, destiné à stocker et à excréter la bile.

aorte^F abdominale
abdominal aorta
Quatrième et dernier segment de l'aorte, descendant dans la cavité abdominale et donnant naissance à diverses artères se dirigeant notamment vers les reins, le pancréas et le côlon.

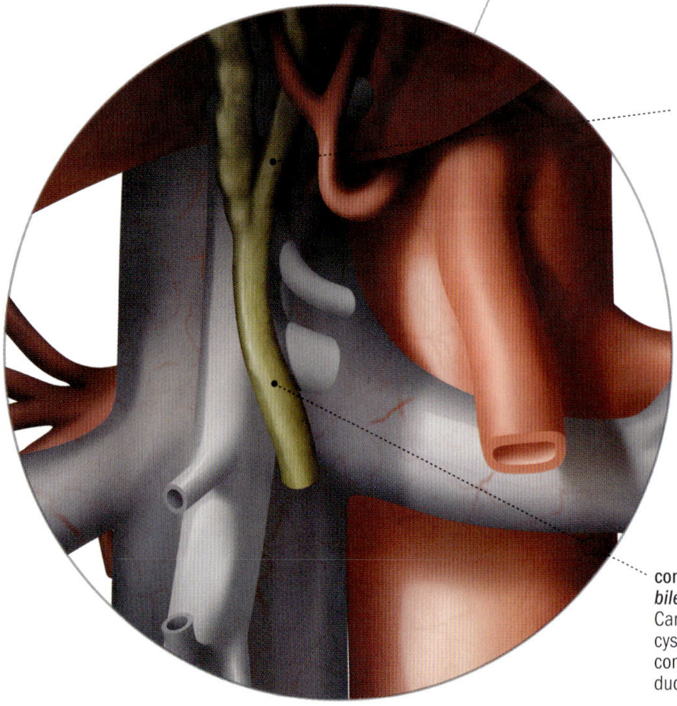

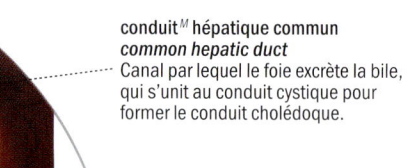

conduit^M hépatique commun
common hepatic duct
Canal par lequel le foie excrète la bile, qui s'unit au conduit cystique pour former le conduit cholédoque.

conduit^M cholédoque
bile duct
Canal formé par la réunion du conduit cystique et du conduit hépatique commun, qui achemine la bile vers le duodénum.

---

un organe volumineux

Le foie, dont le poids moyen atteint environ 1,5 kg, est l'organe interne le plus volumineux du corps humain. Il est également celui qui effectue le plus grand nombre de transformations chimiques.

L'APPAREIL DIGESTIF

98

foie M

système M porte hépatique
hepatic portal system

Ensemble des veines drainant le sang issu du tube digestif vers le foie ; il permet au foie d'assurer le traitement du sang et de retenir plusieurs substances produites par la digestion.

veine F hépatique — *hepatic vein*
Veine qui draine le sang filtré par le foie et le déverse dans la veine cave inférieure.

veine F cave inférieure — *inferior vena cava*
Veine ramenant le sang désoxygéné de la partie inférieure du corps (au-dessous du diaphragme) vers l'oreillette droite du cœur.

estomac M — *stomach*
Organe du tube digestif formant une poche extensible entre l'œsophage et l'intestin grêle ; il transforme les aliments provenant de l'œsophage en un liquide épais, le chyme.

foie M — *liver*
Glande volumineuse qui joue un rôle important dans la digestion et le métabolisme ; elle sécrète la bile et dégrade certains produits toxiques contenus dans le sang.

rate F — *spleen*
Organe lymphoïde situé entre l'estomac et le pancréas ; siège de la production de globules blancs et d'anticorps, elle constitue aussi un lieu de stockage et de filtration du sang.

veine F porte hépatique — *hepatic portal vein*
Veine qui conduit au foie le sang provenant des intestins, de l'estomac, du pancréas et de la rate.

veine F splénique — *splenic vein*
Veine qui conduit le sang provenant de la rate et du côlon vers la veine porte hépatique.

duodénum M — *duodenum*
Segment initial de l'intestin grêle, qui communique avec l'estomac et reçoit les sécrétions du foie et du pancréas.

pancréas M — *pancreas*
Glande de forme allongée qui joue un rôle important dans la digestion (sécrétion du suc pancréatique) et dans la régulation de la glycémie (sécrétion de l'insuline).

côlon M — *colon*
Partie du gros intestin située entre le cæcum et le rectum.

veine F mésentérique supérieure — *superior mesenteric vein*
Veine qui conduit le sang de l'intestin grêle et du côlon ascendant vers la veine porte hépatique.

veine F mésentérique inférieure — *inferior mesenteric vein*
Veine qui conduit le sang du côlon descendant et du côlon sigmoïde vers la veine splénique.

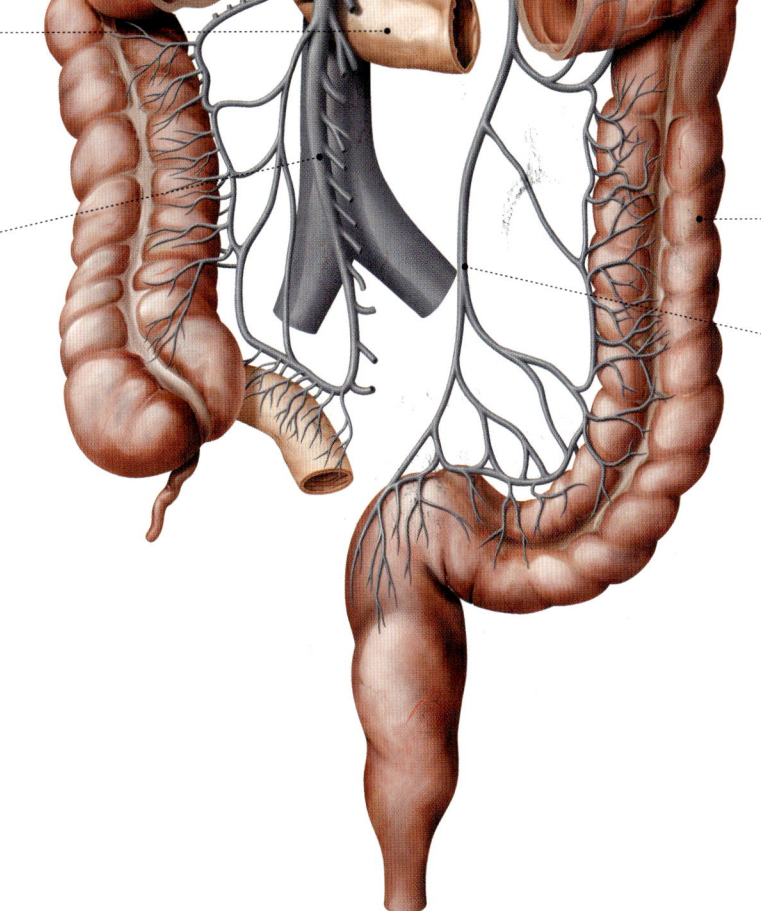

L'APPAREIL DIGESTIF

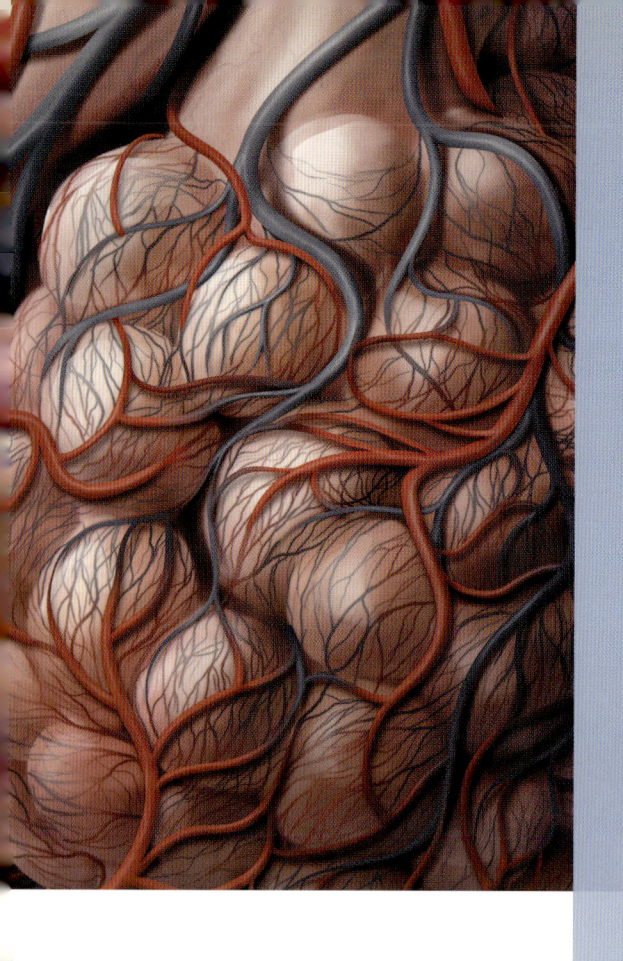

102 organes de l'appareil respiratoire

103 voies respiratoires supérieures

105 poumons

L'appareil respiratoire

L'appareil respiratoire est l'ensemble des organes qui, par un échange constant entre l'air et le sang, fournissent l'oxygène nécessaire à l'organisme et éliminent le gaz carbonique qu'il produit. L'air, inspiré grâce aux mouvements de la cage thoracique, emprunte les voies respiratoires supérieures, la trachée et les bronches, puis parvient aux alvéoles des poumons, où se réalisent les échanges gazeux. Outre la respiration, l'appareil respiratoire joue un rôle primordial dans la parole et dans l'odorat.

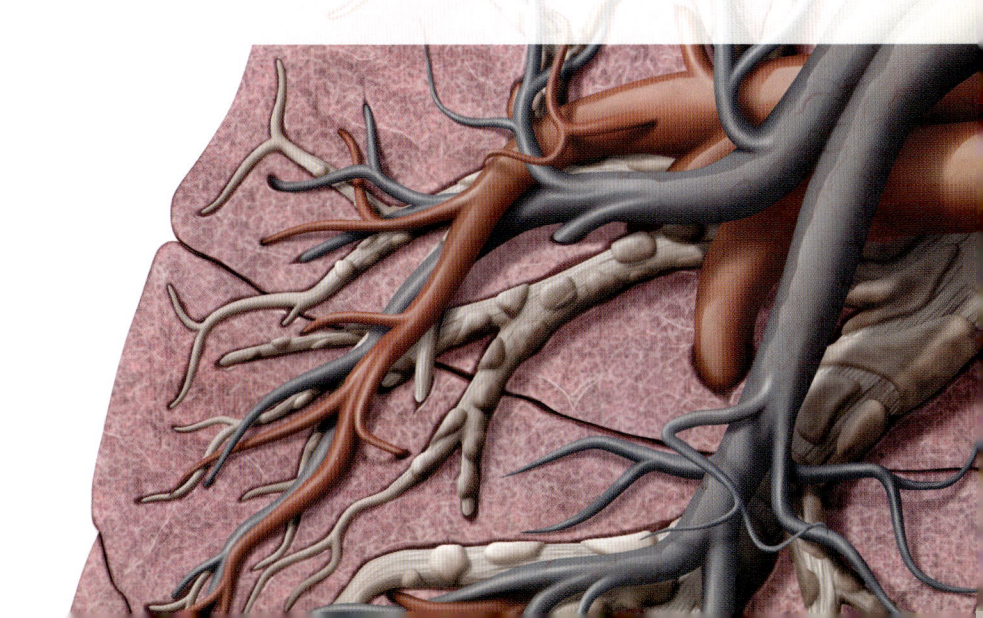

organes[M] de l'appareil[M] respiratoire
organs of the respiratory system

L'appareil respiratoire est constitué des voies respiratoires supérieures, de la trachée et des poumons.

fosses[F] nasales
nasal cavity
Chacune des deux cavités, séparées par la cloison nasale, qui s'ouvrent en avant par les narines et en arrière dans le pharynx.

bouche[F]
mouth
Partie initiale du tube digestif, constituée d'une cavité (cavité buccale) bordée par les lèvres ; elle permet l'ingestion des aliments et joue un rôle dans le goût, la parole et la respiration.

épiglotte[F]
epiglottis
Lame cartilagineuse mobile située dans la partie supérieure du larynx, qui dirige les aliments vers l'œsophage au moment de la déglutition.

larynx[M]
larynx
Conduit musculaire et cartilagineux reliant le pharynx et la trachée ; il contient les cordes vocales et a une fonction phonatoire et respiratoire.

pharynx[M]
pharynx
Conduit musculaire et membraneux reliant d'une part les fosses nasales au larynx, d'autre part la cavité buccale à l'œsophage ; il sert de passage à l'air et aux aliments.

trachée[F]
trachea
Conduit musculaire et cartilagineux qui permet le passage de l'air entre le larynx et les bronches.

poumons[M]
lungs
Organes de l'appareil respiratoire constitués de tissu extensible et responsables des échanges gazeux entre l'air et le sang.

diaphragme[M]
diaphragm
Muscle séparant le thorax de l'abdomen, dont la contraction permet d'accroître le volume de la cage thoracique et des poumons.

déplacement d'air

Des mouvements se déclenchent spontanément pour déloger les particules indésirables des voies respiratoires. La toux permet de dégager les bronches, la trachée ou la gorge, tandis que l'éternuement produit un puissant courant d'air dans la cavité nasale, dont la vitesse est estimée à 150 km/h.

voies^F respiratoires supérieures
upper respiratory tract

Organes qui permettent le passage de l'air vers la trachée et les poumons ; elles comprennent le nez, la bouche, le pharynx et le larynx.

nez^M
nose
Saillie médiane du visage, percée de deux orifices (narines), qui a une fonction olfactive et respiratoire.

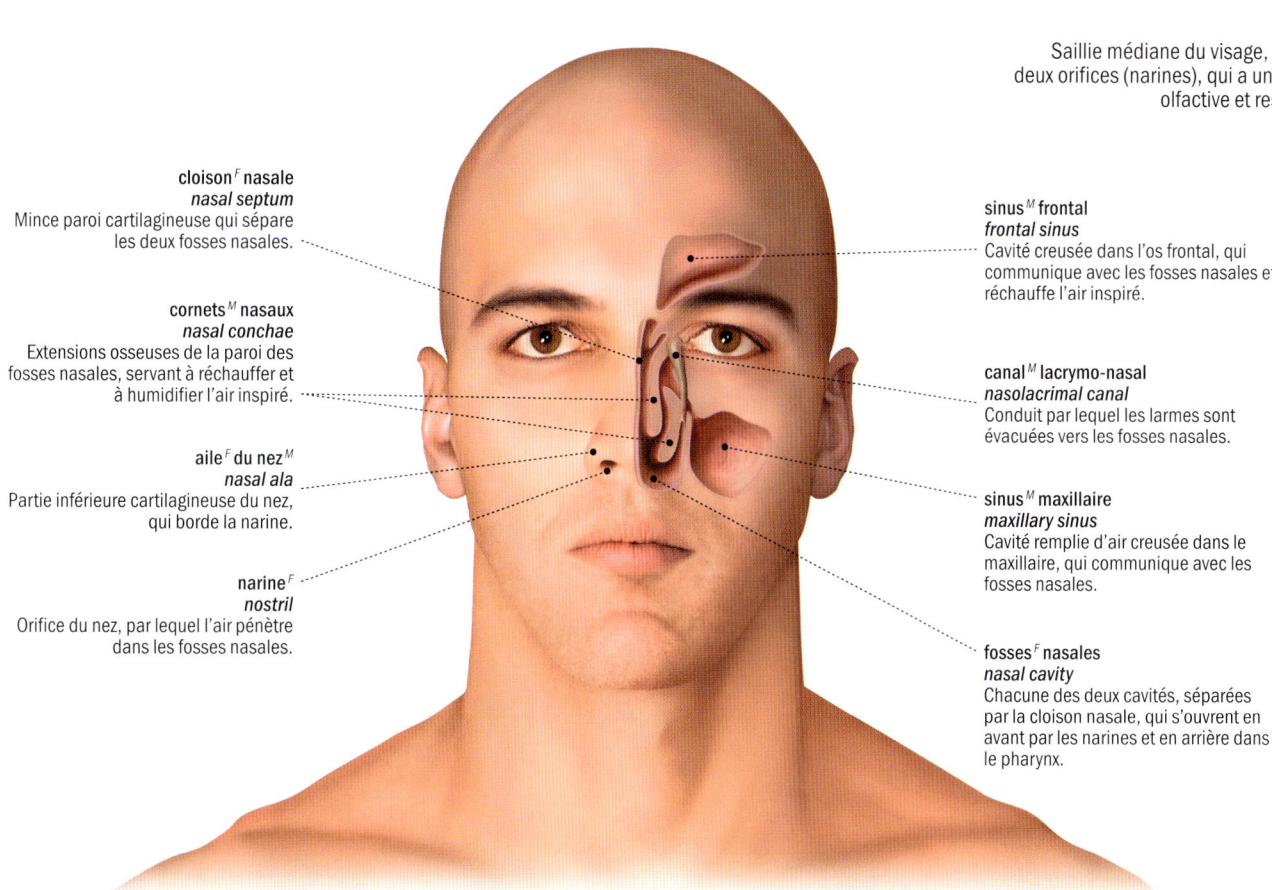

cloison^F nasale
nasal septum
Mince paroi cartilagineuse qui sépare les deux fosses nasales.

cornets^M nasaux
nasal conchae
Extensions osseuses de la paroi des fosses nasales, servant à réchauffer et à humidifier l'air inspiré.

aile^F du nez^M
nasal ala
Partie inférieure cartilagineuse du nez, qui borde la narine.

narine^F
nostril
Orifice du nez, par lequel l'air pénètre dans les fosses nasales.

sinus^M frontal
frontal sinus
Cavité creusée dans l'os frontal, qui communique avec les fosses nasales et réchauffe l'air inspiré.

canal^M lacrymo-nasal
nasolacrimal canal
Conduit par lequel les larmes sont évacuées vers les fosses nasales.

sinus^M maxillaire
maxillary sinus
Cavité remplie d'air creusée dans le maxillaire, qui communique avec les fosses nasales.

fosses^F nasales
nasal cavity
Chacune des deux cavités, séparées par la cloison nasale, qui s'ouvrent en avant par les narines et en arrière dans le pharynx.

sinus^M paranasaux
paranasal sinuses
Cavités situées dans les os de la face, communiquant avec les fosses nasales par d'étroits orifices ; ils diminuent le poids des os de la tête et produisent du mucus.

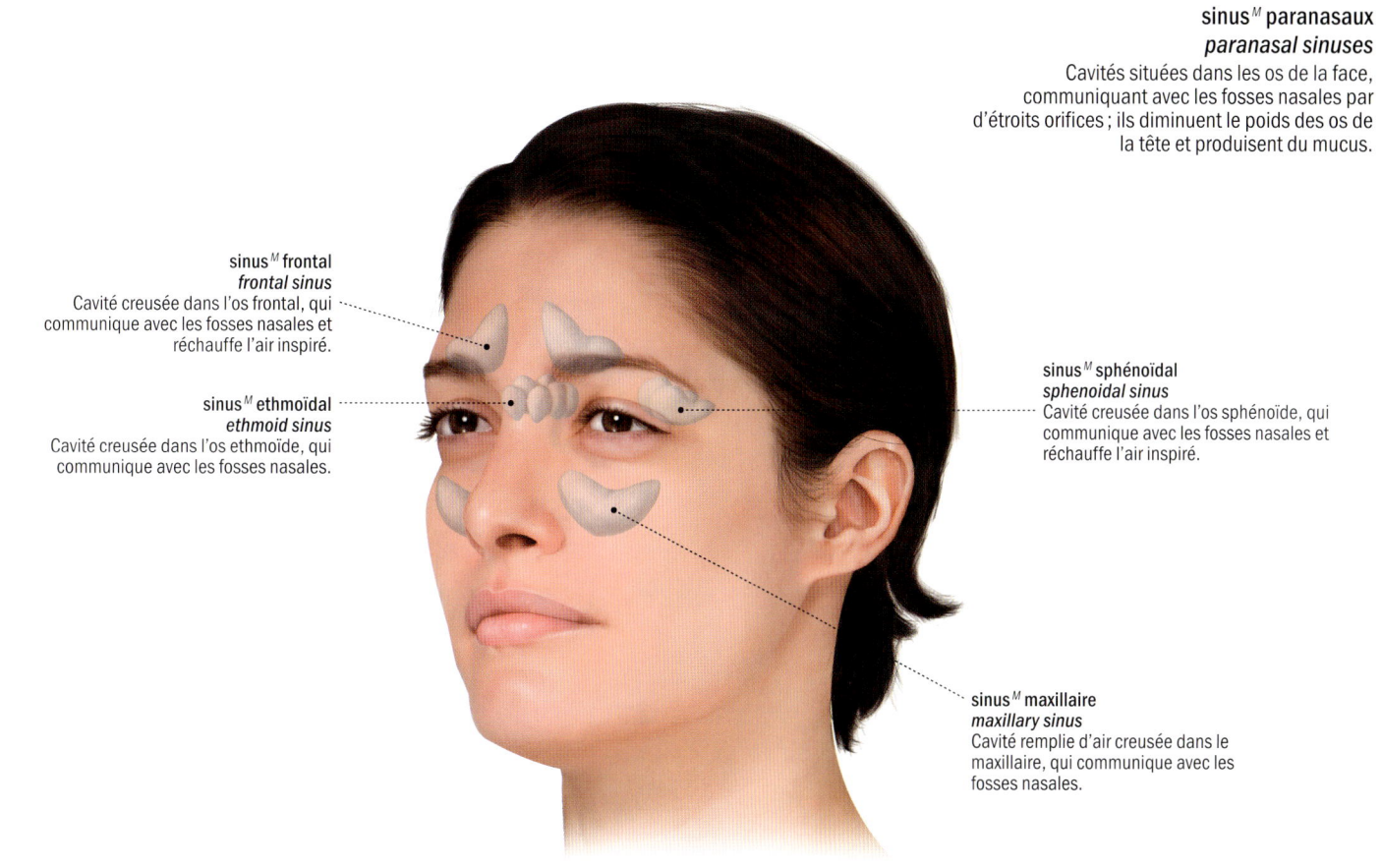

sinus^M frontal
frontal sinus
Cavité creusée dans l'os frontal, qui communique avec les fosses nasales et réchauffe l'air inspiré.

sinus^M ethmoïdal
ethmoid sinus
Cavité creusée dans l'os ethmoïde, qui communique avec les fosses nasales.

sinus^M sphénoïdal
sphenoidal sinus
Cavité creusée dans l'os sphénoïde, qui communique avec les fosses nasales et réchauffe l'air inspiré.

sinus^M maxillaire
maxillary sinus
Cavité remplie d'air creusée dans le maxillaire, qui communique avec les fosses nasales.

L'APPAREIL RESPIRATOIRE

voies F respiratoires supérieures

coupe F sagittale des voies F respiratoires supérieures
sagittal section of upper respiratory tract

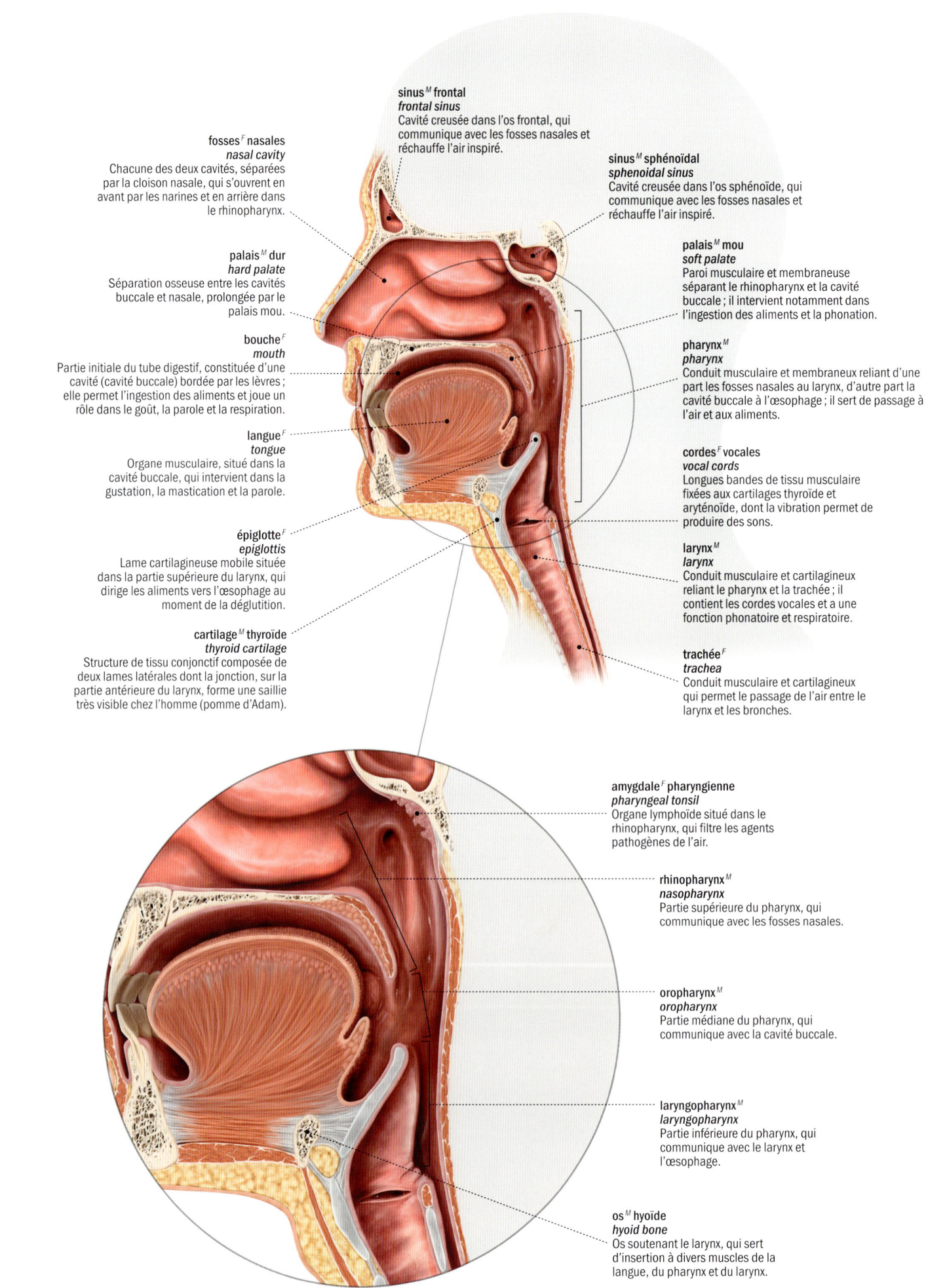

sinus M frontal
frontal sinus
Cavité creusée dans l'os frontal, qui communique avec les fosses nasales et réchauffe l'air inspiré.

sinus M sphénoïdal
sphenoidal sinus
Cavité creusée dans l'os sphénoïde, qui communique avec les fosses nasales et réchauffe l'air inspiré.

fosses F nasales
nasal cavity
Chacune des deux cavités, séparées par la cloison nasale, qui s'ouvrent en avant par les narines et en arrière dans le rhinopharynx.

palais M mou
soft palate
Paroi musculaire et membraneuse séparant le rhinopharynx et la cavité buccale ; il intervient notamment dans l'ingestion des aliments et la phonation.

palais M dur
hard palate
Séparation osseuse entre les cavités buccale et nasale, prolongée par le palais mou.

pharynx M
pharynx
Conduit musculaire et membraneux reliant d'une part les fosses nasales au larynx, d'autre part la cavité buccale à l'œsophage ; il sert de passage à l'air et aux aliments.

bouche F
mouth
Partie initiale du tube digestif, constituée d'une cavité (cavité buccale) bordée par les lèvres ; elle permet l'ingestion des aliments et joue un rôle dans le goût, la parole et la respiration.

cordes F vocales
vocal cords
Longues bandes de tissu musculaire fixées aux cartilages thyroïde et aryténoïde, dont la vibration permet de produire des sons.

langue F
tongue
Organe musculaire, situé dans la cavité buccale, qui intervient dans la gustation, la mastication et la parole.

larynx M
larynx
Conduit musculaire et cartilagineux reliant le pharynx et la trachée ; il contient les cordes vocales et a une fonction phonatoire et respiratoire.

épiglotte F
epiglottis
Lame cartilagineuse mobile située dans la partie supérieure du larynx, qui dirige les aliments vers l'œsophage au moment de la déglutition.

trachée F
trachea
Conduit musculaire et cartilagineux qui permet le passage de l'air entre le larynx et les bronches.

cartilage M thyroïde
thyroid cartilage
Structure de tissu conjonctif composée de deux lames latérales dont la jonction, sur la partie antérieure du larynx, forme une saillie très visible chez l'homme (pomme d'Adam).

amygdale F pharyngienne
pharyngeal tonsil
Organe lymphoïde situé dans le rhinopharynx, qui filtre les agents pathogènes de l'air.

rhinopharynx M
nasopharynx
Partie supérieure du pharynx, qui communique avec les fosses nasales.

oropharynx M
oropharynx
Partie médiane du pharynx, qui communique avec la cavité buccale.

laryngopharynx M
laryngopharynx
Partie inférieure du pharynx, qui communique avec le larynx et l'œsophage.

os M hyoïde
hyoid bone
Os soutenant le larynx, qui sert d'insertion à divers muscles de la langue, du pharynx et du larynx.

poumons^M
lungs

Organes de l'appareil respiratoire constitués de tissu extensible et responsables des échanges gazeux entre l'air et le sang.

L'APPAREIL RESPIRATOIRE

la respiration

Un adulte au repos respire environ 15 fois par minute, soit plus de 21 000 fois par jour. À chaque inspiration, un demi-litre d'air chargé d'oxygène pénètre dans les voies respiratoires jusqu'aux poumons.

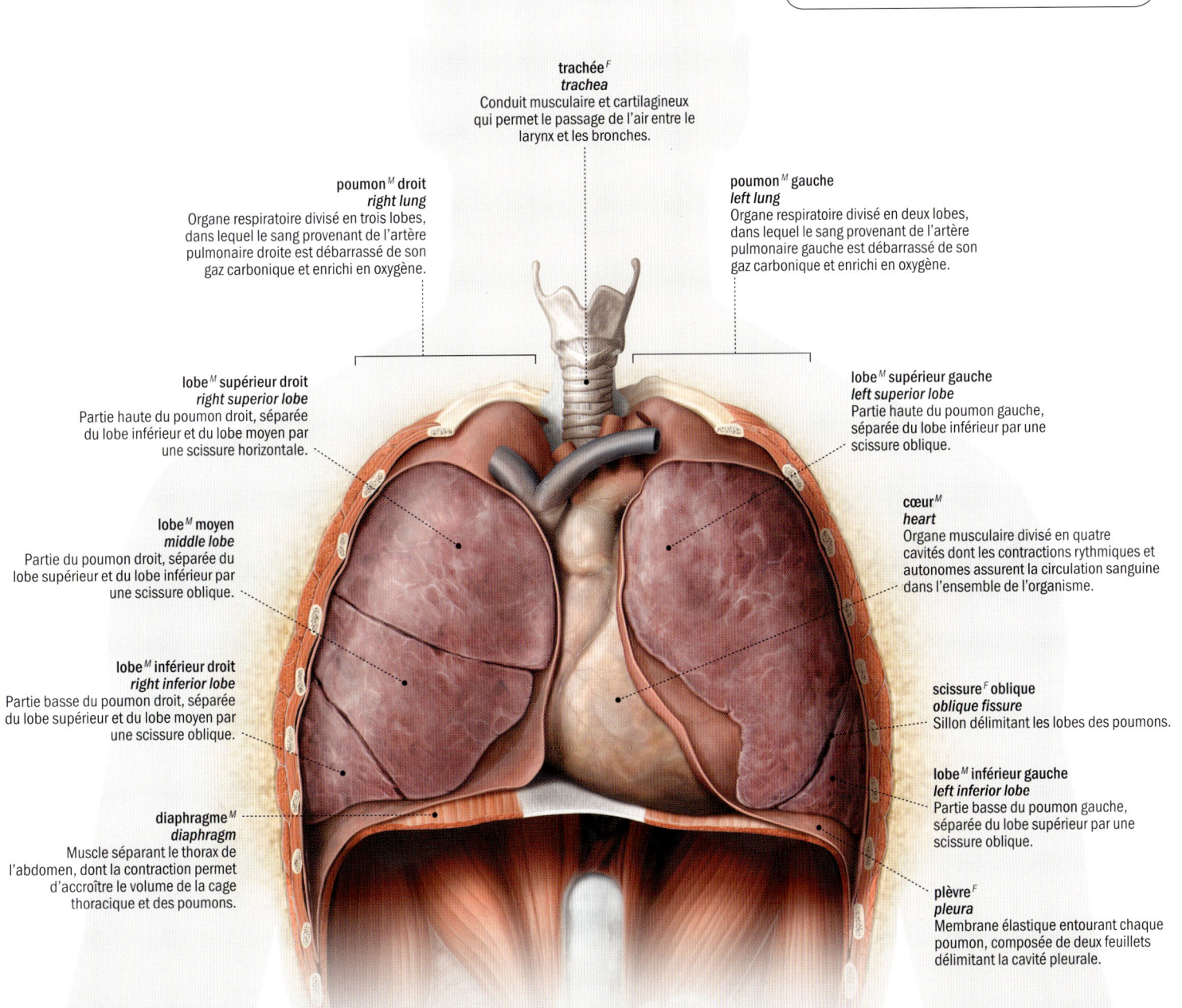

trachée^F
trachea
Conduit musculaire et cartilagineux qui permet le passage de l'air entre le larynx et les bronches.

poumon^M droit
right lung
Organe respiratoire divisé en trois lobes, dans lequel le sang provenant de l'artère pulmonaire droite est débarrassé de son gaz carbonique et enrichi en oxygène.

poumon^M gauche
left lung
Organe respiratoire divisé en deux lobes, dans lequel le sang provenant de l'artère pulmonaire gauche est débarrassé de son gaz carbonique et enrichi en oxygène.

lobe^M supérieur droit
right superior lobe
Partie haute du poumon droit, séparée du lobe inférieur et du lobe moyen par une scissure horizontale.

lobe^M supérieur gauche
left superior lobe
Partie haute du poumon gauche, séparée du lobe inférieur par une scissure oblique.

lobe^M moyen
middle lobe
Partie du poumon droit, séparée du lobe supérieur et du lobe inférieur par une scissure oblique.

cœur^M
heart
Organe musculaire divisé en quatre cavités dont les contractions rythmiques et autonomes assurent la circulation sanguine dans l'ensemble de l'organisme.

lobe^M inférieur droit
right inferior lobe
Partie basse du poumon droit, séparée du lobe supérieur et du lobe moyen par une scissure oblique.

scissure^F oblique
oblique fissure
Sillon délimitant les lobes des poumons.

lobe^M inférieur gauche
left inferior lobe
Partie basse du poumon gauche, séparée du lobe supérieur par une scissure oblique.

diaphragme^M
diaphragm
Muscle séparant le thorax de l'abdomen, dont la contraction permet d'accroître le volume de la cage thoracique et des poumons.

plèvre^F
pleura
Membrane élastique entourant chaque poumon, composée de deux feuillets délimitant la cavité pleurale.

poumons^M

arbre^M bronchique
bronchial tree
Ensemble des voies aériennes permettant à l'air de parvenir dans les poumons ; il comprend deux bronches principales, dont les divisions successives conduisent aux bronchioles.

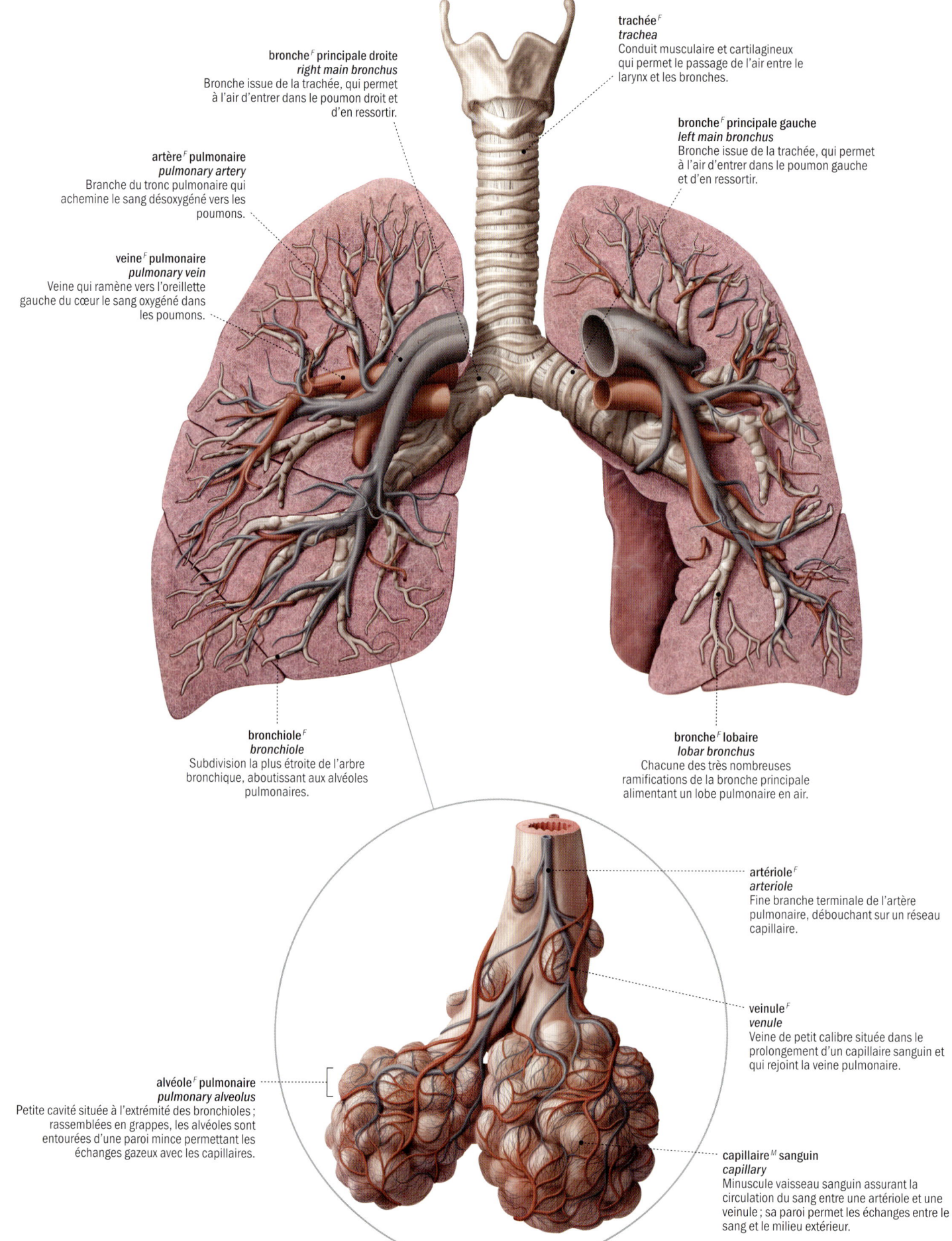

L'APPAREIL RESPIRATOIRE

bronche^F principale droite
right main bronchus
Bronche issue de la trachée, qui permet à l'air d'entrer dans le poumon droit et d'en ressortir.

artère^F pulmonaire
pulmonary artery
Branche du tronc pulmonaire qui achemine le sang désoxygéné vers les poumons.

veine^F pulmonaire
pulmonary vein
Veine qui ramène vers l'oreillette gauche du cœur le sang oxygéné dans les poumons.

trachée^F
trachea
Conduit musculaire et cartilagineux qui permet le passage de l'air entre le larynx et les bronches.

bronche^F principale gauche
left main bronchus
Bronche issue de la trachée, qui permet à l'air d'entrer dans le poumon gauche et d'en ressortir.

bronchiole^F
bronchiole
Subdivision la plus étroite de l'arbre bronchique, aboutissant aux alvéoles pulmonaires.

bronche^F lobaire
lobar bronchus
Chacune des très nombreuses ramifications de la bronche principale alimentant un lobe pulmonaire en air.

artériole^F
arteriole
Fine branche terminale de l'artère pulmonaire, débouchant sur un réseau capillaire.

veinule^F
venule
Veine de petit calibre située dans le prolongement d'un capillaire sanguin et qui rejoint la veine pulmonaire.

alvéole^F pulmonaire
pulmonary alveolus
Petite cavité située à l'extrémité des bronchioles ; rassemblées en grappes, les alvéoles sont entourées d'une paroi mince permettant les échanges gazeux avec les capillaires.

capillaire^M sanguin
capillary
Minuscule vaisseau sanguin assurant la circulation du sang entre une artériole et une veinule ; sa paroi permet les échanges entre le sang et le milieu extérieur.

106

poumons^M

trachée^F
trachea
Conduit musculaire et cartilagineux qui permet le passage de l'air entre le larynx et les bronches.

surface d'échange

Les poumons abritent plus de 300 millions d'alvéoles. La surface totale des alvéoles pulmonaires équivaut à celle d'un court de tennis.

larynx^M
larynx
Conduit musculaire et cartilagineux reliant le pharynx et la trachée ; il contient les cordes vocales et a une fonction phonatoire et respiratoire.

cartilages^M **trachéaux**
tracheal cartilages
Anneaux cartilagineux (16 à 20) contenus dans la paroi de la trachée, qui permettent de maintenir cette dernière ouverte.

carène^F
carina of trachea
Partie inférieure de la trachée qui se divise en deux bronches.

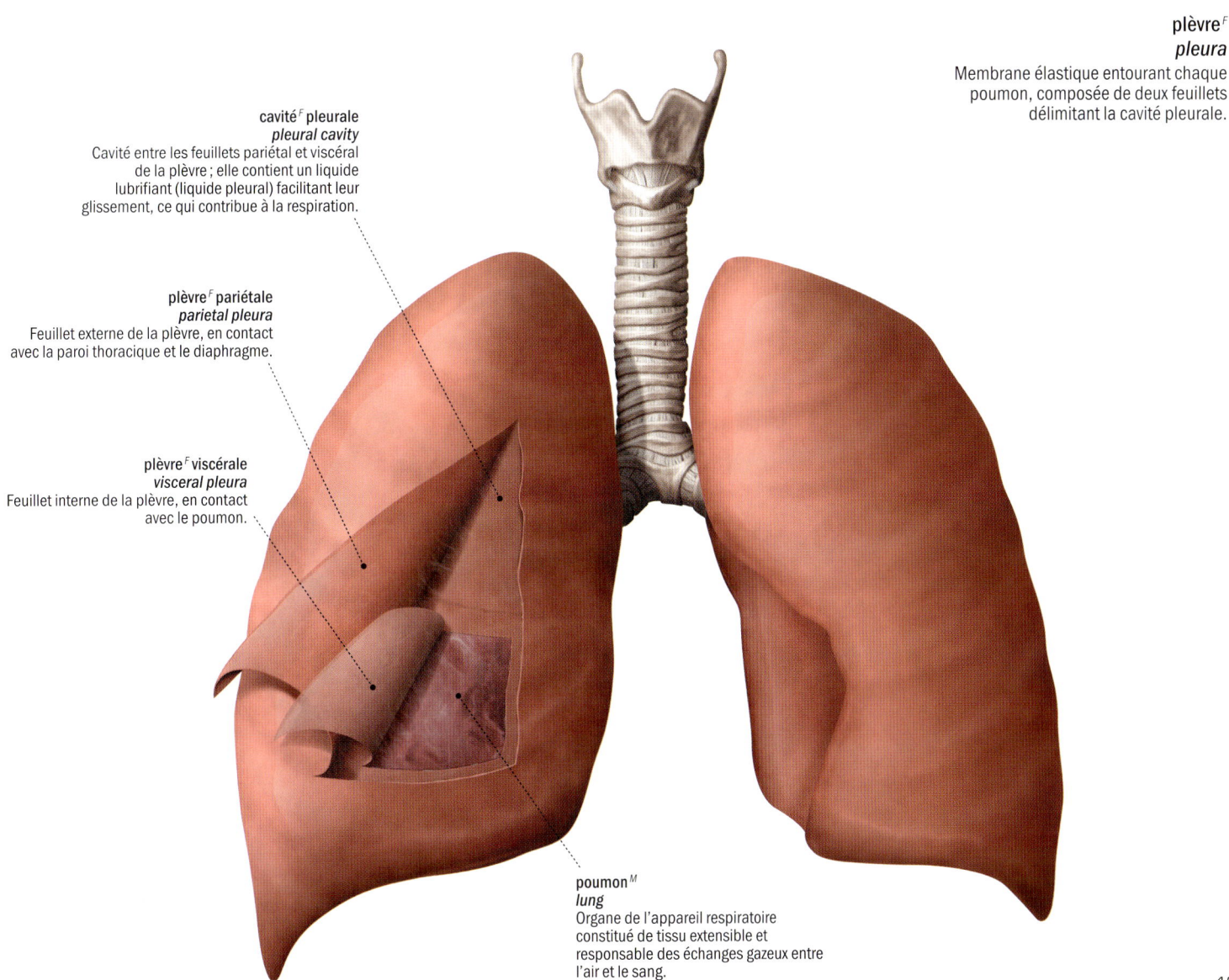

plèvre^F
pleura
Membrane élastique entourant chaque poumon, composée de deux feuillets délimitant la cavité pleurale.

cavité^F **pleurale**
pleural cavity
Cavité entre les feuillets pariétal et viscéral de la plèvre ; elle contient un liquide lubrifiant (liquide pleural) facilitant leur glissement, ce qui contribue à la respiration.

plèvre^F **pariétale**
parietal pleura
Feuillet externe de la plèvre, en contact avec la paroi thoracique et le diaphragme.

plèvre^F **viscérale**
visceral pleura
Feuillet interne de la plèvre, en contact avec le poumon.

poumon^M
lung
Organe de l'appareil respiratoire constitué de tissu extensible et responsable des échanges gazeux entre l'air et le sang.

L'APPAREIL RESPIRATOIRE

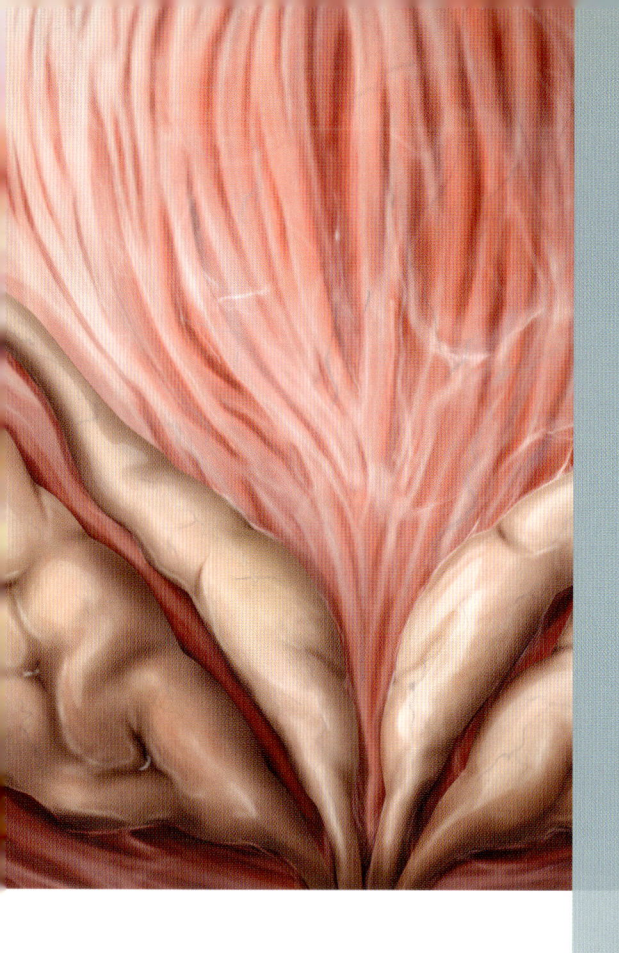

110 organes de l'appareil urinaire

111 vessie

112 rein

L'appareil urinaire

L'appareil urinaire est l'ensemble des organes qui élaborent l'urine, la véhiculent, l'emmagasinent et l'évacuent hors de l'organisme. Les organes de la partie haute de l'appareil urinaire (reins et uretères) sont identiques chez les deux sexes, alors que la vessie et l'urètre, qui constituent les voies urinaires basses, présentent des différences chez l'homme et la femme. L'appareil urinaire communique avec le système sanguin au niveau des reins, qui ont pour rôle de filtrer le sang. Le produit de cette filtration, l'urine, est temporairement stocké dans la vessie avant d'être éliminé.

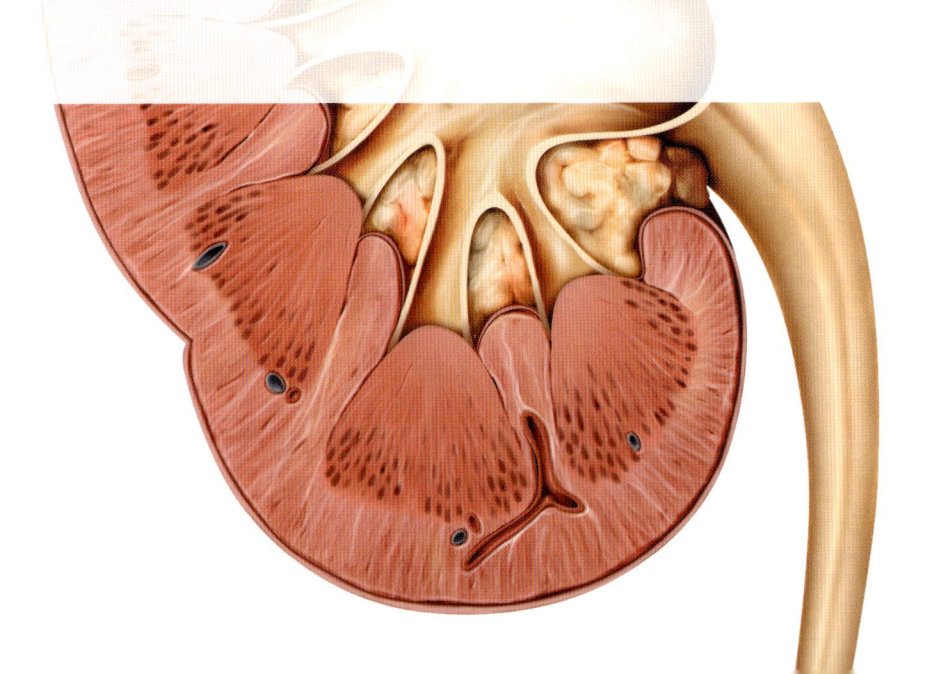

organes[M] de l'appareil[M] urinaire
organs of the urinary system

La partie haute de l'appareil urinaire comprend les uretères et les reins, alors que les voies urinaires basses sont formées de la vessie et de l'urètre.

homme[M] : vue[F] antérieure
man: anterior view

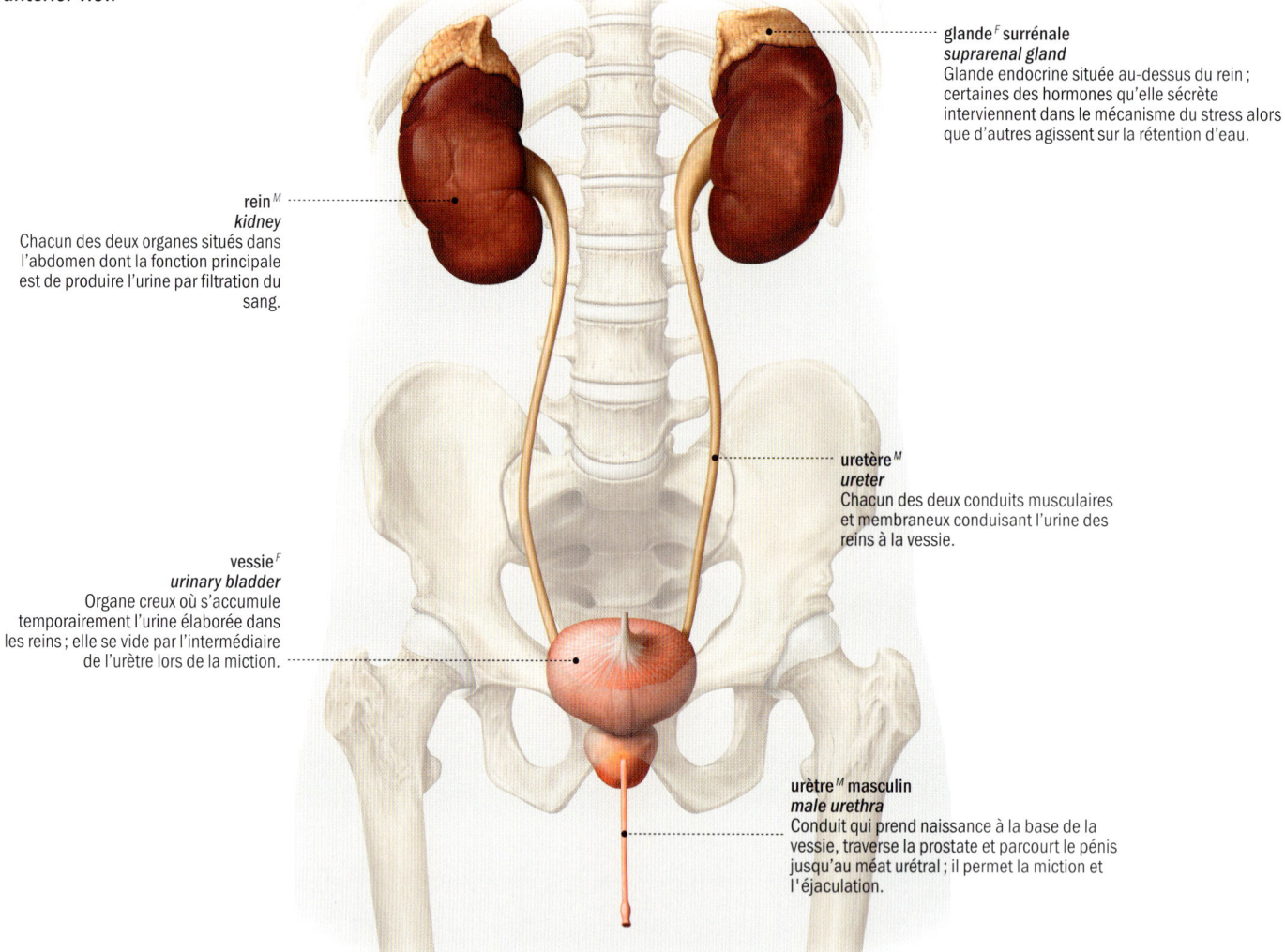

glande[F] surrénale
suprarenal gland
Glande endocrine située au-dessus du rein ; certaines des hormones qu'elle sécrète interviennent dans le mécanisme du stress alors que d'autres agissent sur la rétention d'eau.

rein[M]
kidney
Chacun des deux organes situés dans l'abdomen dont la fonction principale est de produire l'urine par filtration du sang.

uretère[M]
ureter
Chacun des deux conduits musculaires et membraneux conduisant l'urine des reins à la vessie.

vessie[F]
urinary bladder
Organe creux où s'accumule temporairement l'urine élaborée dans les reins ; elle se vide par l'intermédiaire de l'urètre lors de la miction.

urètre[M] masculin
male urethra
Conduit qui prend naissance à la base de la vessie, traverse la prostate et parcourt le pénis jusqu'au méat urétral ; il permet la miction et l'éjaculation.

femme[F] : vue[F] antérieure
woman: anterior view

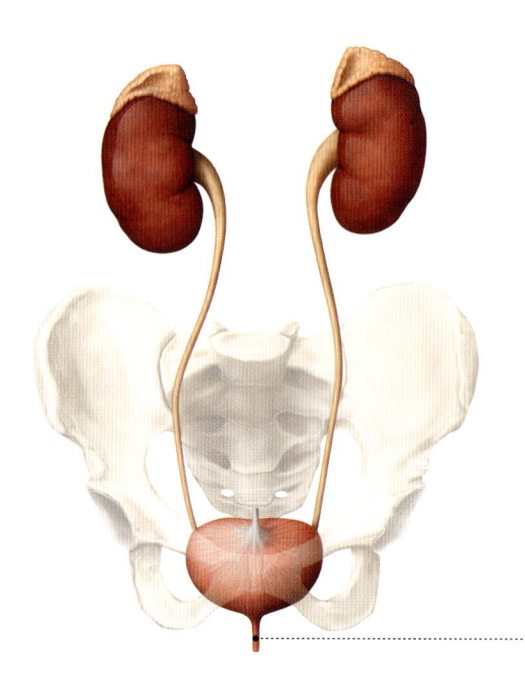

urètre[M] féminin
female urethra
Conduit qui prend naissance à la base de la vessie et par lequel s'écoule l'urine lors de la miction ; son orifice externe (méat urétral) est situé entre l'ouverture du vagin et le clitoris.

L'APPAREIL URINAIRE

quantité de liquide

L'appareil urinaire d'un être humain produit en moyenne 45 000 litres d'urine au cours d'une vie — soit suffisamment pour remplir une piscine d'environ 5 mètres de diamètre.

vessie^F
urinary bladder

Organe creux où s'accumule temporairement l'urine élaborée dans les reins ; elle se vide par l'intermédiaire de l'urètre lors de la miction.

coupe^F frontale de la vessie^F
frontal section of urinary bladder

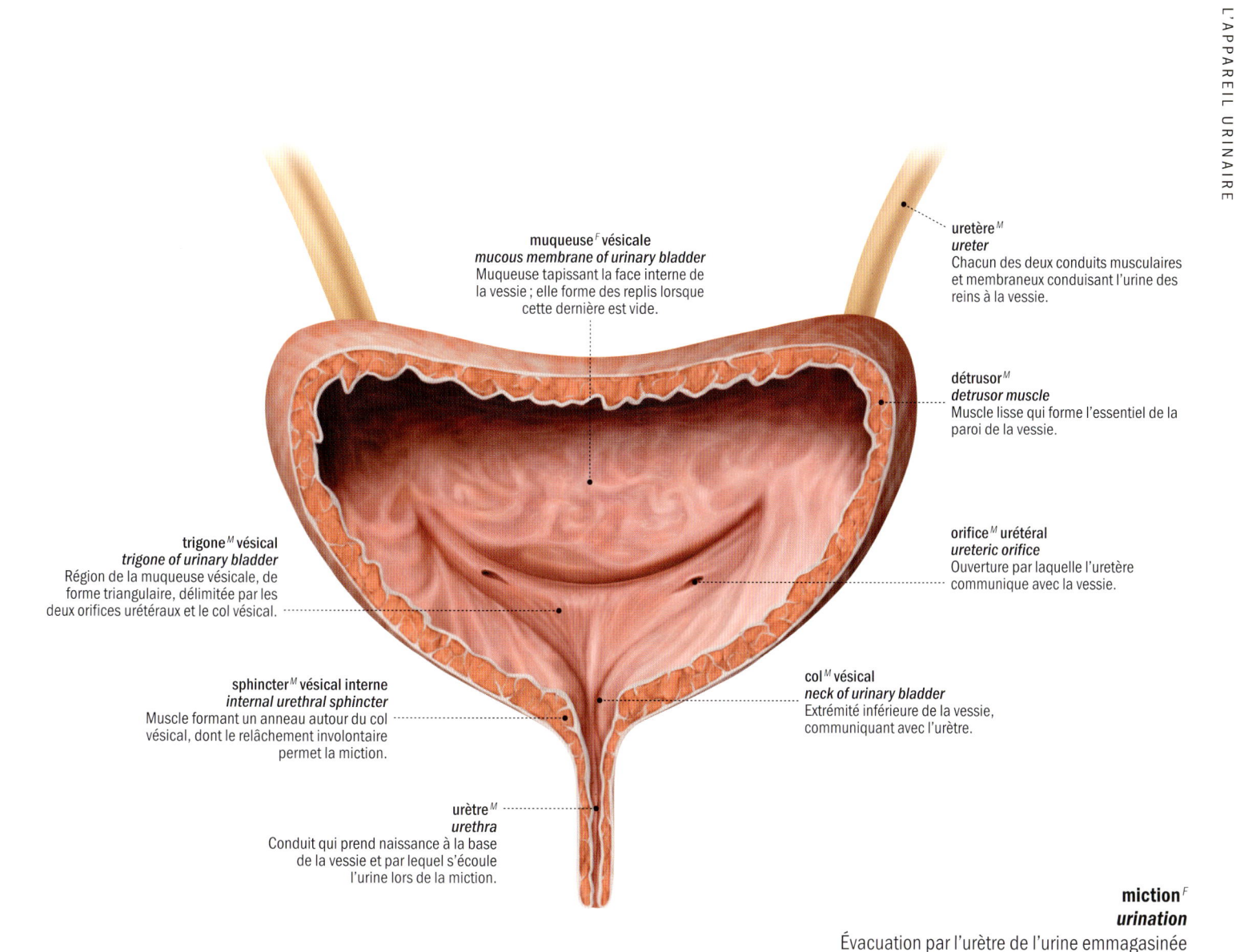

muqueuse^F vésicale
mucous membrane of urinary bladder
Muqueuse tapissant la face interne de la vessie ; elle forme des replis lorsque cette dernière est vide.

uretère^M
ureter
Chacun des deux conduits musculaires et membraneux conduisant l'urine des reins à la vessie.

détrusor^M
detrusor muscle
Muscle lisse qui forme l'essentiel de la paroi de la vessie.

trigone^M vésical
trigone of urinary bladder
Région de la muqueuse vésicale, de forme triangulaire, délimitée par les deux orifices urétéraux et le col vésical.

orifice^M urétéral
ureteric orifice
Ouverture par laquelle l'uretère communique avec la vessie.

sphincter^M vésical interne
internal urethral sphincter
Muscle formant un anneau autour du col vésical, dont le relâchement involontaire permet la miction.

col^M vésical
neck of urinary bladder
Extrémité inférieure de la vessie, communiquant avec l'urètre.

urètre^M
urethra
Conduit qui prend naissance à la base de la vessie et par lequel s'écoule l'urine lors de la miction.

miction^F
urination
Évacuation par l'urètre de l'urine emmagasinée dans la vessie.

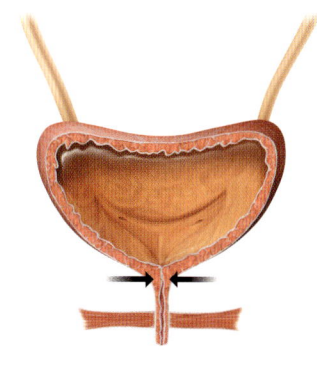

remplissage^M
filling
L'urine provenant des reins se déverse dans la vessie par l'intermédiaire des uretères ; le sphincter vésical interne se contracte pour fermer l'entrée de l'urètre.

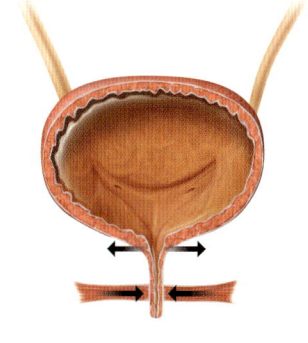

rétention^F
retention
Lorsque la vessie est à moitié pleine, le sphincter vésical interne se relâche ; l'urine peut être retenue par la contraction volontaire d'un sphincter vésical externe.

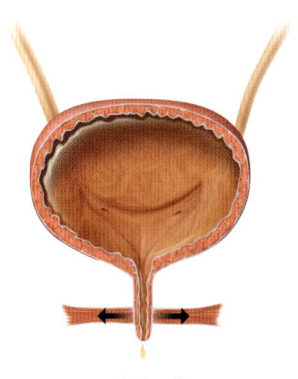

miction^F
urination
Évacuation par l'urètre de l'urine emmagasinée dans la vessie.

L'APPAREIL URINAIRE

rein^M
kidney

Chacun des deux organes situés dans l'abdomen dont la fonction principale est de filtrer le sang.

L'APPAREIL URINAIRE

reins^M : vue^F antérieure
kidneys: anterior view

aorte^F abdominale
abdominal aorta
Quatrième et dernier segment de l'aorte, descendant dans la cavité abdominale et donnant naissance à diverses artères se dirigeant notamment vers les reins, le pancréas et le côlon.

veine^F cave inférieure
inferior vena cava
Veine ramenant le sang désoxygéné de la partie inférieure du corps (au-dessous du diaphragme) vers l'oreillette droite du cœur.

glande^F surrénale
suprarenal gland
Glande endocrine située au-dessus du rein ; certaines des hormones qu'elle sécrète interviennent dans le mécanisme du stress, alors que d'autres agissent sur la rétention d'eau.

artère^F rénale
renal artery
Branche de l'aorte abdominale irriguant le rein.

rein^M droit
right kidney
Organe situé sous le foie, dont la fonction principale est de filtrer le sang.

veine^F rénale
renal vein
Veine recevant le sang filtré par le rein et le conduisant dans la veine cave inférieure.

rein^M gauche
left kidney
Organe situé sous la rate, dont la fonction principale est de filtrer le sang.

uretère^M
ureter
Chacun des deux conduits musculaires et membraneux conduisant l'urine des reins à la vessie.

rein ^{M}

coupe ^{F} frontale du rein ^{M} droit
frontal section of right kidney

L'APPAREIL URINAIRE

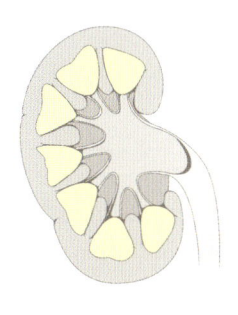

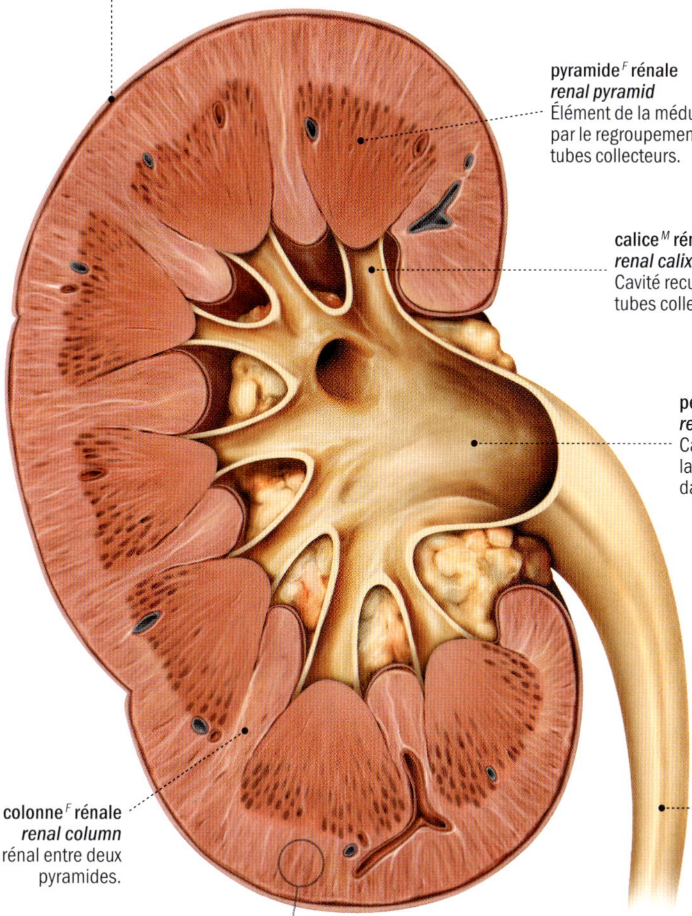

capsule ^{F} fibreuse
fibrous capsule
Membrane enveloppant le rein.

cortex ^{M} rénal
renal cortex
Partie du rein contenant les glomérules rénaux.

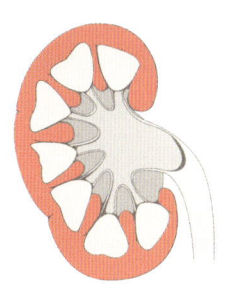

pyramide ^{F} rénale
renal pyramid
Élément de la médulla rénale constitué par le regroupement de nombreux tubes collecteurs.

calice ^{M} rénal
renal calix
Cavité recueillant l'urine issue des tubes collecteurs.

pelvis ^{M} rénal
renal pelvis
Cavité en forme d'entonnoir formée par la réunion des calices et débouchant dans l'uretère.

médulla ^{F} rénale
renal medulla
Partie intermédiaire du rein, composée des pyramides rénales.

uretère ^{M}
ureter
Chacun des deux conduits musculaires et membraneux conduisant l'urine des reins à la vessie.

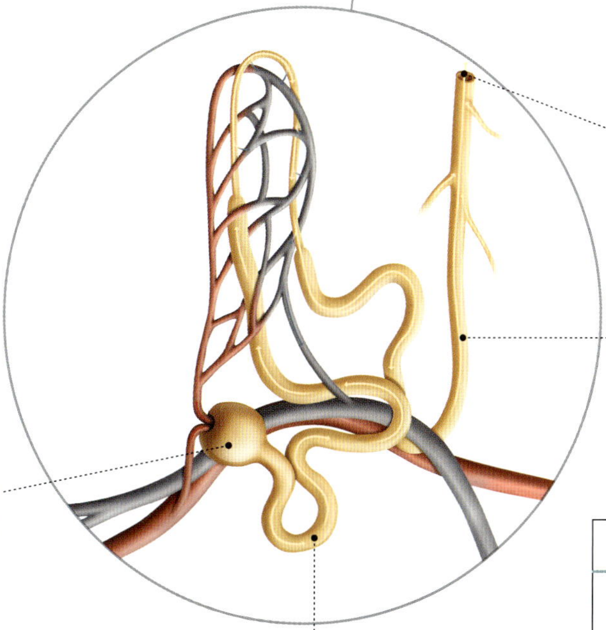

colonne ^{F} rénale
renal column
Extension du cortex rénal entre deux pyramides.

néphron ^{M}
nephron
Unité fonctionnelle du rein où est élaborée l'urine ; il est composé de deux éléments principaux : le glomérule rénal et le tube rénal.

urine ^{F}
urine
Liquide résultant de la filtration du sang dans les reins, stocké dans la vessie et évacué lors de la miction ; l'urine est composée à 95 % d'eau, dans laquelle sont dissoutes diverses substances issues du métabolisme.

tube ^{M} collecteur
collecting duct
Conduit recueillant l'urine élaborée dans plusieurs néphrons et l'amenant à un calice.

glomérule ^{M} rénal
glomerulus
Partie du néphron qui assure la filtration du sang et la production de l'urine ; le glomérule est constitué d'un amas de capillaires sanguins inséré dans une capsule.

tube ^{M} rénal
renal tubule
Partie du néphron qui conduit l'urine à un tube collecteur.

filtration

Chaque rein renferme environ un million de néphrons. La totalité du volume sanguin est filtrée toutes les 45 minutes, mais seulement de 0,5 à 2 litres d'urine sont éliminés par jour, la plus grande partie du filtrat étant réabsorbée.

113

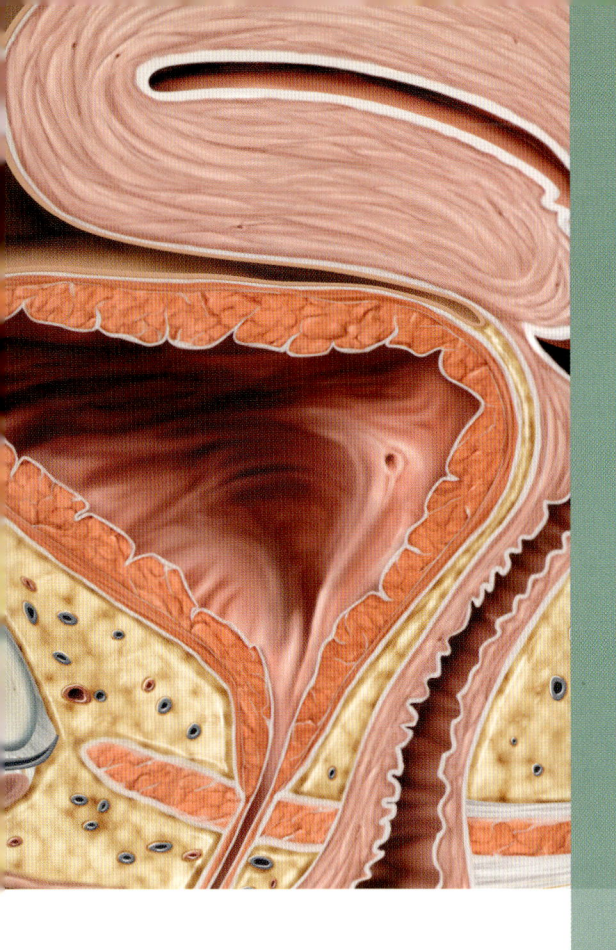

116 organes génitaux masculins

118 organes génitaux féminins

L'appareil reproducteur

L'appareil reproducteur est l'ensemble des organes assurant les fonctions de reproduction. Ces organes — les organes génitaux — sont différents selon le sexe et comprennent les gonades (testicules, ovaires), les glandes sexuelles (prostate, vésicules séminales, glandes de Cowper, glandes de Bartholin), les voies génitales (utérus, trompes de Fallope, vagin, conduits déférents) et les organes externes (pénis, vulve). Les organes génitaux sont présents dès la naissance, mais ils ne deviennent aptes à remplir leurs fonctions qu'à la puberté, lorsqu'ils atteignent leur forme définitive.

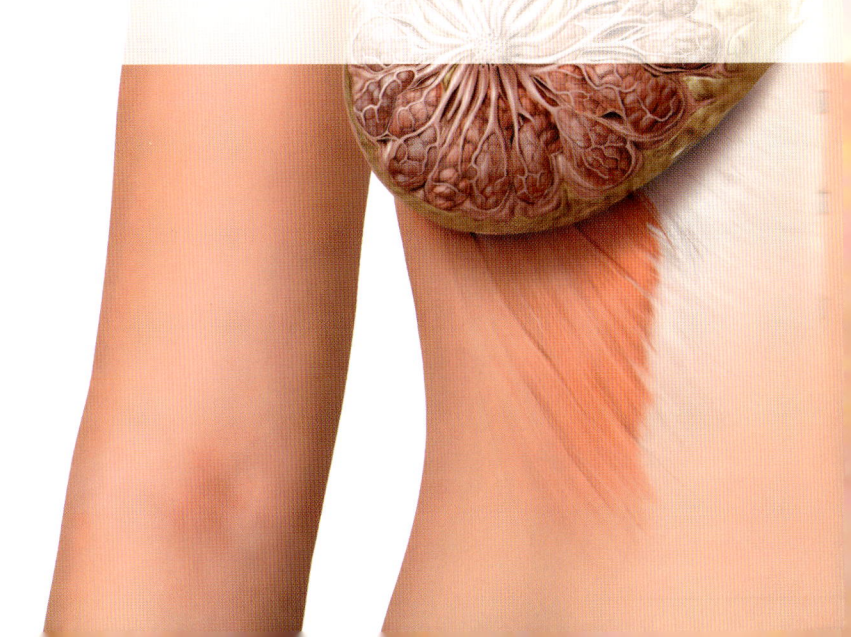

organes^M génitaux masculins
male genital organs

Organes propres à l'homme qui interviennent dans la reproduction.

L'APPAREIL REPRODUCTEUR

coupe^F sagittale des organes^M génitaux masculins
sagittal section of male genital organs

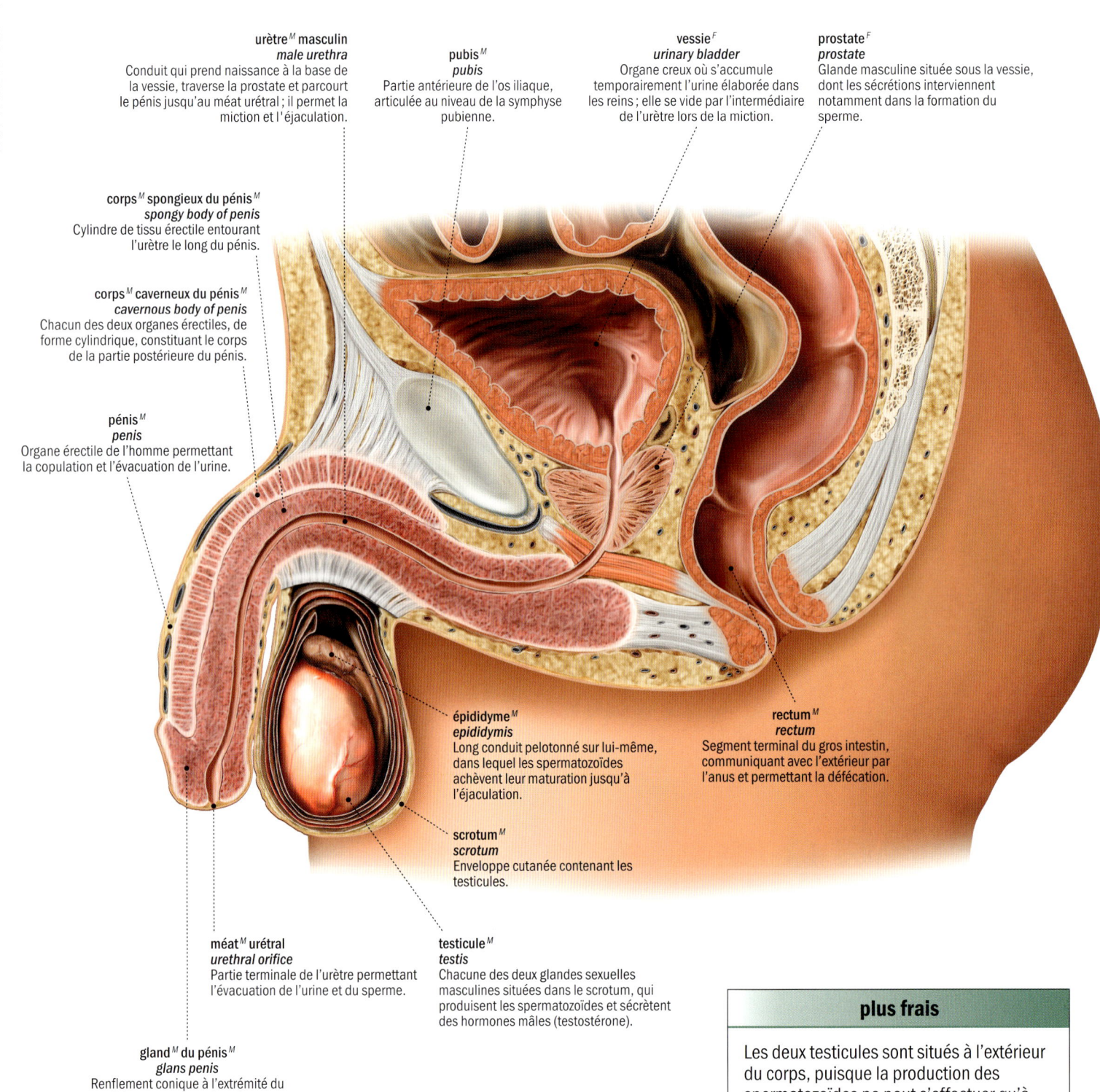

urètre^M masculin
male urethra
Conduit qui prend naissance à la base de la vessie, traverse la prostate et parcourt le pénis jusqu'au méat urétral ; il permet la miction et l'éjaculation.

pubis^M
pubis
Partie antérieure de l'os iliaque, articulée au niveau de la symphyse pubienne.

vessie^F
urinary bladder
Organe creux où s'accumule temporairement l'urine élaborée dans les reins ; elle se vide par l'intermédiaire de l'urètre lors de la miction.

prostate^F
prostate
Glande masculine située sous la vessie, dont les sécrétions interviennent notamment dans la formation du sperme.

corps^M spongieux du pénis^M
spongy body of penis
Cylindre de tissu érectile entourant l'urètre le long du pénis.

corps^M caverneux du pénis^M
cavernous body of penis
Chacun des deux organes érectiles, de forme cylindrique, constituant le corps de la partie postérieure du pénis.

pénis^M
penis
Organe érectile de l'homme permettant la copulation et l'évacuation de l'urine.

épididyme^M
epididymis
Long conduit pelotonné sur lui-même, dans lequel les spermatozoïdes achèvent leur maturation jusqu'à l'éjaculation.

rectum^M
rectum
Segment terminal du gros intestin, communiquant avec l'extérieur par l'anus et permettant la défécation.

scrotum^M
scrotum
Enveloppe cutanée contenant les testicules.

méat^M urétral
urethral orifice
Partie terminale de l'urètre permettant l'évacuation de l'urine et du sperme.

testicule^M
testis
Chacune des deux glandes sexuelles masculines situées dans le scrotum, qui produisent les spermatozoïdes et sécrètent des hormones mâles (testostérone).

gland^M du pénis^M
glans penis
Renflement conique à l'extrémité du pénis, recouvert par le prépuce.

plus frais

Les deux testicules sont situés à l'extérieur du corps, puisque la production des spermatozoïdes ne peut s'effectuer qu'à une température inférieure d'environ 2 °C à celle de l'organisme.

organes^M génitaux masculins

coupe^F transversale du pénis^M
cross section of the penis

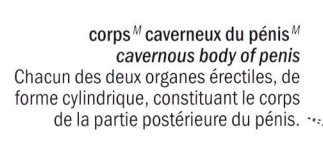

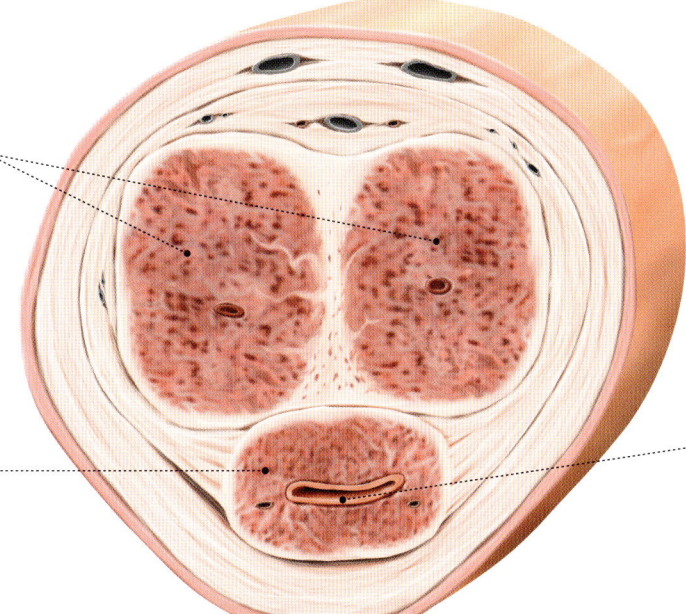

corps^M caverneux du pénis^M
cavernous body of penis
Chacun des deux organes érectiles, de forme cylindrique, constituant le corps de la partie postérieure du pénis.

urètre^M masculin
male urethra
Conduit qui prend naissance à la base de la vessie, traverse la prostate et parcourt le pénis jusqu'au méat urétral ; il permet la miction et l'éjaculation.

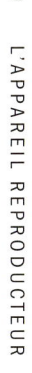

corps^M spongieux du pénis^M
spongy body of penis
Cylindre de tissu érectile entourant l'urètre le long du pénis.

L'APPAREIL REPRODUCTEUR

coupe^F du testicule^M
section of the testis

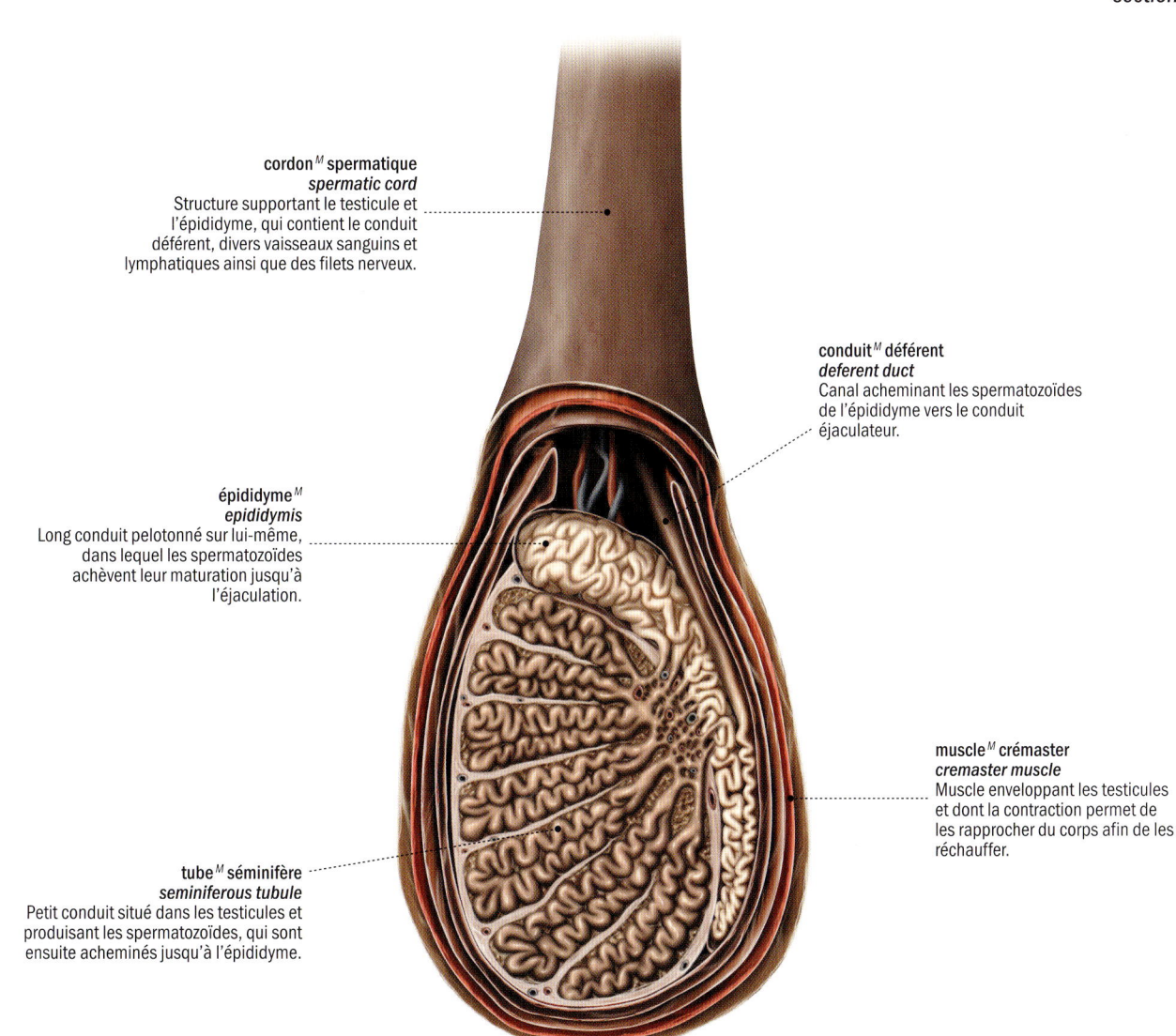

cordon^M spermatique
spermatic cord
Structure supportant le testicule et l'épididyme, qui contient le conduit déférent, divers vaisseaux sanguins et lymphatiques ainsi que des filets nerveux.

conduit^M déférent
deferent duct
Canal acheminant les spermatozoïdes de l'épididyme vers le conduit éjaculateur.

épididyme^M
epididymis
Long conduit pelotonné sur lui-même, dans lequel les spermatozoïdes achèvent leur maturation jusqu'à l'éjaculation.

muscle^M crémaster
cremaster muscle
Muscle enveloppant les testicules et dont la contraction permet de les rapprocher du corps afin de les réchauffer.

tube^M séminifère
seminiferous tubule
Petit conduit situé dans les testicules et produisant les spermatozoïdes, qui sont ensuite acheminés jusqu'à l'épididyme.

organes^M génitaux féminins
female genital organs

Organes propres à la femme qui interviennent dans la reproduction ; on distingue les organes externes et les organes internes.

coupe^F frontale des organes^M génitaux féminins
frontal section of female genital organs

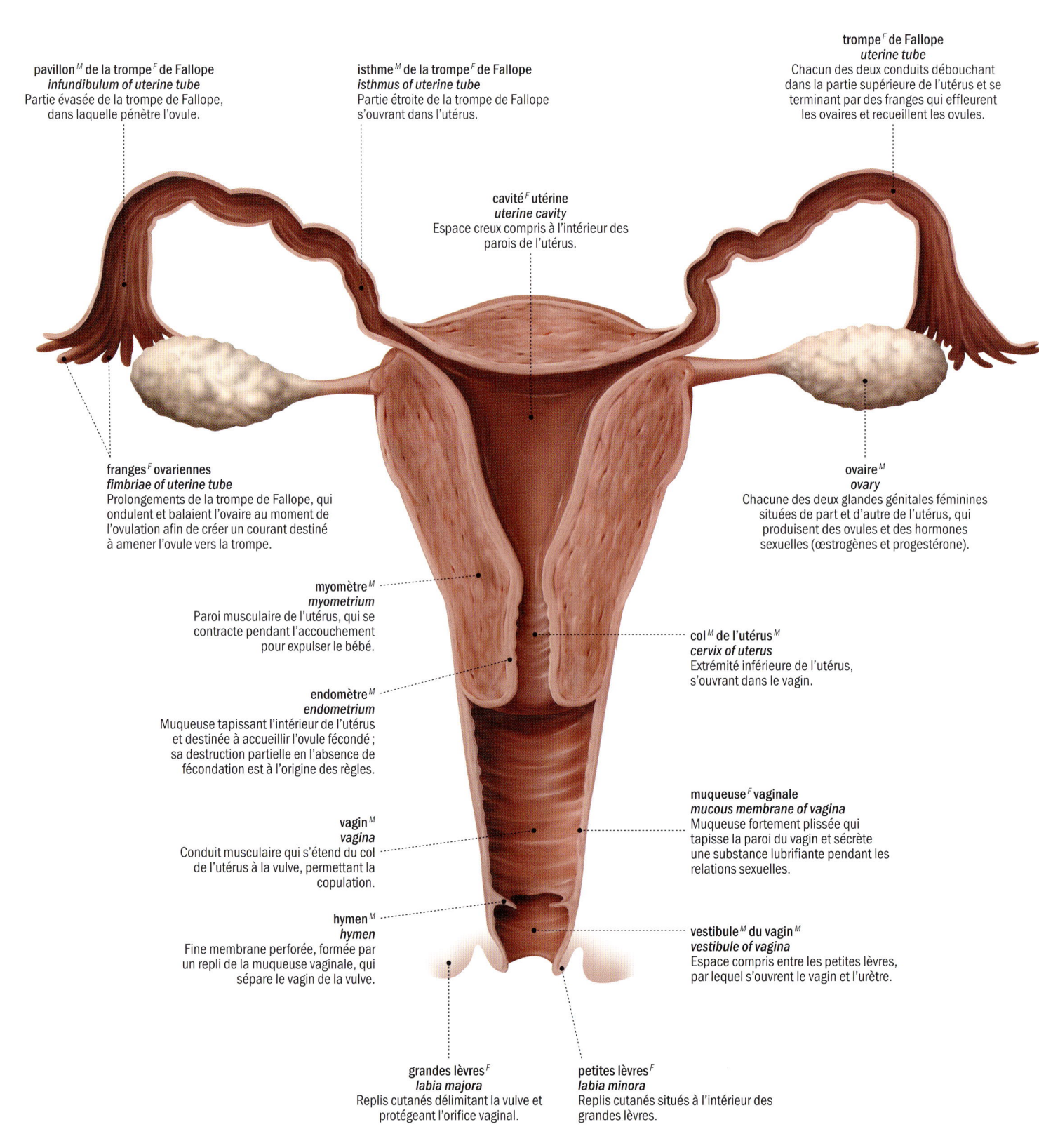

pavillon^M de la trompe^F de Fallope
infundibulum of uterine tube
Partie évasée de la trompe de Fallope, dans laquelle pénètre l'ovule.

isthme^M de la trompe^F de Fallope
isthmus of uterine tube
Partie étroite de la trompe de Fallope s'ouvrant dans l'utérus.

trompe^F de Fallope
uterine tube
Chacun des deux conduits débouchant dans la partie supérieure de l'utérus et se terminant par des franges qui effleurent les ovaires et recueillent les ovules.

cavité^F utérine
uterine cavity
Espace creux compris à l'intérieur des parois de l'utérus.

franges^F ovariennes
fimbriae of uterine tube
Prolongements de la trompe de Fallope, qui ondulent et balaient l'ovaire au moment de l'ovulation afin de créer un courant destiné à amener l'ovule vers la trompe.

ovaire^M
ovary
Chacune des deux glandes génitales féminines situées de part et d'autre de l'utérus, qui produisent des ovules et des hormones sexuelles (œstrogènes et progestérone).

myomètre^M
myometrium
Paroi musculaire de l'utérus, qui se contracte pendant l'accouchement pour expulser le bébé.

col^M de l'utérus^M
cervix of uterus
Extrémité inférieure de l'utérus, s'ouvrant dans le vagin.

endomètre^M
endometrium
Muqueuse tapissant l'intérieur de l'utérus et destinée à accueillir l'ovule fécondé ; sa destruction partielle en l'absence de fécondation est à l'origine des règles.

muqueuse^F vaginale
mucous membrane of vagina
Muqueuse fortement plissée qui tapisse la paroi du vagin et sécrète une substance lubrifiante pendant les relations sexuelles.

vagin^M
vagina
Conduit musculaire qui s'étend du col de l'utérus à la vulve, permettant la copulation.

hymen^M
hymen
Fine membrane perforée, formée par un repli de la muqueuse vaginale, qui sépare le vagin de la vulve.

vestibule^M du vagin^M
vestibule of vagina
Espace compris entre les petites lèvres, par lequel s'ouvrent le vagin et l'urètre.

grandes lèvres^F
labia majora
Replis cutanés délimitant la vulve et protégeant l'orifice vaginal.

petites lèvres^F
labia minora
Replis cutanés situés à l'intérieur des grandes lèvres.

organes^M génitaux féminins

cycle^M ovarien
ovarian cycle
Ensemble des processus impliquant la maturation et la libération de l'ovocyte, de même que l'évolution du follicule qui l'entoure. Il est constitué de trois phases successives : la phase folliculaire, la phase ovulatoire et la phase lutéale.

un cycle de 28 jours

Le cycle ovarien commence le premier jour des menstruations et dure environ 28 jours.

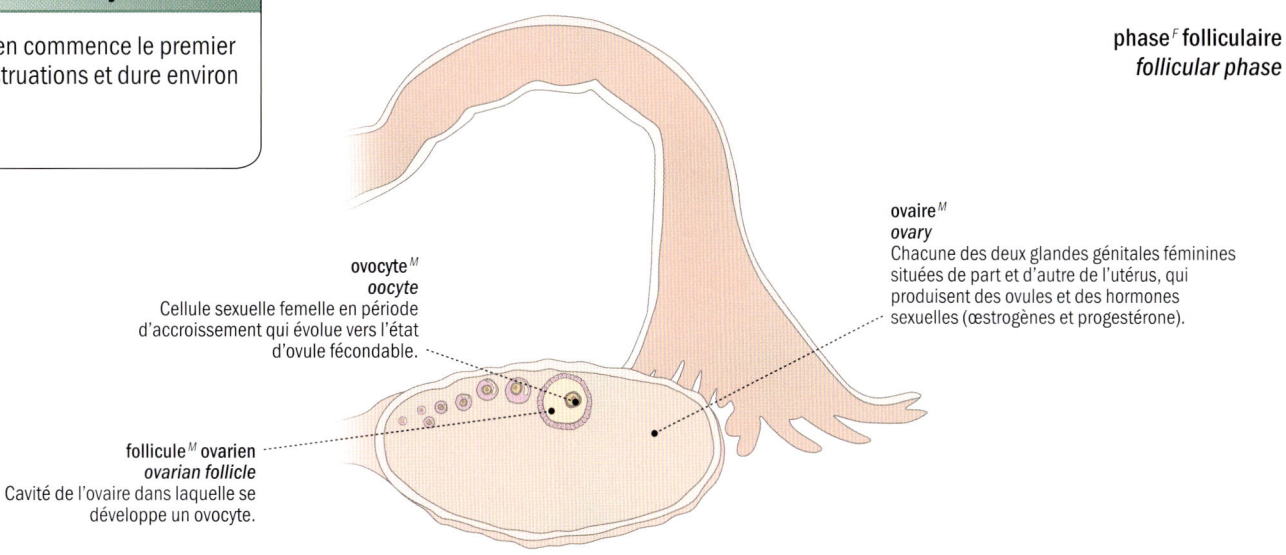

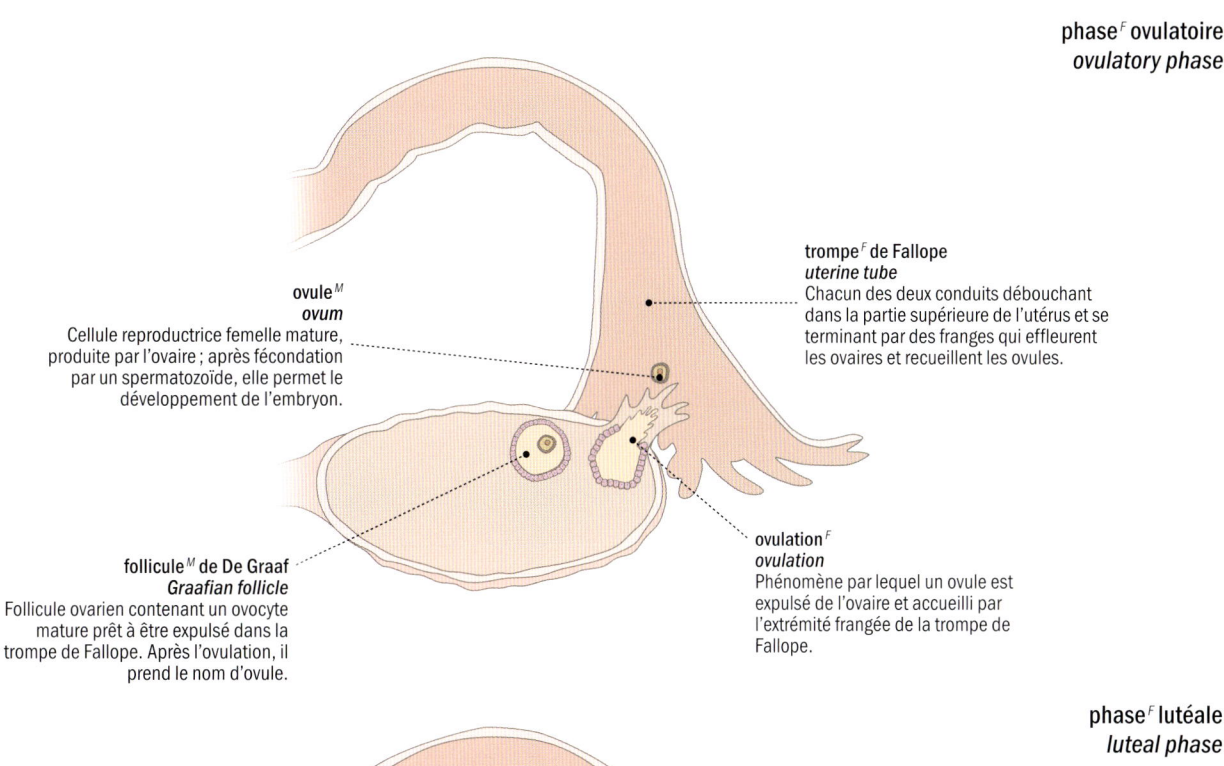

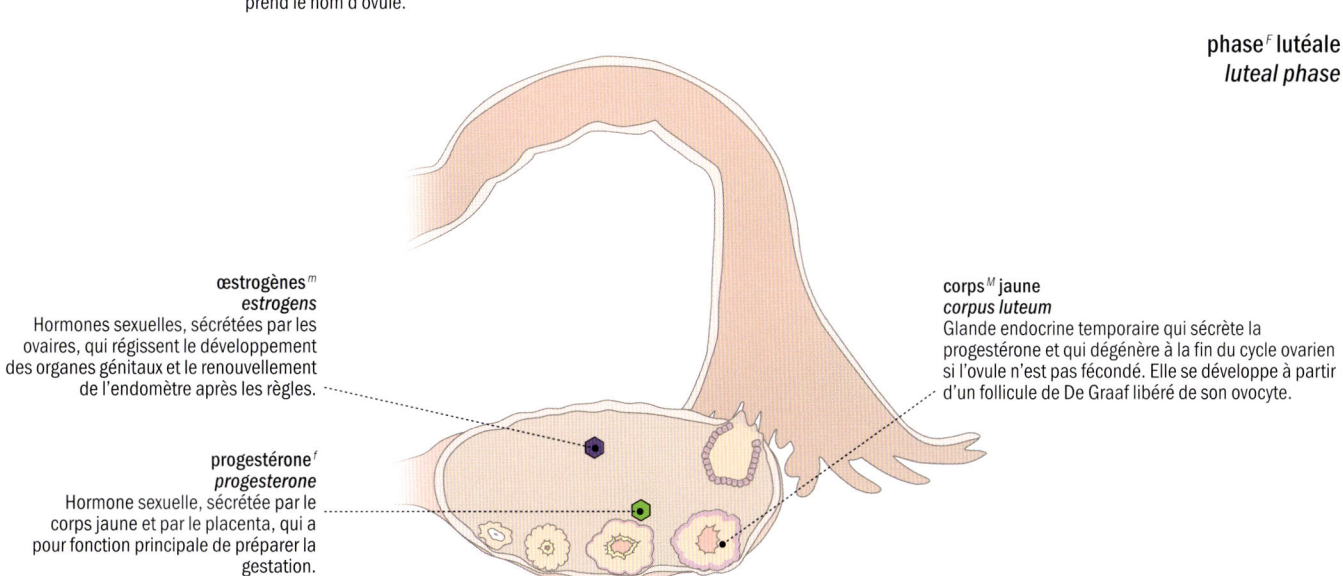

phase^F folliculaire
follicular phase

ovocyte^M
oocyte
Cellule sexuelle femelle en période d'accroissement qui évolue vers l'état d'ovule fécondable.

ovaire^M
ovary
Chacune des deux glandes génitales féminines situées de part et d'autre de l'utérus, qui produisent des ovules et des hormones sexuelles (œstrogènes et progestérone).

follicule^M ovarien
ovarian follicle
Cavité de l'ovaire dans laquelle se développe un ovocyte.

phase^F ovulatoire
ovulatory phase

ovule^M
ovum
Cellule reproductrice femelle mature, produite par l'ovaire ; après fécondation par un spermatozoïde, elle permet le développement de l'embryon.

trompe^F de Fallope
uterine tube
Chacun des deux conduits débouchant dans la partie supérieure de l'utérus et se terminant par des franges qui effleurent les ovaires et recueillent les ovules.

follicule^M de De Graaf
Graafian follicle
Follicule ovarien contenant un ovocyte mature prêt à être expulsé dans la trompe de Fallope. Après l'ovulation, il prend le nom d'ovule.

ovulation^F
ovulation
Phénomène par lequel un ovule est expulsé de l'ovaire et accueilli par l'extrémité frangée de la trompe de Fallope.

phase^F lutéale
luteal phase

œstrogènes^m
estrogens
Hormones sexuelles, sécrétées par les ovaires, qui régissent le développement des organes génitaux et le renouvellement de l'endomètre après les règles.

corps^M jaune
corpus luteum
Glande endocrine temporaire qui sécrète la progestérone et qui dégénère à la fin du cycle ovarien si l'ovule n'est pas fécondé. Elle se développe à partir d'un follicule de De Graaf libéré de son ovocyte.

progestérone^f
progesterone
Hormone sexuelle, sécrétée par le corps jaune et par le placenta, qui a pour fonction principale de préparer la gestation.

L'APPAREIL REPRODUCTEUR

organes[M] génitaux féminins

coupe[F] sagittale des organes[M] génitaux féminins
sagittal section of female genital organs

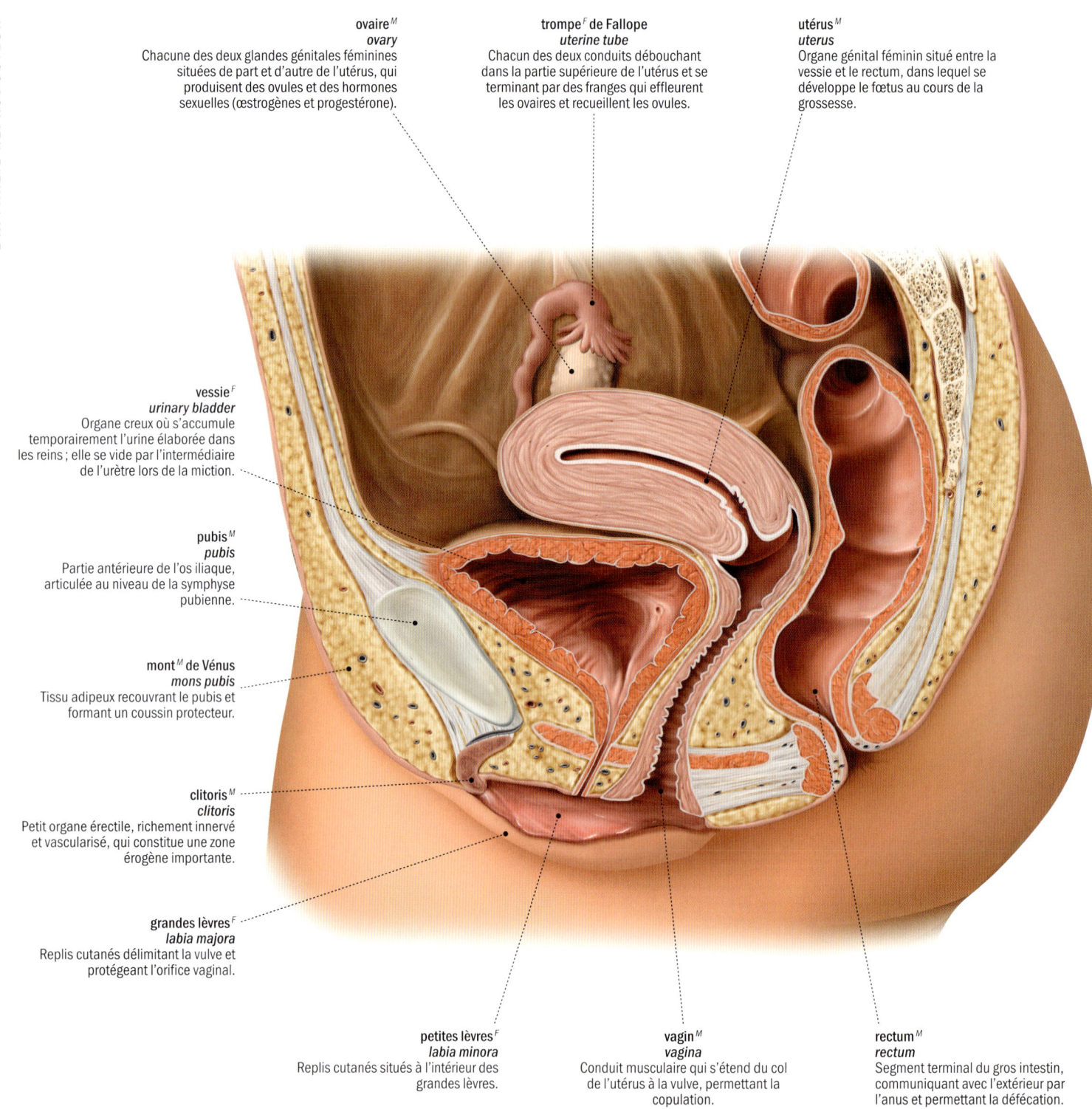

L'APPAREIL REPRODUCTEUR

ovaire[M]
ovary
Chacune des deux glandes génitales féminines situées de part et d'autre de l'utérus, qui produisent des ovules et des hormones sexuelles (œstrogènes et progestérone).

trompe[F] de Fallope
uterine tube
Chacun des deux conduits débouchant dans la partie supérieure de l'utérus et se terminant par des franges qui effleurent les ovaires et recueillent les ovules.

utérus[M]
uterus
Organe génital féminin situé entre la vessie et le rectum, dans lequel se développe le fœtus au cours de la grossesse.

vessie[F]
urinary bladder
Organe creux où s'accumule temporairement l'urine élaborée dans les reins ; elle se vide par l'intermédiaire de l'urètre lors de la miction.

pubis[M]
pubis
Partie antérieure de l'os iliaque, articulée au niveau de la symphyse pubienne.

mont[M] de Vénus
mons pubis
Tissu adipeux recouvrant le pubis et formant un coussin protecteur.

clitoris[M]
clitoris
Petit organe érectile, richement innervé et vascularisé, qui constitue une zone érogène importante.

grandes lèvres[F]
labia majora
Replis cutanés délimitant la vulve et protégeant l'orifice vaginal.

petites lèvres[F]
labia minora
Replis cutanés situés à l'intérieur des grandes lèvres.

vagin[M]
vagina
Conduit musculaire qui s'étend du col de l'utérus à la vulve, permettant la copulation.

rectum[M]
rectum
Segment terminal du gros intestin, communiquant avec l'extérieur par l'anus et permettant la défécation.

organes[M] génitaux féminins

seins[M]
breasts
Organes glandulaires riches en tissu adipeux et recouvrant les muscles pectoraux, qui sécrètent le lait pour alimenter le nouveau-né après l'accouchement.

en double
Une grossesse multiple est le développement simultané de plusieurs fœtus dans l'utérus. Il existe deux types de grossesses multiples, dues à des processus très différents. Les jumeaux monozygotes sont issus du même ovule alors que les jumeaux dizygotes proviennent de deux ovules fécondés distincts.

L'APPAREIL REPRODUCTEUR

mamelon[M]
nipple
Saillie érectile du sein, conique ou cylindrique, entourée de l'aréole ; chez la femme, le mamelon est également le point d'arrivée des conduits lactifères.

glande[F] sébacée
sebaceous gland
Glande exocrine, souvent associée à un follicule pileux, excrétant du sébum à la surface de la peau.

aréole[F]
areola
Zone pigmentée entourant le mamelon.

glande[F] mammaire
mammary gland
Glande exocrine, située dans le sein de la femme, qui produit le lait maternel après l'accouchement ; chaque glande mammaire se compose de 15 à 25 lobes.

tissu[M] adipeux
adipose tissue
Tissu conjonctif essentiellement composé d'adipocytes ; réserve énergétique et source de chaleur, il est indispensable au fonctionnement de l'organisme.

lobe[M] de la glande[F] mammaire
lobe of mammary gland
Partie de la glande mammaire qui sécrète le lait dans les sinus lactifères ; il est formé de nombreux petits lobules.

conduit[M] lactifère
lactiferous duct
Canal acheminant le lait sécrété par la glande mammaire vers le mamelon.

sinus[M] lactifère
lactiferous sinus
Élargissement du conduit lactifère dans lequel le lait maternel s'accumule entre deux tétées.

121

124 vue

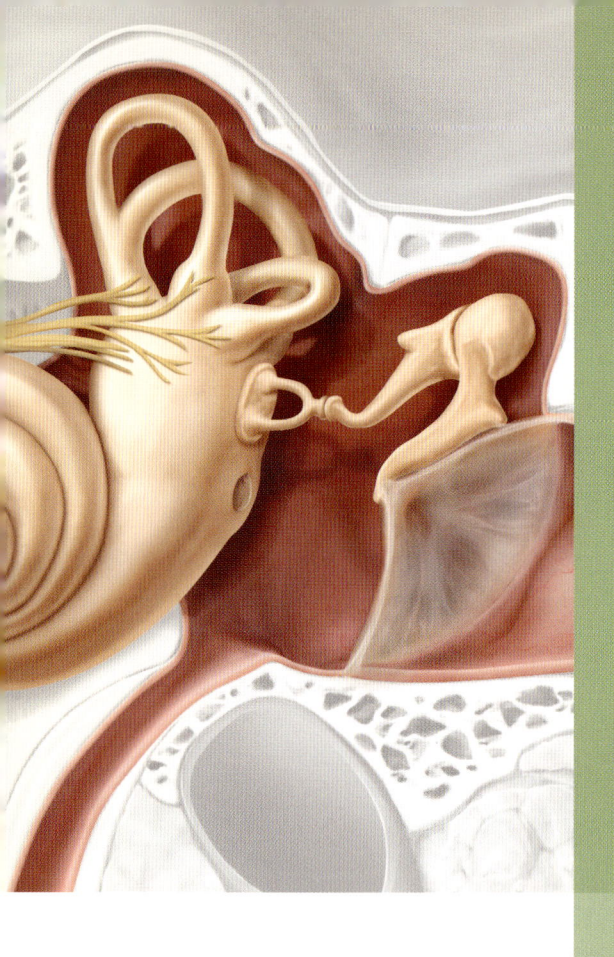

128 audition

130 olfaction

132 goût

134 toucher

Les organes des sens

Les sens sont des fonctions corporelles permettant au système nerveux de percevoir et d'analyser le monde extérieur. L'être humain possède cinq sens (vue, audition, olfaction, goût, toucher). Les sens traitent différents types de stimulus physiques (lumière, son, pression, température, gravité, etc.) ou chimiques (molécules odorantes et gustatives) grâce à des récepteurs sensoriels localisés dans des organes particuliers (yeux, oreilles, fosses nasales, langue, peau).

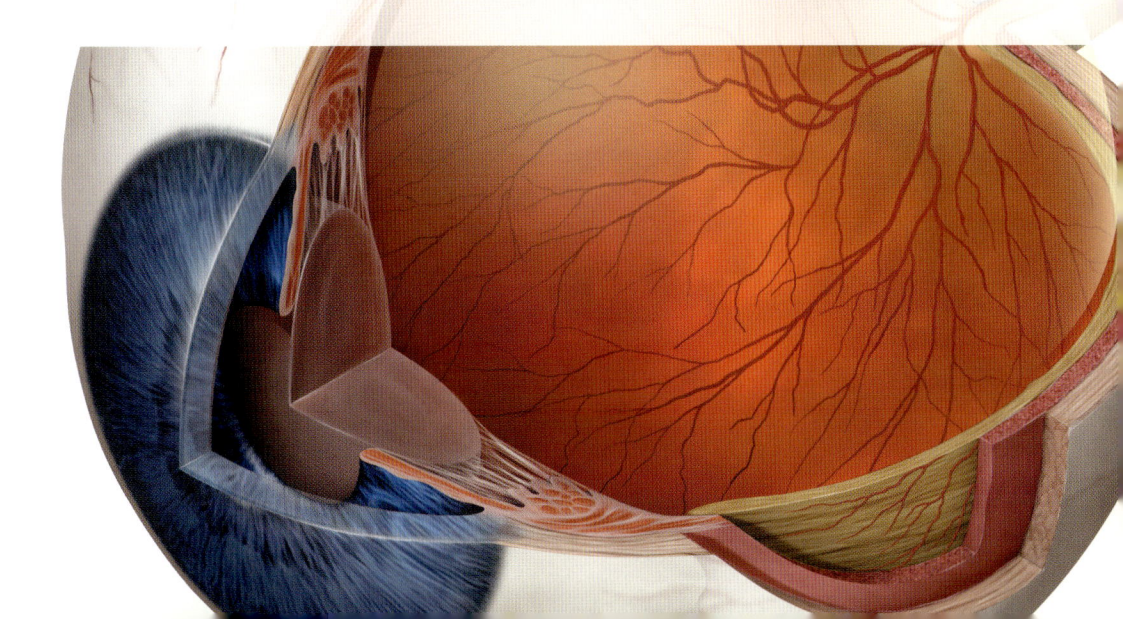

vueF
sight

Sens par lequel les stimulations lumineuses perçues par les yeux sont interprétées en perceptions conscientes de la couleur, de la forme, de la distance et de la vitesse des objets.

LES ORGANES DES SENS

globeM oculaire
eyeball
Organe de la vue, de forme sphérique, logé dans l'orbite ; il capte les signaux lumineux et les transmet au cerveau pour former des images.

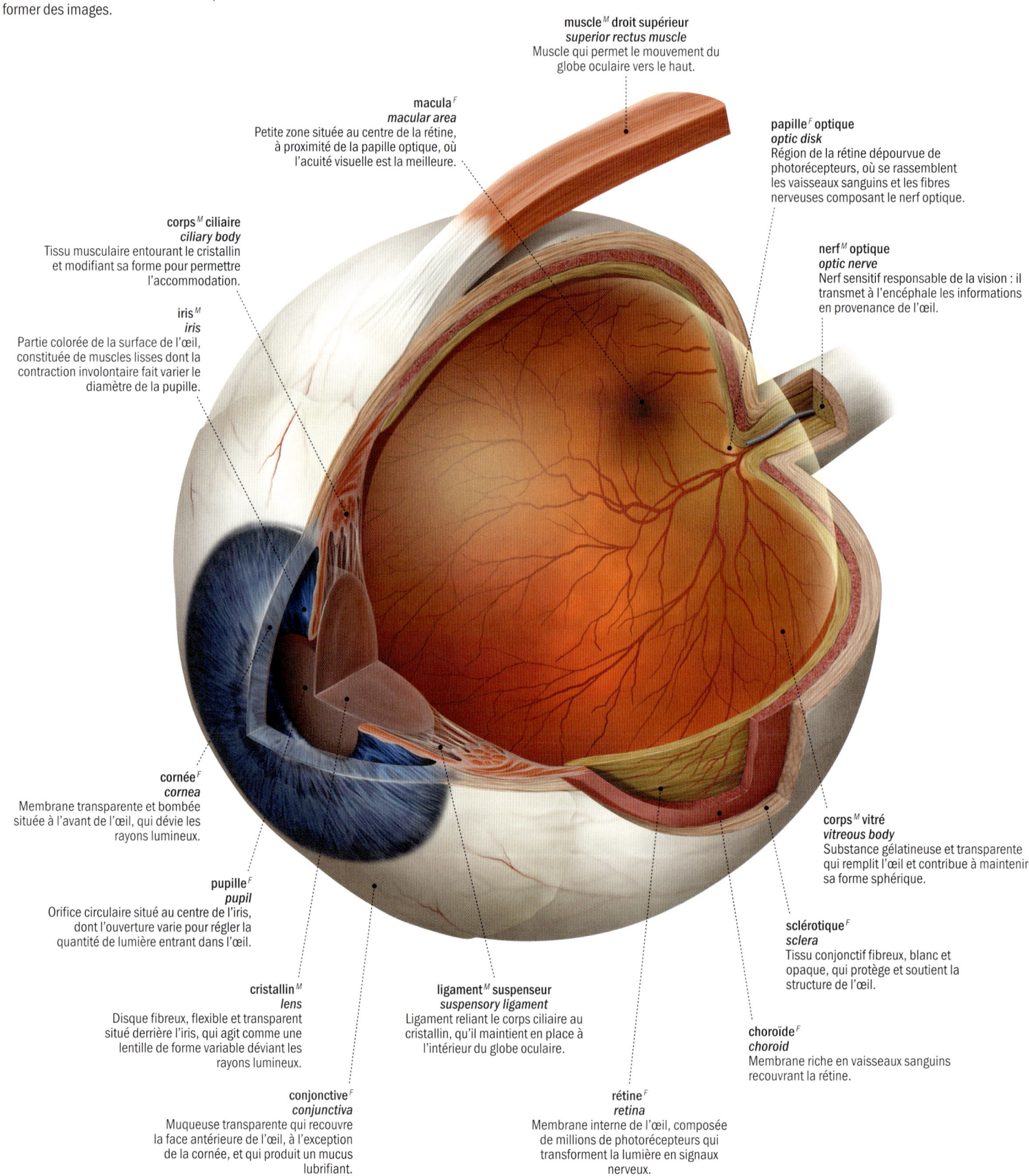

muscleM droit supérieur
superior rectus muscle
Muscle qui permet le mouvement du globe oculaire vers le haut.

maculaF
macular area
Petite zone située au centre de la rétine, à proximité de la papille optique, où l'acuité visuelle est la meilleure.

papilleF optique
optic disk
Région de la rétine dépourvue de photorécepteurs, où se rassemblent les vaisseaux sanguins et les fibres nerveuses composant le nerf optique.

corpsM ciliaire
ciliary body
Tissu musculaire entourant le cristallin et modifiant sa forme pour permettre l'accommodation.

nerfM optique
optic nerve
Nerf sensitif responsable de la vision : il transmet à l'encéphale les informations en provenance de l'œil.

irisM
iris
Partie colorée de la surface de l'œil, constituée de muscles lisses dont la contraction involontaire fait varier le diamètre de la pupille.

cornéeF
cornea
Membrane transparente et bombée située à l'avant de l'œil, qui dévie les rayons lumineux.

corpsM vitré
vitreous body
Substance gélatineuse et transparente qui remplit l'œil et contribue à maintenir sa forme sphérique.

pupilleF
pupil
Orifice circulaire situé au centre de l'iris, dont l'ouverture varie pour régler la quantité de lumière entrant dans l'œil.

sclérotiqueF
sclera
Tissu conjonctif fibreux, blanc et opaque, qui protège et soutient la structure de l'œil.

cristallinM
lens
Disque fibreux, flexible et transparent situé derrière l'iris, qui agit comme une lentille de forme variable déviant les rayons lumineux.

ligamentM suspenseur
suspensory ligament
Ligament reliant le corps ciliaire au cristallin, qu'il maintient en place à l'intérieur du globe oculaire.

choroïdeF
choroid
Membrane riche en vaisseaux sanguins recouvrant la rétine.

conjonctiveF
conjunctiva
Muqueuse transparente qui recouvre la face antérieure de l'œil, à l'exception de la cornée, et qui produit un mucus lubrifiant.

rétineF
retina
Membrane interne de l'œil, composée de millions de photorécepteurs qui transforment la lumière en signaux nerveux.

vue^F

œil^M
eye
Organe de la vision, qui sert à percevoir les formes, les distances, les couleurs et les mouvements.

paupière^F supérieure
upper eyelid
Paupière qui se soulève à partir du bord supérieur de l'œil ; elle est plus grande et plus mobile que la paupière inférieure.

pupille^F
pupil
Orifice circulaire situé au centre de l'iris, dont l'ouverture varie pour régler la quantité de lumière entrant dans l'œil.

conjonctive^F
conjunctiva
Muqueuse transparente qui recouvre la face antérieure de l'œil, à l'exception de la cornée, et qui produit un mucus lubrifiant.

paupière^F inférieure
lower eyelid
Paupière qui se soulève à partir du bord inférieur de l'œil.

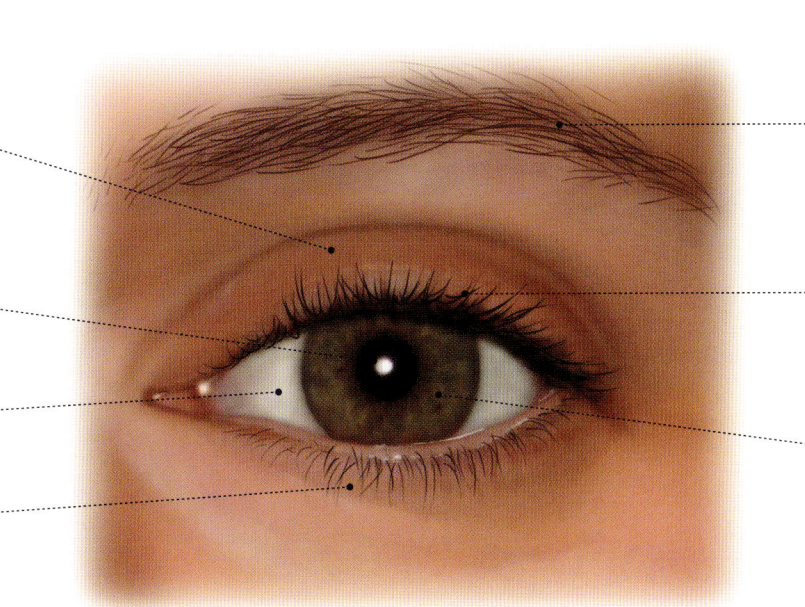

sourcil^M
eyebrow
Saillie arquée, pourvue de poils, au-dessus de chaque œil.

cils^M
eyelashes
Poils du bord libre des paupières, qui empêchent les poussières et autres particules de se déposer sur l'œil.

iris^M
iris
Partie colorée de la surface de l'œil, constituée de muscles lisses dont la contraction involontaire fait varier le diamètre de la pupille.

LES ORGANES DES SENS

clin d'œil

Les battements de paupières, qui permettent principalement d'humidifier la surface de l'œil, surviennent très fréquemment. En moyenne, les yeux clignent 5 400 fois par jour, ce qui représente un total d'environ 30 minutes les paupières fermées.

rétine^F
retina
Membrane interne de l'œil, composée de millions de photorécepteurs qui transforment la lumière en signaux nerveux.

rayons^M lumineux
light rays
Rayons émis ou réfléchis par un objet, qui traversent la rétine et stimulent les photorécepteurs (cônes et bâtonnets).

fibre^F nerveuse
nerve fiber
Axone d'un neurone moteur ou sensitif, groupé en faisceau à l'intérieur d'un nerf.

bâtonnet^M
rod
Photorécepteur responsable de la vision à faible intensité lumineuse et de la vision périphérique, mais qui n'est pas sensible aux couleurs.

influx^M nerveux
sensory impulse
Signal électrique produit par les cellules sensibles à la lumière (photorécepteurs) situées sur la rétine.

cône^M
cone
Photorécepteur sensible aux couleurs et contribuant à fournir des images détaillées, mais qui nécessite une forte intensité lumineuse.

125

vue[F]

muscles[M] oculomoteurs
extraocular muscles
Petits muscles (6) dont la contraction entraîne les mouvements de l'œil dans son orbite.

muscle[M] oblique supérieur
superior oblique muscle
Muscle reliant l'os sphénoïde à la sclère ; il permet la rotation du globe oculaire vers le bas et vers l'intérieur.

muscle[M] droit médial
medial rectus muscle
Muscle qui relie l'anneau tendineux commun à la partie interne de la sclère ; il permet l'adduction du globe oculaire.

muscle[M] droit supérieur
superior rectus muscle
Muscle qui relie l'anneau tendineux commun à la partie supérieure de la sclère ; il permet le mouvement du globe oculaire vers le haut.

anneau[M] tendineux commun
common tendinous ring
Tendon d'insertion commun des muscles droits de l'œil au fond de l'orbite, attaché à l'os sphénoïde.

muscle[M] droit latéral
lateral rectus muscle
Muscle qui relie l'anneau tendineux commun à la partie externe de la sclère ; il permet le mouvement du globe oculaire vers l'extérieur.

muscle[M] droit inférieur
inferior rectus muscle
Muscle qui relie l'anneau tendineux commun à la partie inférieure de la sclère ; il permet le mouvement du globe oculaire vers le bas.

muscle[M] oblique inférieur
inferior oblique muscle
Muscle reliant le maxillaire à la sclère, qui permet la rotation du globe oculaire vers le haut et vers l'extérieur.

mécanisme[M] de la vision[F]
mechanism of vision
La cornée et le cristallin dévient l'image de l'objet afin d'en projeter une image nette sur la rétine ; les photorécepteurs transforment ce signal lumineux en signal nerveux, qui est transmis au cerveau par le nerf optique.

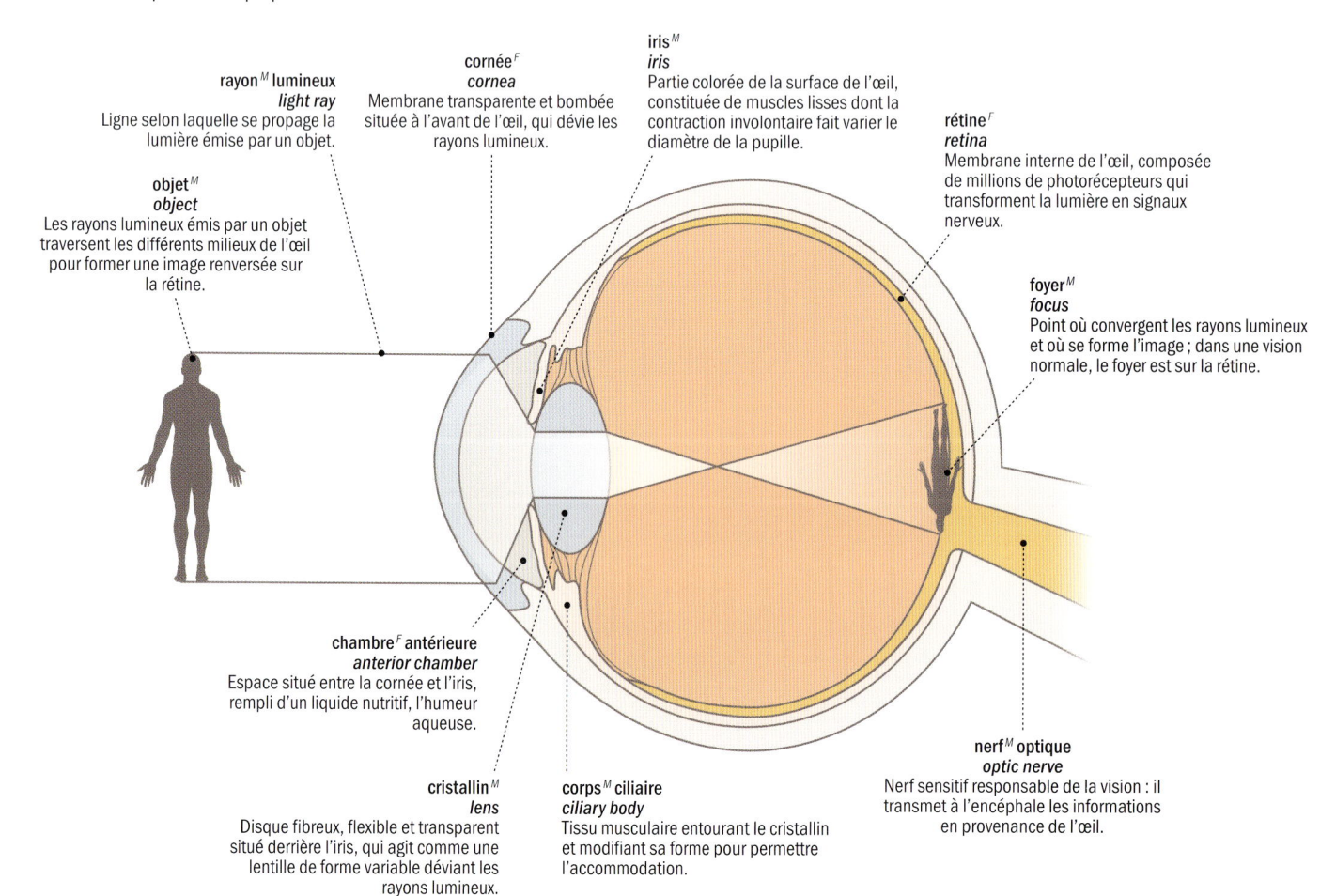

rayon[M] lumineux
light ray
Ligne selon laquelle se propage la lumière émise par un objet.

cornée[F]
cornea
Membrane transparente et bombée située à l'avant de l'œil, qui dévie les rayons lumineux.

iris[M]
iris
Partie colorée de la surface de l'œil, constituée de muscles lisses dont la contraction involontaire fait varier le diamètre de la pupille.

rétine[F]
retina
Membrane interne de l'œil, composée de millions de photorécepteurs qui transforment la lumière en signaux nerveux.

objet[M]
object
Les rayons lumineux émis par un objet traversent les différents milieux de l'œil pour former une image renversée sur la rétine.

foyer[M]
focus
Point où convergent les rayons lumineux et où se forme l'image ; dans une vision normale, le foyer est sur la rétine.

chambre[F] antérieure
anterior chamber
Espace situé entre la cornée et l'iris, rempli d'un liquide nutritif, l'humeur aqueuse.

cristallin[M]
lens
Disque fibreux, flexible et transparent situé derrière l'iris, qui agit comme une lentille de forme variable déviant les rayons lumineux.

corps[M] ciliaire
ciliary body
Tissu musculaire entourant le cristallin et modifiant sa forme pour permettre l'accommodation.

nerf[M] optique
optic nerve
Nerf sensitif responsable de la vision : il transmet à l'encéphale les informations en provenance de l'œil.

vue^F

défauts^M de la vision^F
vision defects

L'image ne se forme pas sur la rétine, d'où une vision floue que l'on corrige par le port de lunettes ou de lentilles, ou encore par la chirurgie.

myopie^F
myopia
Défaut de vision caractérisé par une difficulté à distinguer les objets éloignés ; elle est causée par un défaut de convergence des rayons lumineux par le cristallin.

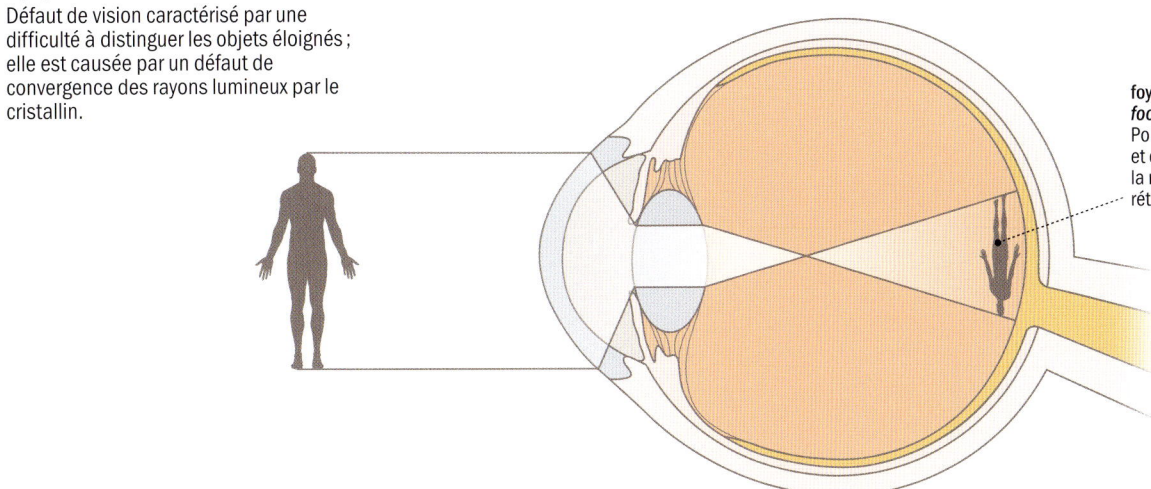

foyer^M
focus
Point où convergent les rayons lumineux et où se forme l'image ; dans le cas de la myopie, l'image se forme devant la rétine.

hypermétropie^F
hyperopia
Défaut de vision caractérisé par une difficulté à distinguer nettement les objets rapprochés ; elle est causée par un défaut de convergence des rayons lumineux par le cristallin.

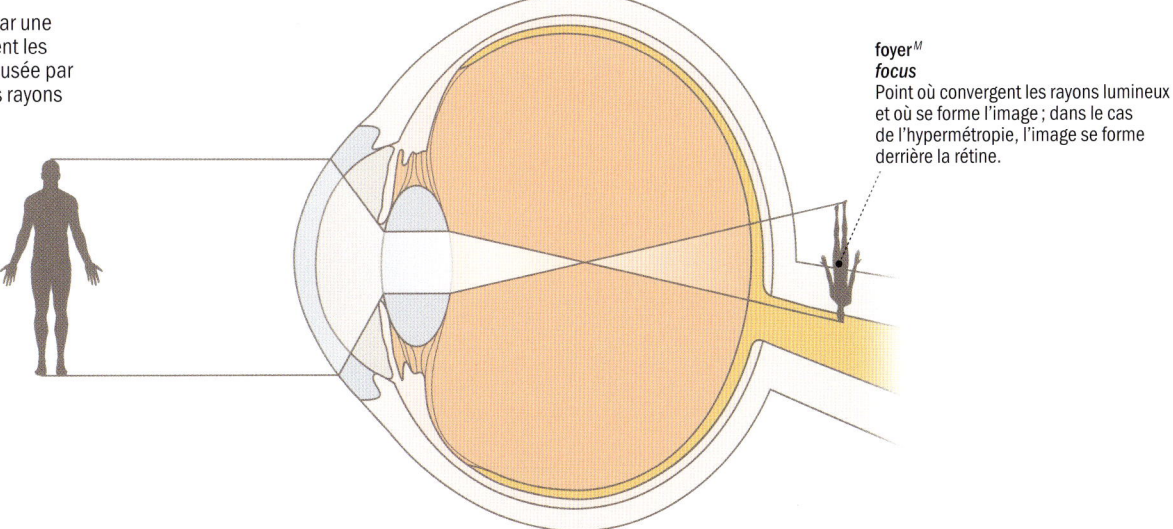

foyer^M
focus
Point où convergent les rayons lumineux et où se forme l'image ; dans le cas de l'hypermétropie, l'image se forme derrière la rétine.

astigmatisme^M
astigmatism
Défaut de vision caractérisé par une vision déformée, de près ou de loin, selon différents axes ; elle est généralement attribuable à une mauvaise courbure de la cornée.

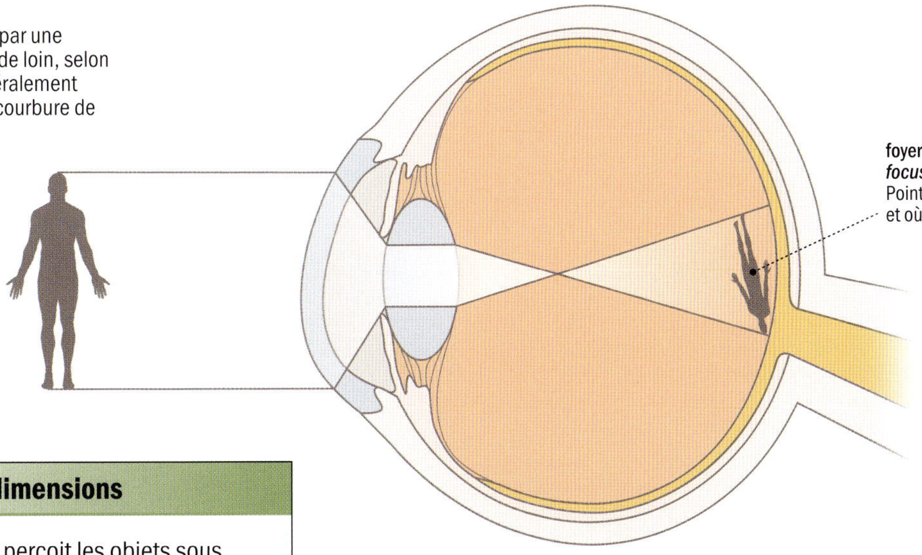

foyer^M
focus
Point où convergent les rayons lumineux et où se forme l'image.

trois dimensions

Chacun des deux yeux perçoit les objets sous un angle légèrement différent. Cela permet au cerveau d'apprécier la distance et la profondeur, assurant ainsi la vision en trois dimensions.

LES ORGANES DES SENS

127

audition[F]
hearing

Sens par lequel les vibrations sonores sont perçues par l'oreille et interprétées comme des sons par le cerveau.

oreille[F]
ear
Organe de l'audition et de l'équilibre, composé de trois parties : l'oreille externe, l'oreille moyenne et l'oreille interne.

oreille[F] **externe : vue**[F] **latérale**
external ear: lateral view

des milliers de sons

Les oreilles distinguent près de 400 000 sons différents, dont l'intensité est mesurée en décibels. Le seuil d'audibilité est établi à 0 dB, alors que le seuil de douleur correspond à 120 dB (le bruit d'un avion au décollage).

hélix[M]
helix
Rebord du pavillon de l'oreille.

méat[M] **auditif externe**
external acoustic meatus
Canal osseux par lequel les sons captés par le pavillon de l'oreille parviennent au tympan.

tragus[M]
tragus
Saillie aplatie et triangulaire située devant l'orifice du méat auditif externe.

antitragus[M]
antitragus
Petite saillie triangulaire à l'extrémité inférieure de l'anthélix.

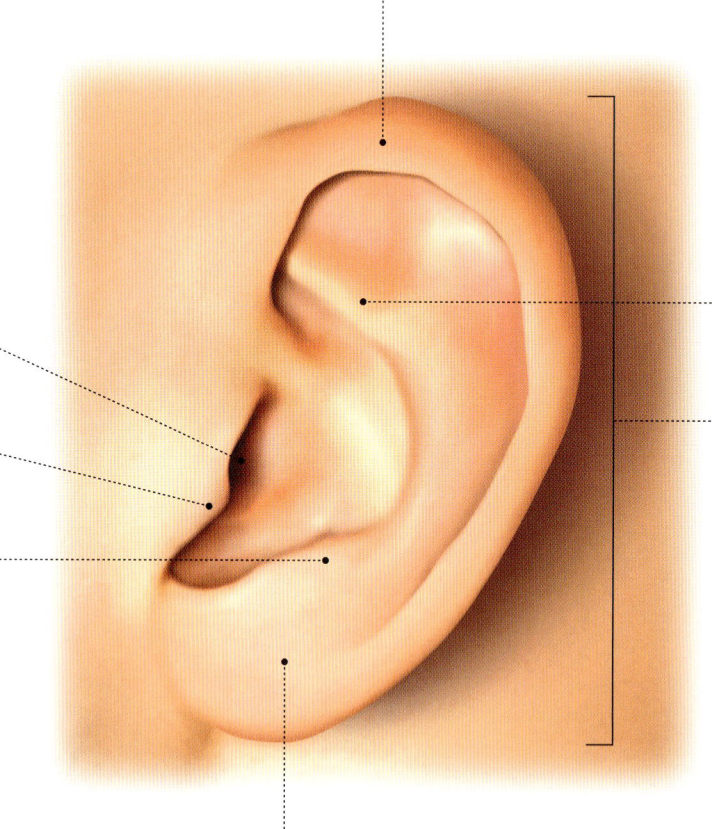

anthélix[M]
antihelix
Saillie du pavillon de l'oreille, parallèle à l'hélix, dont la partie supérieure se divise en deux branches.

pavillon[M]
auricle
Cornet fibrocartilagineux qui capte les vibrations sonores et les dirige vers le méat auditif externe.

lobe[M] **de l'oreille**[F]
earlobe
Extrémité charnue de l'oreille externe, dépourvue de cartilage.

oreille[F] **externe**
external ear
Partie de l'oreille qui a pour fonction de recueillir les vibrations sonores et de les diriger vers l'oreille moyenne.

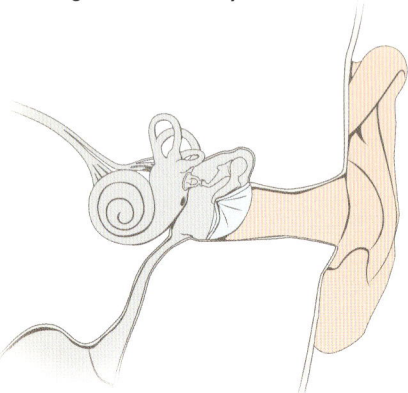

oreille[F] **moyenne**
middle ear
Cavité remplie d'air, qui transmet vers l'oreille interne les vibrations sonores captées par l'oreille externe.

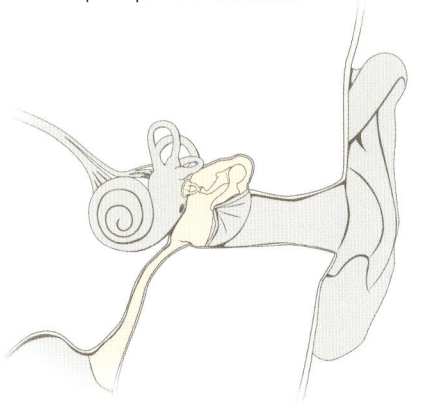

oreille[F] **interne**
internal ear
Cavité formée d'un ensemble de poches et de conduits remplis de liquide ; elle contient les organes sensitifs de l'audition et de l'équilibre.

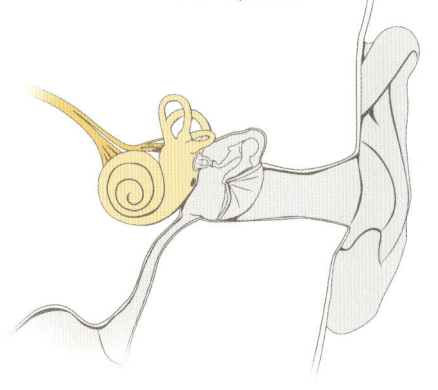

audition[F]

coupe[F] de l'oreille[F]
section of ear

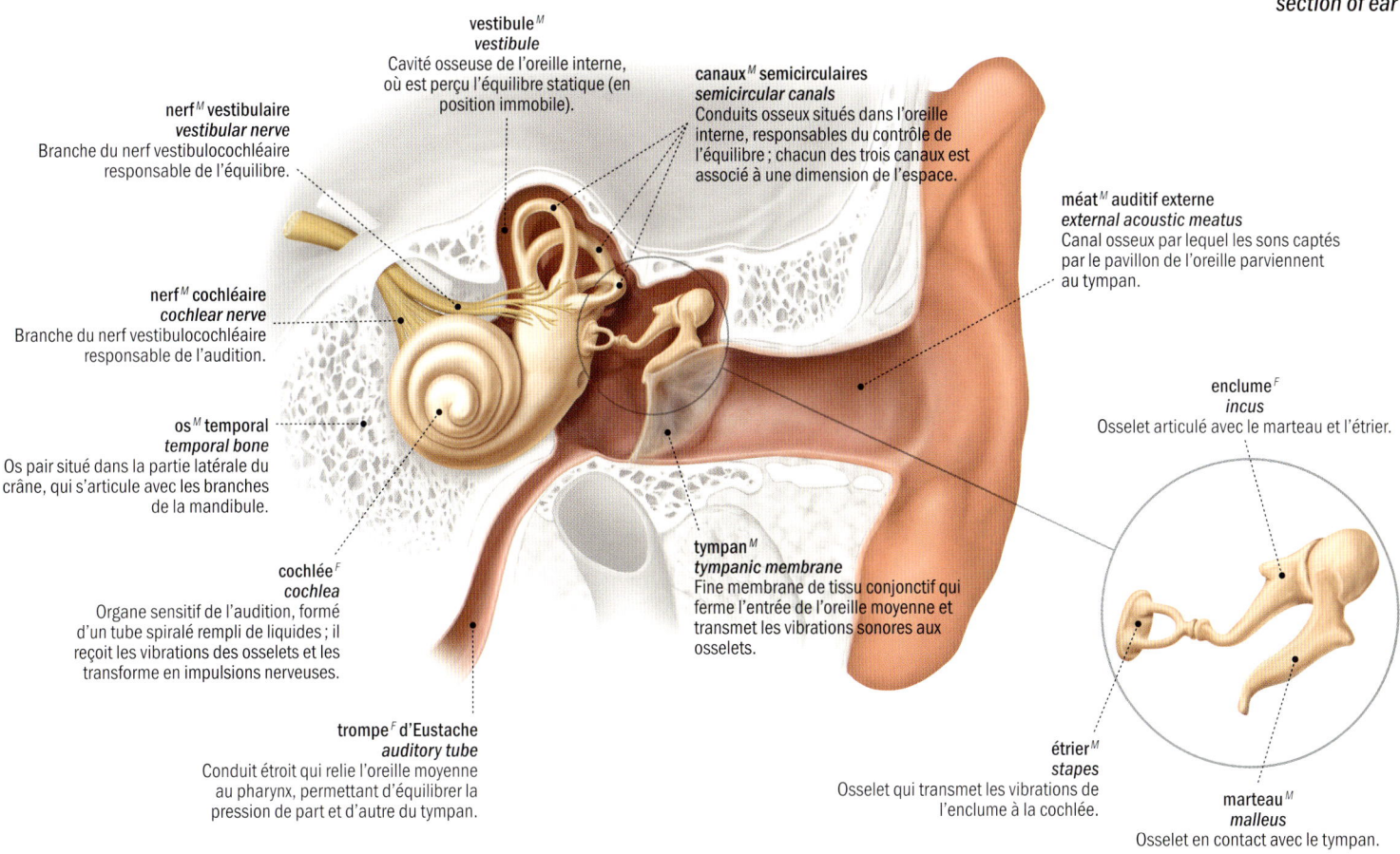

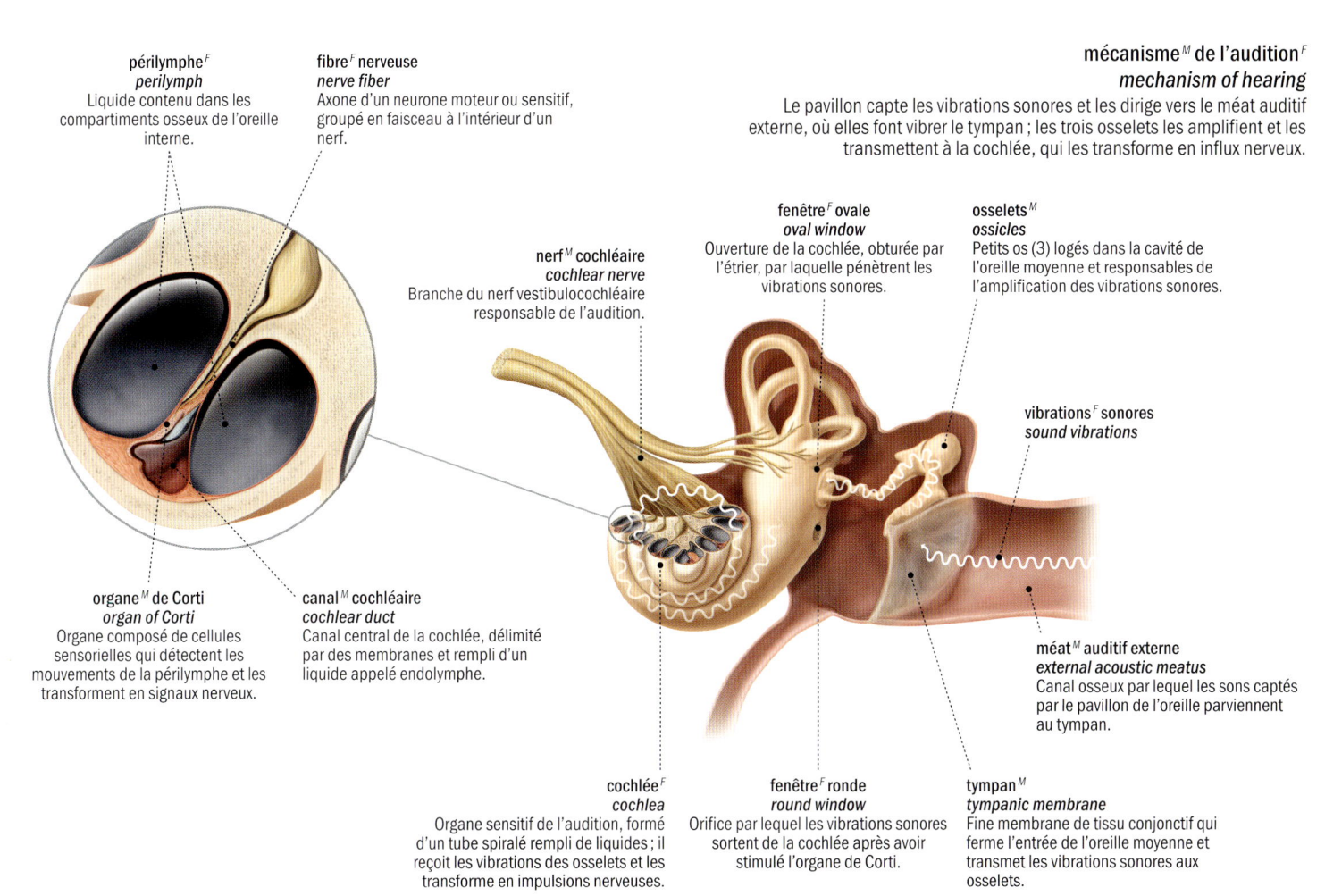

vestibule[M]
vestibule
Cavité osseuse de l'oreille interne, où est perçu l'équilibre statique (en position immobile).

canaux[M] semicirculaires
semicircular canals
Conduits osseux situés dans l'oreille interne, responsables du contrôle de l'équilibre ; chacun des trois canaux est associé à une dimension de l'espace.

nerf[M] vestibulaire
vestibular nerve
Branche du nerf vestibulocochléaire responsable de l'équilibre.

nerf[M] cochléaire
cochlear nerve
Branche du nerf vestibulocochléaire responsable de l'audition.

os[M] temporal
temporal bone
Os pair situé dans la partie latérale du crâne, qui s'articule avec les branches de la mandibule.

cochlée[F]
cochlea
Organe sensitif de l'audition, formé d'un tube spiralé rempli de liquides ; il reçoit les vibrations des osselets et les transforme en impulsions nerveuses.

trompe[F] d'Eustache
auditory tube
Conduit étroit qui relie l'oreille moyenne au pharynx, permettant d'équilibrer la pression de part et d'autre du tympan.

méat[M] auditif externe
external acoustic meatus
Canal osseux par lequel les sons captés par le pavillon de l'oreille parviennent au tympan.

tympan[M]
tympanic membrane
Fine membrane de tissu conjonctif qui ferme l'entrée de l'oreille moyenne et transmet les vibrations sonores aux osselets.

enclume[F]
incus
Osselet articulé avec le marteau et l'étrier.

étrier[M]
stapes
Osselet qui transmet les vibrations de l'enclume à la cochlée.

marteau[M]
malleus
Osselet en contact avec le tympan.

LES ORGANES DES SENS

mécanisme[M] de l'audition[F]
mechanism of hearing

Le pavillon capte les vibrations sonores et les dirige vers le méat auditif externe, où elles font vibrer le tympan ; les trois osselets les amplifient et les transmettent à la cochlée, qui les transforme en influx nerveux.

périlymphe[F]
perilymph
Liquide contenu dans les compartiments osseux de l'oreille interne.

fibre[F] nerveuse
nerve fiber
Axone d'un neurone moteur ou sensitif, groupé en faisceau à l'intérieur d'un nerf.

nerf[M] cochléaire
cochlear nerve
Branche du nerf vestibulocochléaire responsable de l'audition.

fenêtre[F] ovale
oval window
Ouverture de la cochlée, obturée par l'étrier, par laquelle pénètrent les vibrations sonores.

osselets[M]
ossicles
Petits os (3) logés dans la cavité de l'oreille moyenne et responsables de l'amplification des vibrations sonores.

vibrations[F] sonores
sound vibrations

organe[M] de Corti
organ of Corti
Organe composé de cellules sensorielles qui détectent les mouvements de la périlymphe et les transforment en signaux nerveux.

canal[M] cochléaire
cochlear duct
Canal central de la cochlée, délimité par des membranes et rempli d'un liquide appelé endolymphe.

cochlée[F]
cochlea
Organe sensitif de l'audition, formé d'un tube spiralé rempli de liquides ; il reçoit les vibrations des osselets et les transforme en impulsions nerveuses.

fenêtre[F] ronde
round window
Orifice par lequel les vibrations sonores sortent de la cochlée après avoir stimulé l'organe de Corti.

tympan[M]
tympanic membrane
Fine membrane de tissu conjonctif qui ferme l'entrée de l'oreille moyenne et transmet les vibrations sonores aux osselets.

méat[M] auditif externe
external acoustic meatus
Canal osseux par lequel les sons captés par le pavillon de l'oreille parviennent au tympan.

129

olfaction[F]

smell

Sens par lequel les odeurs sont perçues.

coupe[F] sagittale des fosses[F] nasales
sagittal section of nasal cavity

Fosses nasales : chacune des deux cavités, séparées par la cloison nasale, qui s'ouvrent en avant par les narines et en arrière dans le pharynx.

régénérescence

Les cellules olfactives seraient les seuls neurones du corps humain capables de se régénérer. Leur durée de vie est d'environ 60 jours.

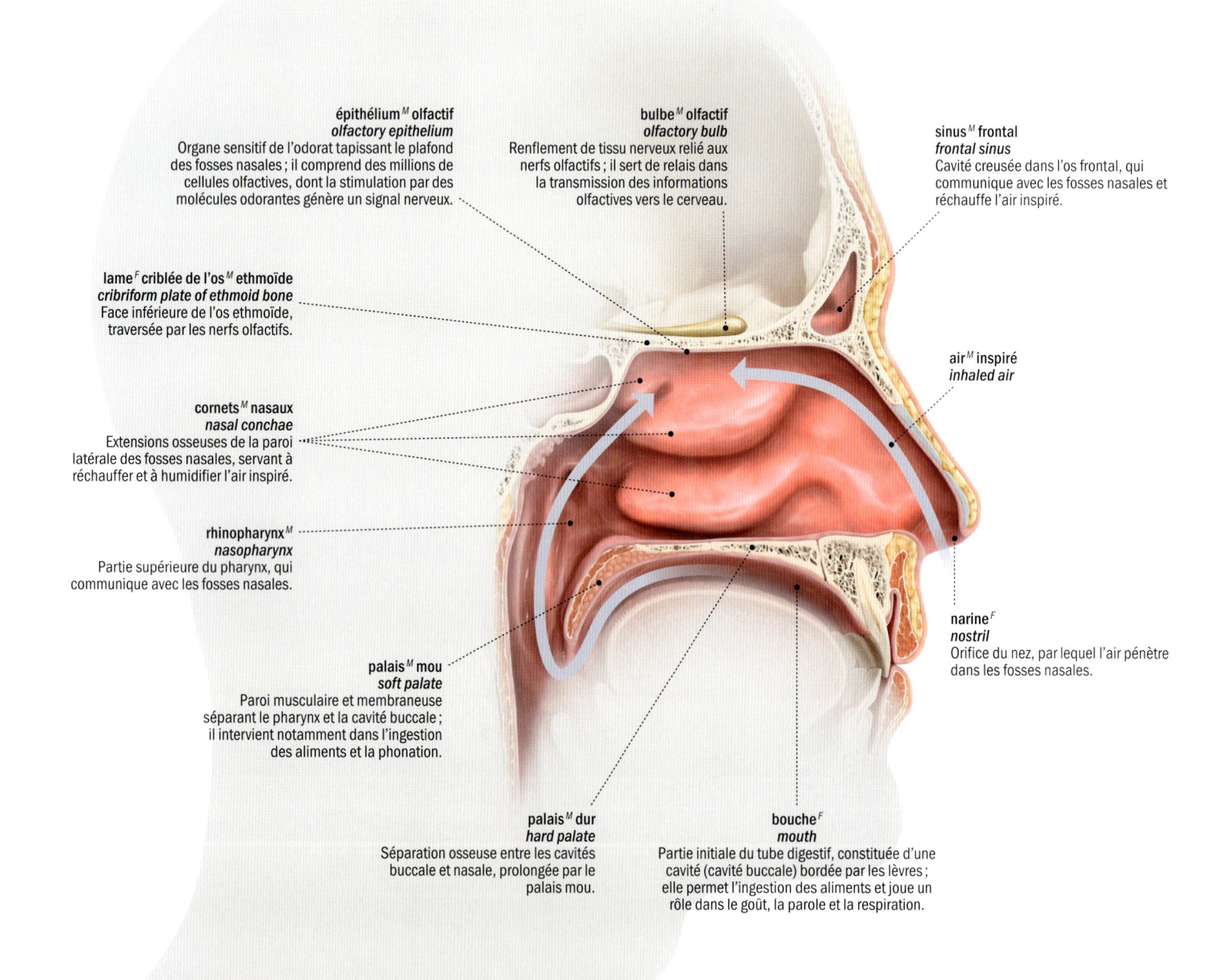

épithélium[M] olfactif / *olfactory epithelium*
Organe sensitif de l'odorat tapissant le plafond des fosses nasales ; il comprend des millions de cellules olfactives, dont la stimulation par des molécules odorantes génère un signal nerveux.

bulbe[M] olfactif / *olfactory bulb*
Renflement de tissu nerveux relié aux nerfs olfactifs ; il sert de relais dans la transmission des informations olfactives vers le cerveau.

sinus[M] frontal / *frontal sinus*
Cavité creusée dans l'os frontal, qui communique avec les fosses nasales et réchauffe l'air inspiré.

lame[F] criblée de l'os[M] ethmoïde / *cribriform plate of ethmoid bone*
Face inférieure de l'os ethmoïde, traversée par les nerfs olfactifs.

cornets[M] nasaux / *nasal conchae*
Extensions osseuses de la paroi latérale des fosses nasales, servant à réchauffer et à humidifier l'air inspiré.

air[M] inspiré / *inhaled air*

rhinopharynx[M] / *nasopharynx*
Partie supérieure du pharynx, qui communique avec les fosses nasales.

narine[F] / *nostril*
Orifice du nez, par lequel l'air pénètre dans les fosses nasales.

palais[M] mou / *soft palate*
Paroi musculaire et membraneuse séparant le pharynx et la cavité buccale ; il intervient notamment dans l'ingestion des aliments et la phonation.

palais[M] dur / *hard palate*
Séparation osseuse entre les cavités buccale et nasale, prolongée par le palais mou.

bouche[F] / *mouth*
Partie initiale du tube digestif, constituée d'une cavité (cavité buccale) bordée par les lèvres ; elle permet l'ingestion des aliments et joue un rôle dans le goût, la parole et la respiration.

130

olfaction

mécanisme de l'olfaction
mechanism of smell

Les molécules odorantes pénétrant dans les fosses nasales sont dissoutes dans le mucus nasal, puis stimulent les cellules olfactives, qui génèrent des signaux nerveux transmis au cerveau par les nerfs olfactifs.

LES ORGANES DES SENS

cortex M cérébral
cerebral cortex
Couche superficielle des hémisphères cérébraux, où les odeurs sont perçues et analysées de façon consciente.

système M limbique
limbic system
Ensemble de structures nerveuses pouvant associer les odeurs perçues à des émotions et à des souvenirs.

bulbe M olfactif
olfactory bulb
Renflement de tissu nerveux relié aux nerfs olfactifs ; il sert de relais dans la transmission des informations olfactives vers le cerveau.

nerf M olfactif
olfactory nerve
Nerf sensitif intervenant dans l'odorat.

lame F criblée de l'os M ethmoïde
cribriform plate of ethmoid bone
Face inférieure de l'os ethmoïde, traversée par les nerfs olfactifs.

cellule F olfactive
olfactory cell
Chacun des neurones sensitifs constituant les récepteurs sensoriels de l'olfaction ; leurs axones s'assemblent pour former les nerfs olfactifs.

épithélium M olfactif
olfactory epithelium
Organe sensitif de l'odorat tapissant le plafond des fosses nasales ; il comprend des millions de cellules olfactives, dont la stimulation par des molécules odorantes génère un signal nerveux.

air M inspiré
inhaled air

cil M olfactif
olfactory cilium
Fin prolongement de la dendrite d'une cellule olfactive, qui contient un récepteur.

mucus M nasal
nasal mucus
Substance visqueuse et translucide produite par la muqueuse des fosses nasales.

molécule F odorante
odorous molecule
Substance chimique volatile véhiculée par l'air et provoquant les odeurs.

131

goût^M
taste

Sens qui permet de percevoir la saveur des substances mises en bouche ; il a pour principales fonctions d'informer sur la qualité des aliments et de déclencher la sécrétion de sucs digestifs.

langue^F : vue^F supérieure
tongue: superior view
Langue : organe musculaire, situé dans la cavité buccale, qui intervient dans la gustation, la mastication et la parole.

épiglotte^F
epiglottis
Lame cartilagineuse mobile située dans la partie supérieure du larynx, qui dirige les aliments vers l'œsophage au moment de la déglutition.

amygdale^F palatine
palatine tonsil
Chacun des deux organes lymphoïdes situés à l'arrière de la cavité buccale, qui protègent les voies respiratoires en luttant contre les bactéries.

amygdale^F linguale
lingual tonsil
Chacun des deux organes lymphoïdes situés à la base de la langue, qui contribuent à la défense immunitaire.

foramen^M cæcum^M
foramen cecum
Petite dépression située au sommet du sillon terminal.

sillon^M terminal
terminal sulcus
Dépression en forme de V inversé qui sépare la partie mobile de la partie fixe de la langue.

papille^F caliciforme
circumvallate papilla
Papille gustative de grande taille, située à l'arrière de la langue ; elle perçoit surtout l'amer.

sillon^M médian
median lingual sulcus
Dépression s'étendant sur toute la longueur de la langue et la séparant en deux moitiés symétriques.

papille^F foliée
foliate papilla
Papille gustative striée située sur les côtés de la langue ; elle est surtout sensible à l'acide.

papille^F fongiforme
fungiform papilla
Papille gustative ronde et rouge, située sur la surface de la langue ; elle réagit surtout au sucré et au salé.

muqueuse^F linguale
mucous membrane of tongue
Muqueuse recouvrant la langue, principalement composée de papilles filiformes qui lui donnent un aspect velouté.

apex^M de la langue^F
apex of tongue
Extrémité mobile de la langue.

goût[M]

coupe[F] de la surface[F] de la langue[F]
section of tongue's surface
La surface de la langue est parsemée de petites protubérances appelées papilles gustatives, qui contiennent des bourgeons gustatifs.

papille[F] caliciforme
circumvallate papilla
Papille gustative de grande taille, située à l'arrière de la langue ; elle perçoit surtout l'amer.

papille[F] filiforme
filiform papilla
Papille de forme conique, située sur le dos de la langue, dont la fonction est uniquement tactile.

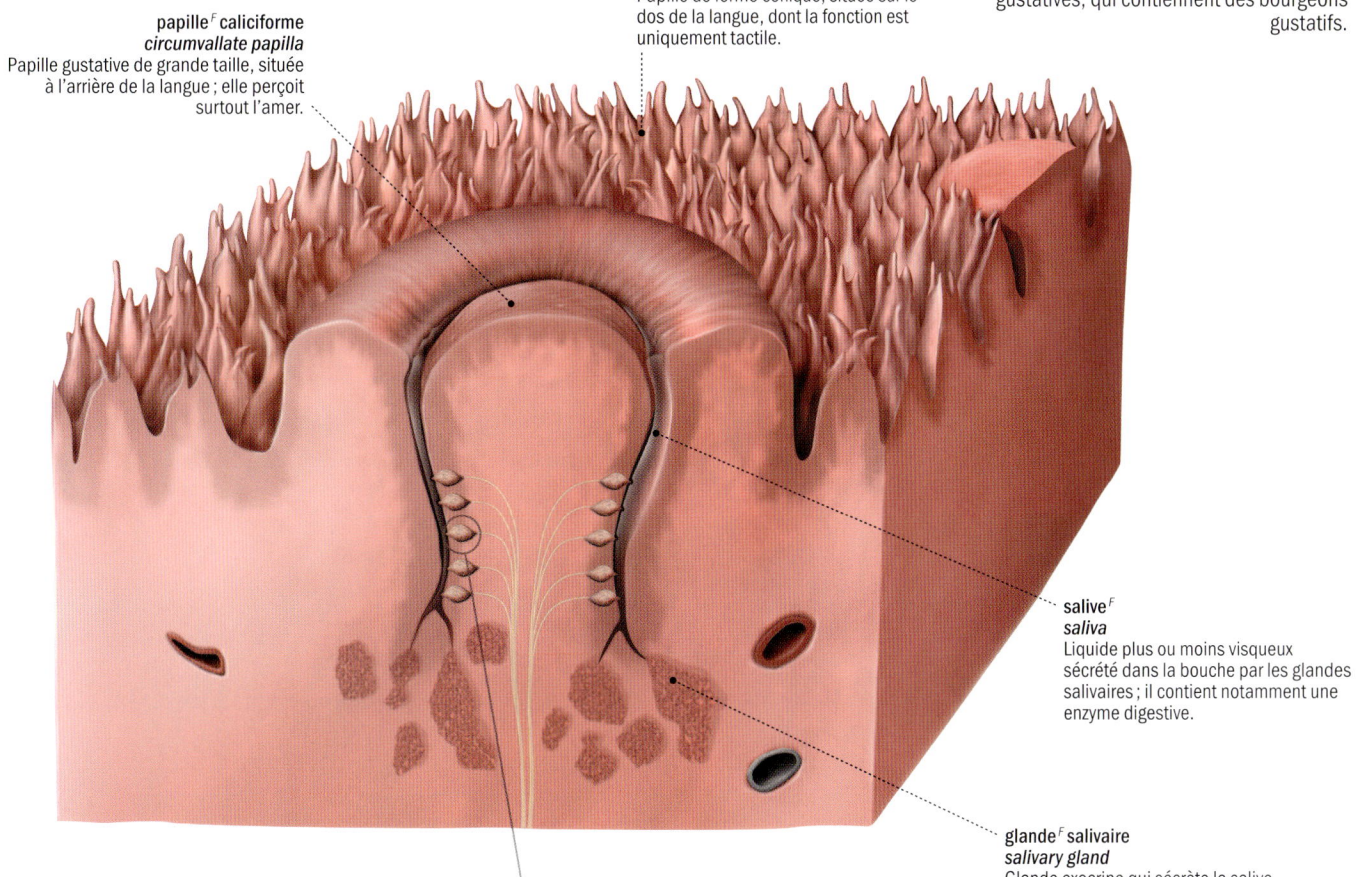

salive[F]
saliva
Liquide plus ou moins visqueux sécrété dans la bouche par les glandes salivaires ; il contient notamment une enzyme digestive.

glande[F] salivaire
salivary gland
Glande exocrine qui sécrète la salive, présente en grand nombre dans la muqueuse de la langue.

tissu[M] épithélial
epithelium
Tissu formé de cellules épithéliales étroitement serrées les unes contre les autres.

bourgeon[M] gustatif
taste bud
Petit organe formé par l'assemblage d'une centaine de cellules gustatives, niché dans le tissu épithélial d'une papille gustative.

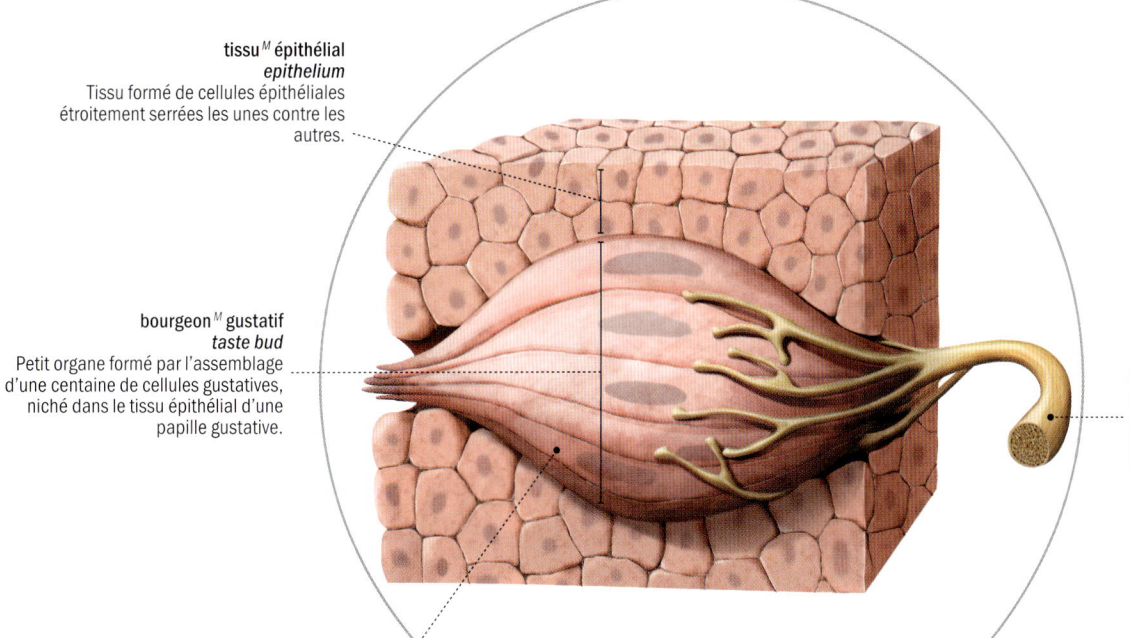

fibre[F] nerveuse
nerve fiber
Axone d'un neurone moteur ou sensitif, groupé en faisceau à l'intérieur d'un nerf.

cellule[F] gustative
taste cell
Cellule située dans un bourgeon gustatif, qui génère un signal nerveux lorsqu'elle entre en contact avec une substance ayant une saveur.

cinq saveurs

Les récepteurs du goût ne distinguent que cinq saveurs de base : le sucré, le salé, l'acide, l'amer et l'umami. Ce dernier, associé à l'acide glutamique, est présent notamment dans la sauce de soja.

toucher[M]
touch

Sens qui permet de percevoir certaines propriétés physiques des objets et de l'environnement (pression, température, texture) par contact direct avec la peau et certaines muqueuses.

peau[F]
skin

Organe souple et résistant recouvrant l'ensemble du corps, composé de trois couches principales : l'épiderme, le derme et l'hypoderme.

coupe[F] de la peau[F]
section of skin

La peau contient de nombreux récepteurs tactiles. On en distingue plusieurs types, généralement spécialisés dans la perception d'un stimulus particulier.

disque[M] de Merkel
tactile meniscus
Récepteur tactile situé dans la couche profonde de l'épiderme, sensible au toucher léger et à la douleur aiguë.

corpuscule[M] de Meissner
Meissner's corpuscle
Récepteur tactile situé dans la partie supérieure du derme de la peau des régions sensibles (mains, pieds, lèvres et organes génitaux), stimulé par le toucher précis.

bulbe[M] de Krause
bulboid corpuscle
Récepteur tactile situé dans le derme, sensible au toucher précis et au froid.

épiderme[M]
epidermis
Tissu épithélial qui forme la partie superficielle de la peau.

derme[M]
dermis
Couche intermédiaire de la peau, sous l'épiderme, formée de tissu conjonctif riche en fibres de collagène et en fibres élastiques.

hypoderme[M]
subcutaneous tissue
Couche profonde de la peau, située sous le derme et riche en graisse.

fibre[F] nerveuse
nerve fiber
Axone d'un neurone moteur ou sensitif, groupé en faisceau à l'intérieur d'un nerf.

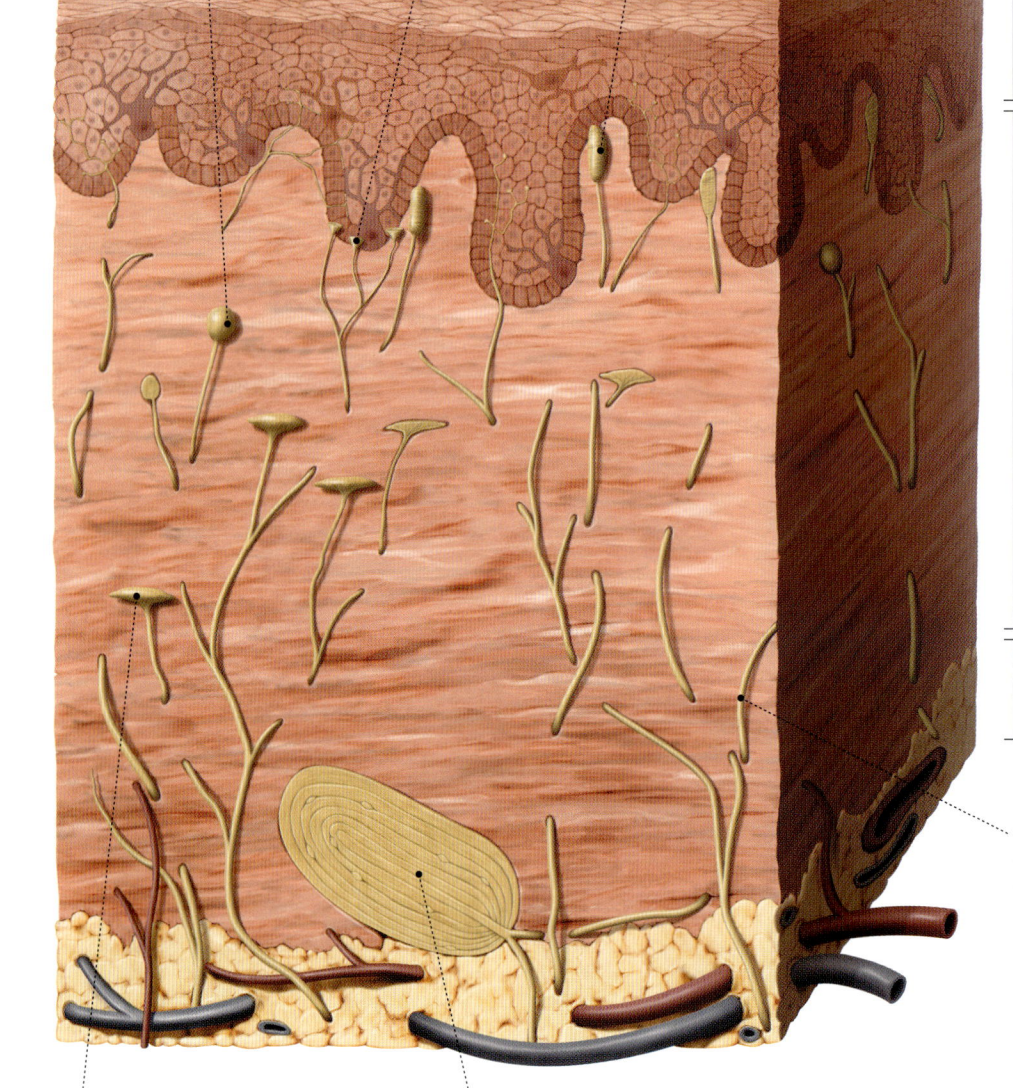

corpuscule[M] de Ruffini
Ruffini's corpuscle
Récepteur tactile situé dans le derme des régions pileuses et dans les capsules articulaires, sensible aux pressions fortes et continues et à la chaleur.

corpuscule[M] de Pacini
Pacinian corpuscle
Récepteur tactile situé dans le derme profond, sensible aux vibrations et aux pressions fortes et continues.

toucher^M

coupe^F de l'épiderme^M
section of epidermis

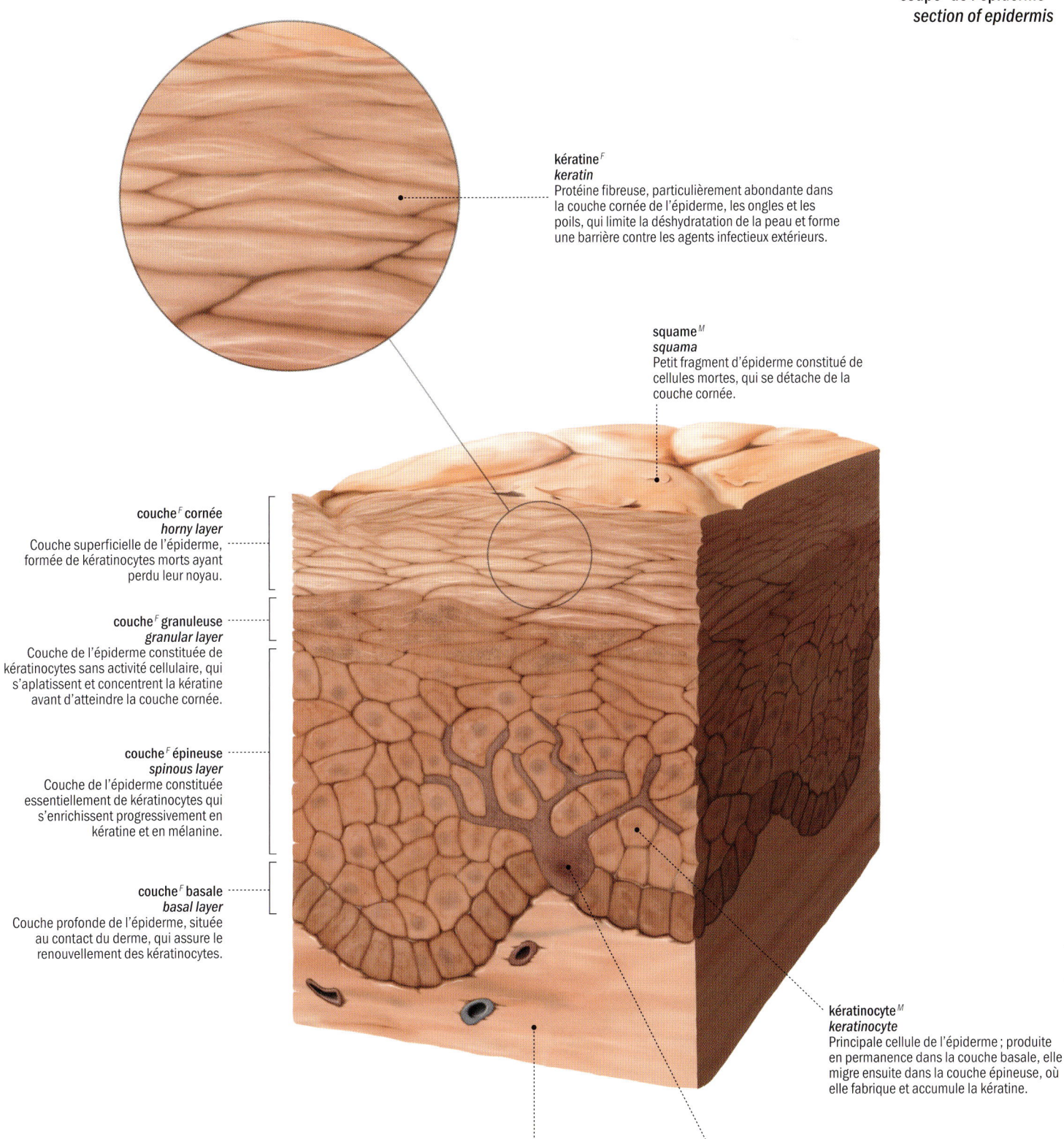

LES ORGANES DES SENS

kératine^F
keratin
Protéine fibreuse, particulièrement abondante dans la couche cornée de l'épiderme, les ongles et les poils, qui limite la déshydratation de la peau et forme une barrière contre les agents infectieux extérieurs.

squame^M
squama
Petit fragment d'épiderme constitué de cellules mortes, qui se détache de la couche cornée.

couche^F cornée
horny layer
Couche superficielle de l'épiderme, formée de kératinocytes morts ayant perdu leur noyau.

couche^F granuleuse
granular layer
Couche de l'épiderme constituée de kératinocytes sans activité cellulaire, qui s'aplatissent et concentrent la kératine avant d'atteindre la couche cornée.

couche^F épineuse
spinous layer
Couche de l'épiderme constituée essentiellement de kératinocytes qui s'enrichissent progressivement en kératine et en mélanine.

couche^F basale
basal layer
Couche profonde de l'épiderme, située au contact du derme, qui assure le renouvellement des kératinocytes.

kératinocyte^M
keratinocyte
Principale cellule de l'épiderme ; produite en permanence dans la couche basale, elle migre ensuite dans la couche épineuse, où elle fabrique et accumule la kératine.

derme^M
dermis
Couche intermédiaire de la peau, sous l'épiderme, formée de tissu conjonctif riche en fibres de collagène et en fibres élastiques.

mélanocyte^M
melanocyte
Cellule de l'épiderme qui produit de la mélanine, un pigment responsable de la coloration de la peau, de l'iris de l'œil, des poils et des cheveux, et jouant un rôle de protection contre les rayons ultraviolets.

---

cellules mortes

Chaque année, de 3 à 4 kg de peau usée se détachent de la surface du corps. Ainsi, l'épiderme se renouvelle complètement tous les 35 à 45 jours.

toucher

coupe F longitudinale d'un poil M
longitudinal section of a hair

Poil : structure annexe de la peau, riche en kératine, ayant la forme d'une très fine tige flexible et résistante.

cuticule M
cuticle
Couche externe du poil, constituée de cellules riches en kératine qui se chevauchent comme les tuiles d'un toit.

tige F **du poil** M
hair shaft
Partie externe du poil à l'extrémité effilée.

épiderme M
epidermis
Tissu épithélial qui forme la partie superficielle de la peau.

sébum M
sebum
Substance grasse et jaunâtre, produite par les glandes sébacées, qui lubrifie la peau et participe à sa protection.

glande F **sébacée**
sebaceous gland
Glande exocrine, souvent associée à un follicule pileux, excrétant du sébum à la surface de la peau.

muscle M **arrecteur**
arrector pili muscle
Petit muscle tendu entre un follicule pileux et l'épiderme, dont la contraction involontaire provoque le redressement du poil.

racine F **du poil** M
hair root
Partie du poil contenue dans la peau.

derme M
dermis
Couche intermédiaire de la peau, sous l'épiderme, formée de tissu conjonctif riche en fibres de collagène et en fibres élastiques.

bulbe M
hair bulb
Extrémité renflée du follicule à partir de laquelle se développe le poil.

follicule M **pileux**
hair follicle
Enveloppe dans laquelle le poil se développe, à l'intérieur du derme.

LES ORGANES DES SENS

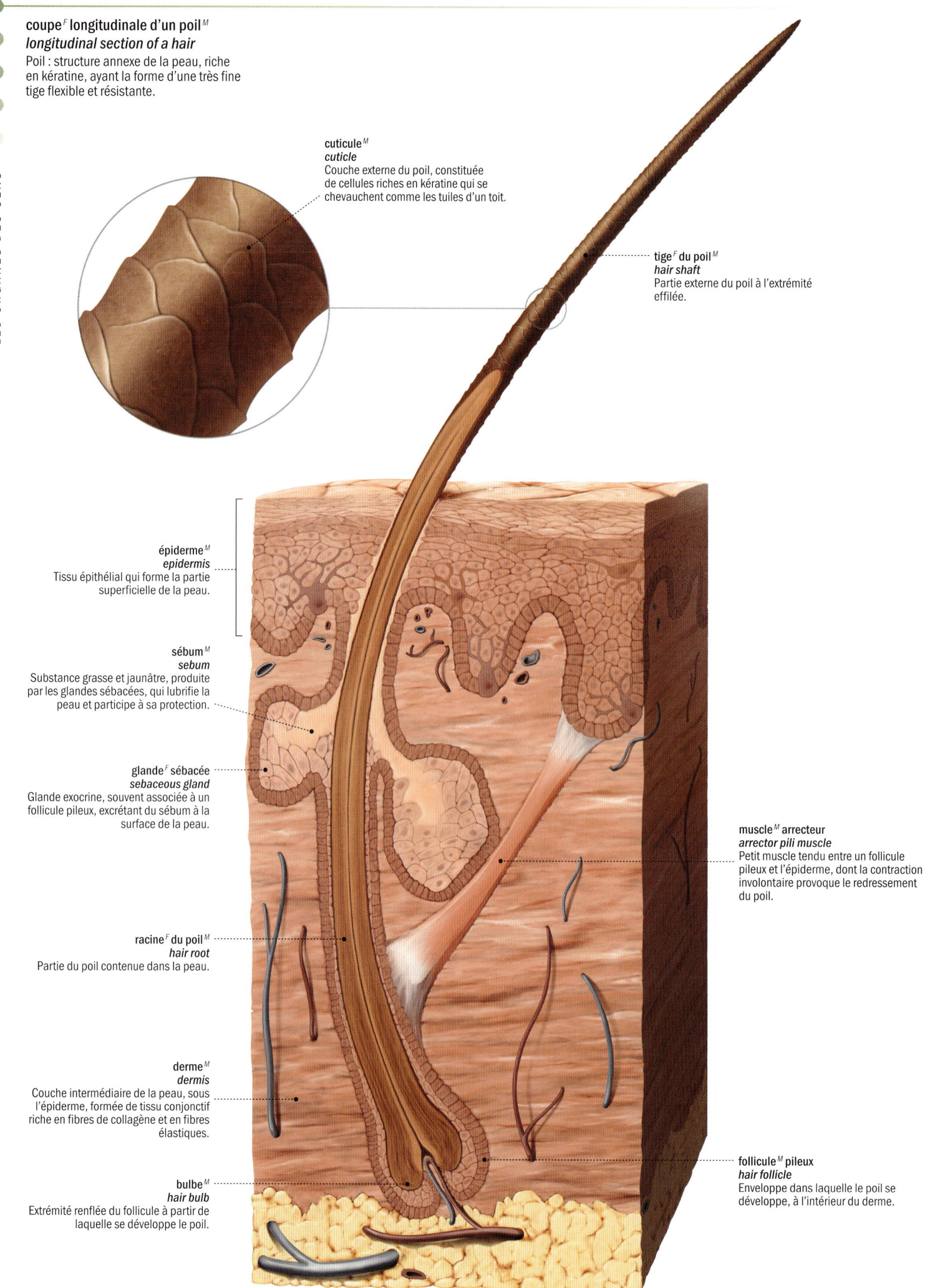

136

toucherᴹ

coupeᶠ d'un doigtᴹ
section of a finger

Doigt : prolongement de la main formé de différents os articulés (phalanges), dont l'extrémité est recouverte par un ongle.

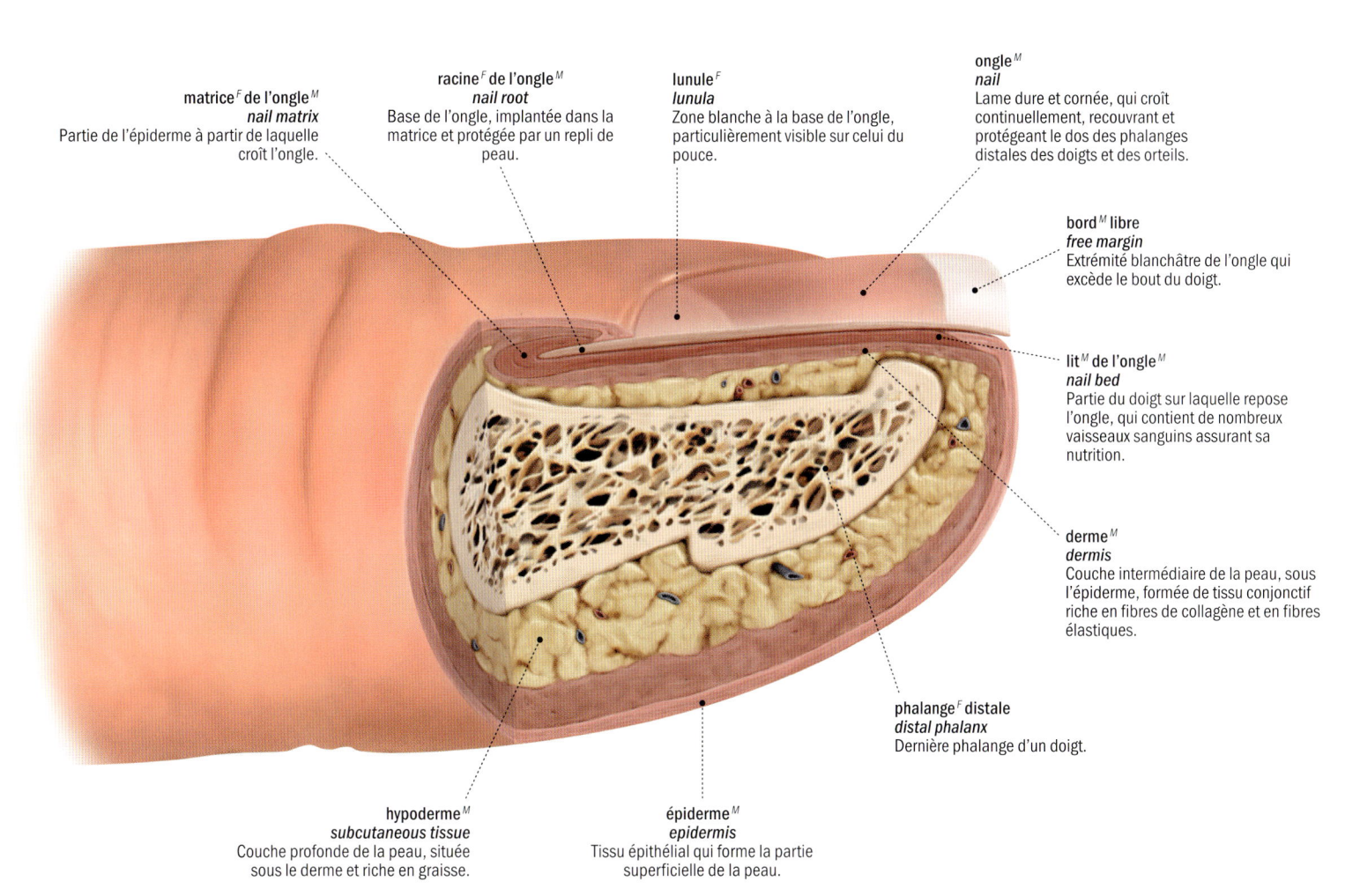

LES ORGANES DES SENS

matriceᶠ de l'ongleᴹ
nail matrix
Partie de l'épiderme à partir de laquelle croît l'ongle.

racineᶠ de l'ongleᴹ
nail root
Base de l'ongle, implantée dans la matrice et protégée par un repli de peau.

lunuleᶠ
lunula
Zone blanche à la base de l'ongle, particulièrement visible sur celui du pouce.

ongleᴹ
nail
Lame dure et cornée, qui croît continuellement, recouvrant et protégeant le dos des phalanges distales des doigts et des orteils.

bordᴹ libre
free margin
Extrémité blanchâtre de l'ongle qui excède le bout du doigt.

litᴹ de l'ongleᴹ
nail bed
Partie du doigt sur laquelle repose l'ongle, qui contient de nombreux vaisseaux sanguins assurant sa nutrition.

dermeᴹ
dermis
Couche intermédiaire de la peau, sous l'épiderme, formée de tissu conjonctif riche en fibres de collagène et en fibres élastiques.

phalangeᶠ distale
distal phalanx
Dernière phalange d'un doigt.

hypodermeᴹ
subcutaneous tissue
Couche profonde de la peau, située sous le derme et riche en graisse.

épidermeᴹ
epidermis
Tissu épithélial qui forme la partie superficielle de la peau.

le plus grand organe

Avec une superficie totale d'environ 2 mètres carrés et un poids de 5 kg, la peau est le plus grand et le plus lourd organe du corps. Son épaisseur varie entre 1,5 et 4 mm selon la région.

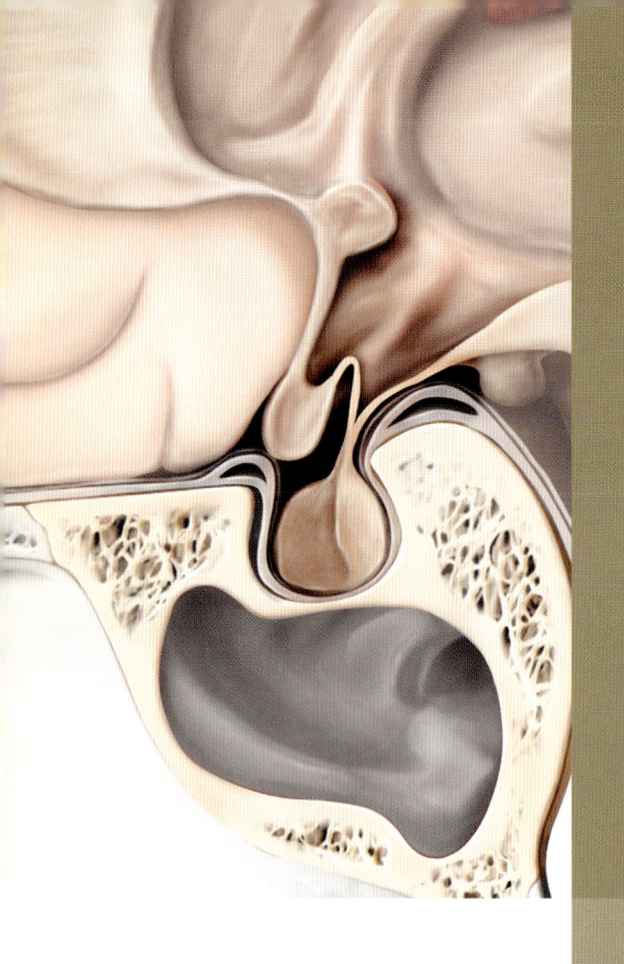

140	glandes endocrines
141	glande thyroïde
142	hypophyse
143	glande surrénale

Le système endocrinien

Le système endocrinien regroupe un ensemble de glandes et de cellules qui régulent certaines fonctions de l'organisme par l'intermédiaire de substances chimiques libérées dans le sang, les hormones. Le système endocrinien, associé au système nerveux central, constitue un système de contrôle et de communication coordonnant les différentes activités des cellules. Il joue un rôle prépondérant dans le maintien de l'homéostasie, le métabolisme, la croissance, la reproduction et la réponse au stress.

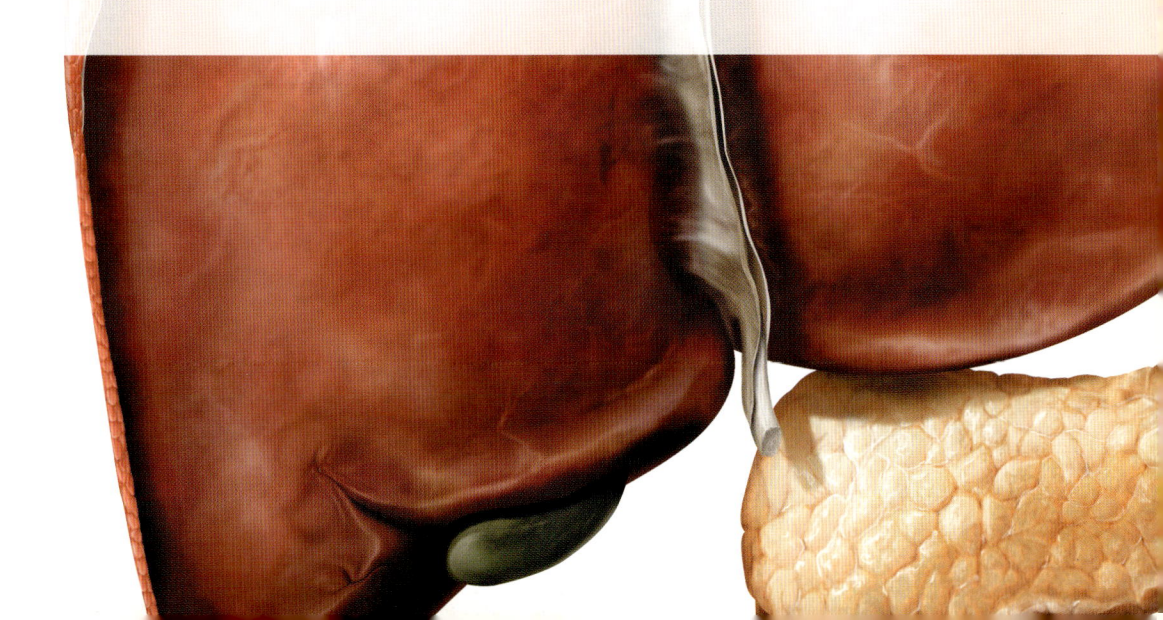

glandes[F] endocrines
endocrine glands

Glandes qui sécrètent les hormones, des substances se déversant dans le sang et ayant des actions précises sur divers organes.

LE SYSTÈME ENDOCRINIEN

hypothalamus[M]
hypothalamus
Ensemble de petites formations de matière grise, qui contrôlent les sécrétions hormonales de l'hypophyse et l'activité du système nerveux autonome.

hypophyse[F]
hypophysis
Glande endocrine commandée par l'hypothalamus, qui sécrète une dizaine d'hormones agissant notamment sur la croissance, la lactation, la pression sanguine et la rétention d'urine.

glande[F] thyroïde
thyroid gland
Glande endocrine située entre le larynx et la trachée, qui sécrète des hormones agissant sur la croissance et le métabolisme (hormones thyroïdiennes et calcitonine).

épiphyse[F]
pineal gland
Glande endocrine du cerveau sécrétant la mélatonine, qui a une influence sur la formation des spermatozoïdes ou le cycle menstruel.

glande[F] parathyroïde
parathyroid gland
Chacune des glandes endocrines situées derrière la glande thyroïde, qui sécrètent une hormone agissant sur le métabolisme du calcium (parathormone).

cœur[M]
heart
Organe musculaire assurant la circulation sanguine dans l'ensemble de l'organisme ; il sécrète une hormone inhibant la sécrétion de rénine et modifiant l'action de l'aldostérone.

foie[M]
liver
Glande volumineuse qui joue un rôle important dans la digestion et le métabolisme ; le foie sécrète notamment une hormone intervenant dans la croissance (somatomédine).

glande[F] surrénale
suprarenal gland
Glande endocrine située au-dessus du rein ; certaines des hormones qu'elle sécrète interviennent dans le mécanisme du stress, alors que d'autres agissent sur la rétention d'eau.

rein[M]
kidney
Chacun des deux organes situés dans l'abdomen dont la fonction principale est de produire l'urine ; il sécrète également la rénine, qui régule la pression artérielle.

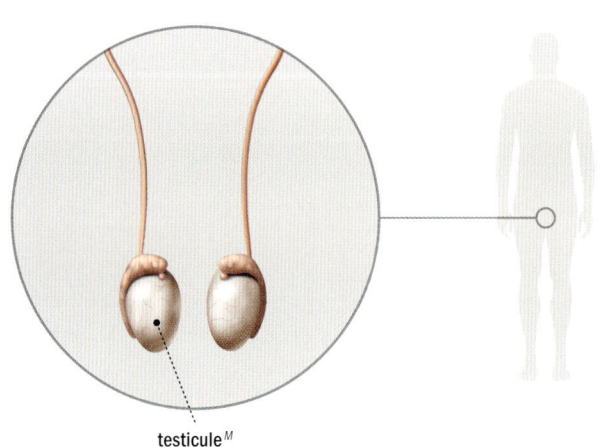

pancréas[M]
pancreas
Glande de forme allongée qui joue un rôle important dans la digestion (sécrétion du suc pancréatique) et dans la régulation de la glycémie (sécrétion de l'insuline).

testicule[M]
testis
Chacune des deux glandes sexuelles masculines situées dans le scrotum, qui produisent les spermatozoïdes et sécrètent des hormones mâles (testostérone).

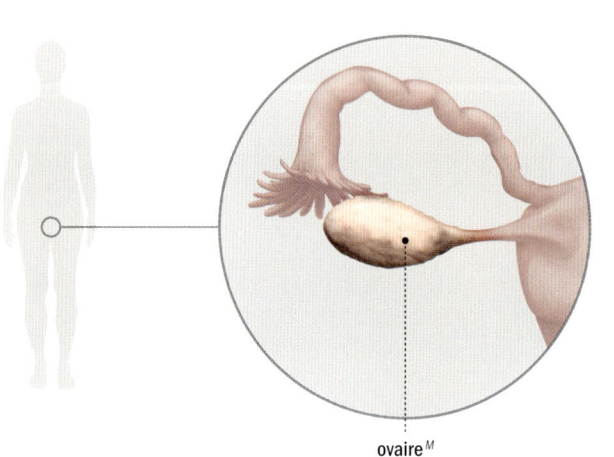

ovaire[M]
ovary
Chacune des deux glandes génitales féminines situées de part et d'autre de l'utérus, qui produisent des ovules et des hormones sexuelles (œstrogènes et progestérone).

140

glande F thyroïde
thyroid gland

Glande endocrine située entre le larynx et la trachée, qui sécrète des hormones agissant sur la croissance et le métabolisme (hormones thyroïdiennes et calcitonine).

glande F thyroïde : vue F antérieure
thyroid gland: anterior view

larynx M
larynx
Conduit musculaire et cartilagineux reliant le pharynx et la trachée ; il contient les cordes vocales et a une fonction phonatoire et respiratoire.

lobe M de la glande F thyroïde
lobe of the thyroid gland
Chacune des deux parties principales de la glande thyroïde, situées de part et d'autre du larynx.

isthme M de la glande F thyroïde
isthmus of the thyroid gland
Partie étroite reliant les deux lobes de la glande thyroïde.

trachée F
trachea
Conduit musculaire et cartilagineux qui permet le passage de l'air entre le larynx et les bronches.

coupe F d'un follicule M thyroïdien
section of a thyroid follicle

Follicule thyroïdien : petite structure sphérique constituant la majeure partie de la glande thyroïde

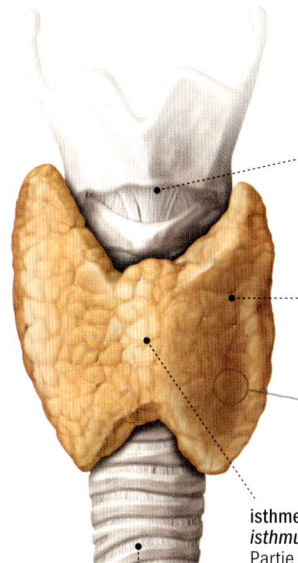

calcitonine F
calcitonin
Hormone sécrétée par les cellules parafolliculaires, qui diminue le taux de calcium dans le sang et augmente sa concentration dans les os.

colloïde F
colloid
Substance contenue dans les follicules thyroïdiens, constituée de protéines et d'iode, à l'intérieur de laquelle sont stockées les hormones thyroïdiennes.

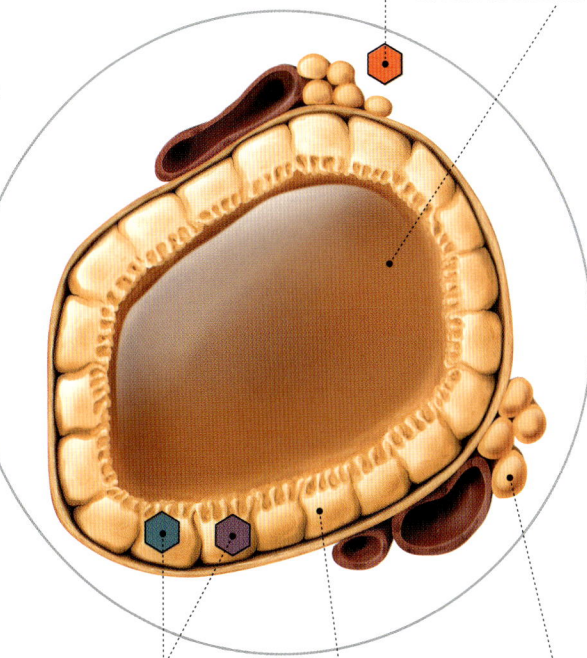

hormones F thyroïdiennes
thyroid hormones
Hormones sécrétées par les cellules folliculaires qui accélèrent le métabolisme et augmentent la consommation d'oxygène ainsi que la production de chaleur.

cellule F parafolliculaire
parafollicular cell
Cellule située à la base des follicules thyroïdiens et produisant la calcitonine.

cellule F folliculaire
follicular cell
Cellule entourant la colloïde et produisant les hormones thyroïdiennes.

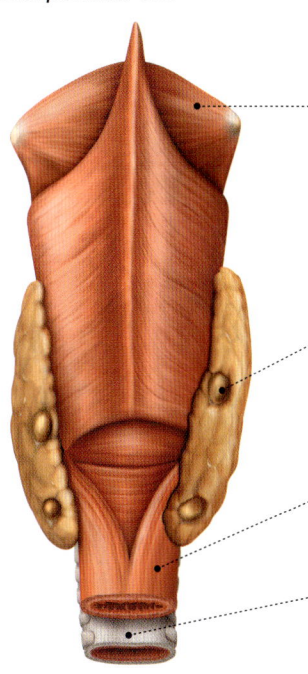

glande F thyroïde : vue F postérieure
thyroid gland: posterior view

larynx M
larynx
Conduit musculaire et cartilagineux reliant le pharynx et la trachée ; il contient les cordes vocales et a une fonction phonatoire et respiratoire.

glande F parathyroïde
parathyroid gland
Chacune des glandes endocrines situées derrière la glande thyroïde, qui sécrètent une hormone agissant sur le métabolisme du calcium (parathormone).

œsophage M
esophagus
Canal musculaire et membraneux formant la partie supérieure du tube digestif, entre le pharynx et l'estomac.

trachée F
trachea
Conduit musculaire et cartilagineux qui permet le passage de l'air entre le larynx et les bronches.

LE SYSTÈME ENDOCRINIEN

des rôles variés

Plus d'une centaine d'hormones ont été répertoriées à ce jour. Leurs effets sont étendus et diversifiés ; elles régissent la croissance, la reproduction, la réponse de l'organisme à différentes stimulations (stress), le métabolisme, etc.

hypophyse[F]
hypophysis

Glande endocrine commandée par l'hypothalamus, qui sécrète une dizaine d'hormones agissant notamment sur la croissance, la lactation, la pression sanguine et la rétention d'urine.

structure[F] de l'hypophyse[F]
structure of hypophysis

l'action des hormones

Les hormones circulent dans le sang et rejoignent des cellules cibles, qui possèdent des récepteurs sur lesquels elles viennent se fixer. Elles agissent alors sur ces cellules en modifiant leur activité. Les effets de leur action peuvent être presque immédiats ou prendre plusieurs jours.

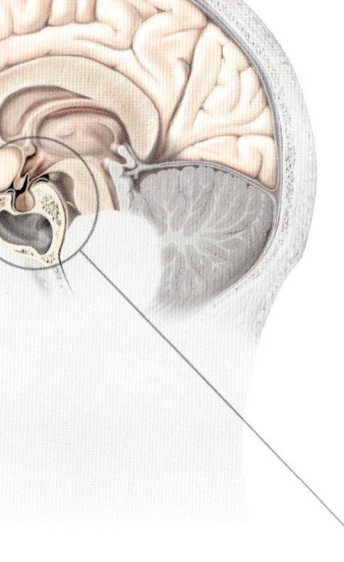

tige[F] pituitaire
pituitary stalk
Zone riche en neurones et en vaisseaux sanguins, reliant l'hypothalamus à l'hypophyse.

hypothalamus[M]
hypothalamus
Ensemble de petites formations de matière grise, qui contrôlent les sécrétions hormonales de l'hypophyse et l'activité du système nerveux autonome.

hypophyse[F]
hypophysis
Glande endocrine commandée par l'hypothalamus, qui sécrète une dizaine d'hormones agissant notamment sur la croissance, la lactation, la pression sanguine et la rétention d'urine.

os[M] sphénoïde
sphenoid bone
Os impair situé derrière les orbites et occupant toute la largeur du crâne.

adénohypophyse[F]
adenohypophysis
Partie antérieure de l'hypophyse, qui sécrète l'hormone de croissance et des hormones exerçant une fonction régulatrice sur d'autres glandes endocrines.

neurohypophyse[F]
neurohypophysis
Partie postérieure de l'hypophyse, qui emmagasine deux hormones (vasopressine et ocytocine) sécrétées par des neurones de l'hypothalamus.

sinus[M] sphénoïdal
sphenoidal sinus
Cavité creusée dans l'os sphénoïde, qui communique avec les fosses nasales et réchauffe l'air inspiré.

glande F surrénale
suprarenal gland

Glande endocrine située au-dessus du rein ; certaines des hormones qu'elle sécrète interviennent dans le mécanisme du stress alors que d'autres agissent sur la rétention d'eau.

coupe F d'une glande F surrénale
section of a suprarenal gland
Chaque glande surrénale est formée de deux structures (médullosurrénale et corticosurrénale) qui fonctionnent de manière indépendante et sécrètent des hormones différentes.

adrénaline F
epinephrine
Hormone sécrétée en situation de stress, qui provoque l'augmentation du rythme cardiaque et la dilatation des vaisseaux sanguins dans les muscles.

corticosurrénale F
adrenal cortex
Partie externe de la glande surrénale, qui sécrète plusieurs hormones.

noradrénaline F
norepinephrine
Hormone qui provoque la contraction des vaisseaux sanguins et l'augmentation de la pression artérielle.

médullosurrénale F
adrenal medulla
Partie centrale de la glande surrénale, qui sécrète l'adrénaline et la noradrénaline en situation de stress.

LE SYSTÈME ENDOCRINIEN

coupe F de la corticosurrénale F
section of adrenal cortex

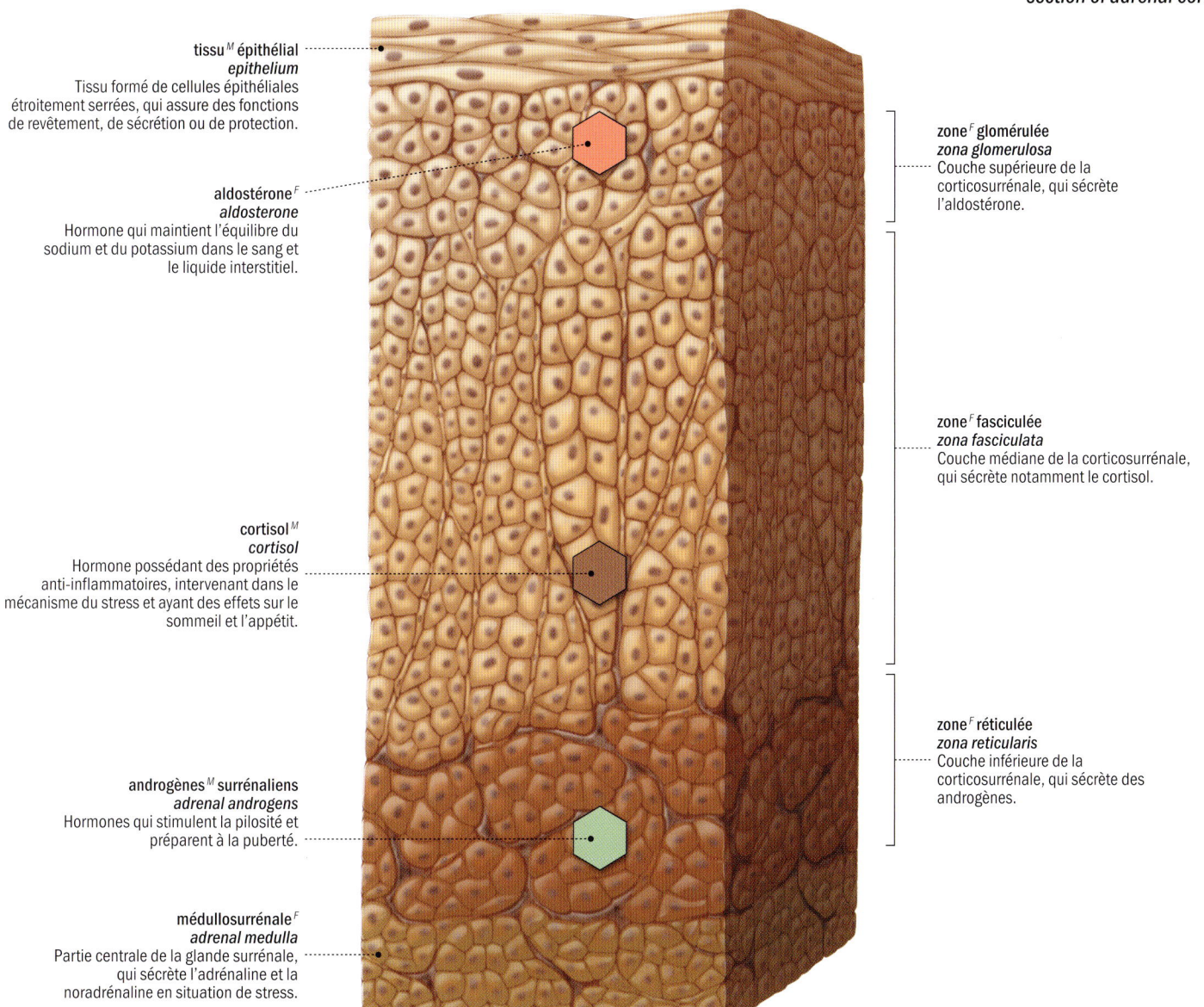

tissu M épithélial
epithelium
Tissu formé de cellules épithéliales étroitement serrées, qui assure des fonctions de revêtement, de sécrétion ou de protection.

aldostérone F
aldosterone
Hormone qui maintient l'équilibre du sodium et du potassium dans le sang et le liquide interstitiel.

zone F glomérulée
zona glomerulosa
Couche supérieure de la corticosurrénale, qui sécrète l'aldostérone.

zone F fasciculée
zona fasciculata
Couche médiane de la corticosurrénale, qui sécrète notamment le cortisol.

cortisol M
cortisol
Hormone possédant des propriétés anti-inflammatoires, intervenant dans le mécanisme du stress et ayant des effets sur le sommeil et l'appétit.

zone F réticulée
zona reticularis
Couche inférieure de la corticosurrénale, qui sécrète des androgènes.

androgènes M surrénaliens
adrenal androgens
Hormones qui stimulent la pilosité et préparent à la puberté.

médullosurrénale F
adrenal medulla
Partie centrale de la glande surrénale, qui sécrète l'adrénaline et la noradrénaline en situation de stress.

Glossaire

abduction[F]
Mouvement d'éloignement d'un membre ou d'une partie d'un membre de l'axe du corps.

adduction[F]
Mouvement de rapprochement d'un membre ou d'une partie d'un membre de l'axe du corps.

apophyse[F]
Excroissance osseuse.

appareil[M]
Ensemble d'organes de structures tissulaires différentes, assurant une fonction commune.

canal[M]
Conduit par lequel s'écoule un liquide ou qui permet le passage d'un vaisseau, d'un nerf, etc.

cérébral
Relatif au cerveau.

cervical
Relatif au cou ou au col de l'utérus.

circumduction[F]
Mouvement conique d'un membre autour d'un axe.

cortex[M]
Partie externe de certains organes (cerveau, cervelet, reins, glandes surrénales, etc.).

coupe[F] **frontale**
Coupe effectuée selon un plan de référence séparant le corps en parties avant et arrière.

coupe[F] **sagittale**
Coupe effectuée selon un plan de référence séparant le corps en parties droite et gauche.

coupe[F] **transversale**
Coupe effectuée selon un plan de référence séparant le corps en parties supérieure et inférieure.

crural
Relatif à la cuisse ou à la jambe.

distal
Relatif à l'extrémité d'un organe la plus éloignée du corps, par opposition à l'extrémité proximale.

extension[F]
Mouvement d'alignement de deux parties du corps adjacentes, situées de part et d'autre d'une articulation.

externe
Relatif à une structure se trouvant à l'extérieur du corps ou éloignée du plan médian du corps.

fibulaire
Relatif au péroné.

flexion[F]
Mouvement de rapprochement de deux parties du corps adjacentes, situées de part et d'autre d'une articulation.

gastrique
Relatif à l'estomac.

hépatique
Relatif au foie.

hile[M]
Région d'un organe (foie, rein, rate, poumon, etc.) par laquelle pénètrent les vaisseaux et les nerfs.

interne
Relatif à une structure se trouvant à l'intérieur du corps ou près du plan médian du corps.

latéral
Relatif à la structure anatomique se trouvant la plus éloignée du plan médian du corps par rapport à une autre structure.

lombaire
Relatif à la partie inférieure du dos.

médial
Relatif à la structure anatomique se trouvant la plus proche du plan médian du corps par rapport à une autre structure.

membrane[F]
Fine couche de tissu recouvrant ou divisant un organe ou un autre tissu.

organe[M]
Partie du corps bien individualisée constituée d'un assemblage de tissus et destinée à remplir certaines fonctions précises.

palmaire
Relatif à la paume de la main.

patellaire
Relatif à la rotule.

pelvien
Relatif au bassin.

plantaire
Relatif à la plante du pied.

pronation[F]
Mouvement de rotation de la main, antagoniste à la supination, tournant la paume vers le bas et dirigeant le pouce vers l'intérieur.

proximal
Relatif à l'extrémité d'un organe la plus proche du corps, par opposition à l'extrémité distale.

scapulaire
Relatif à l'omoplate ou à l'épaule.

splénique
Relatif à la rate.

supination[F]
Mouvement de rotation de la main, antagoniste à la pronation, tournant la paume vers le haut et dirigeant le pouce vers l'extérieur.

sural
Relatif au mollet.

système[M]
Ensemble d'organes de même structure tissulaire et assurant une fonction commune.

viscère[M]
Organe contenu dans l'une des trois grandes cavités du corps (crâne, thorax et abdomen).

vue[F] **antérieure**
Vue permettant de représenter la face avant du corps ou d'un organe.

vue[F] **inférieure**
Vue permettant de représenter le dessous du corps ou d'un organe.

vue[F] **latérale**
Vue permettant de représenter le côté extérieur du corps ou d'un organe.

vue[F] **médiale**
Vue permettant de représenter le côté intérieur du corps ou d'un organe.

vue[F] **postérieure**
Vue permettant de représenter la face arrière du corps ou d'un organe.

vue[F] **supérieure**
Vue permettant de représenter le dessus du corps ou d'un organe.

Index français

A

abdomen 16, 18
acétabulum 31
acinus 97
acromion 25, 53
adénine 13
adénohypophyse 142
adipocyte 9
ADN 13
ADN, molécule 13
adrénaline 143
adventice 77
aile du nez 103
aine 16, 18
air inspiré 130, 131
aires associatives 63
aisselle 16, 18
aldostérone 143
alvéole pulmonaire 106
ampoule de Vater 97
amygdale cérébrale 63
amygdale linguale 132
amygdale palatine 132
amygdale pharyngienne 104
amygdales 86
anaphase 12
androgènes surrénaliens 143
anneau fibreux 49
anneau tendineux commun 126
annulaire 17
anthélix 128
antitragus 128
antre pylorique 94
anus 90, 96
aorte 76, 82
aorte abdominale 78, 98, 112
aorte ascendante 78, 83
aorte thoracique 78, 83
apex de la dent 93
apex de la langue 132
apex du cœur 83
aponévrose épicrânienne 40, 65
aponévrose palmaire 42
apophyse articulaire 29, 55
apophyse coracoïde 53
apophyse épineuse 29, 55
apophyse mastoïde 26
apophyse styloïde de l'os temporal 26
apophyse transverse 29, 55
apophyse xiphoïde 30
apophyse zygomatique 27
appareil de Golgi 8
appareil digestif, organes 90
appareil respiratoire, organes 102
appareil urinaire, organes 110
appareil urinaire de l'homme, vue antérieure 110
appareil urinaire de la femme, vue antérieure 110
appendice vermiforme 96
arachnoïde 65, 66
arbre bronchique 106
arc de l'aorte 83
arc neural 29
arcade palmaire profonde 81
arcade palmaire superficielle 81
arcade veineuse palmaire superficielle 81
aréole 121
artère 76
artère, coupe 77
artère basilaire 80
artère brachiale 78
artère carotide commune 78, 80, 83
artère carotide externe 80
artère carotide interne 80
artère cérébrale antérieure 80
artère cérébrale moyenne 80
artère cérébrale postérieure 80
artère circonflexe 83
artère coronaire droite 83
artère coronaire gauche 83
artère dorsale du pied 81
artère fémorale 78
artère fibulaire 78
artère hépatique commune 78
artère iliaque commune 78
artère interventriculaire antérieure 83
artère mésentérique inférieure 78
artère mésentérique supérieure 78
artère poplitée 78
artère profonde de la cuisse 78
artère pulmonaire 106
artère pulmonaire droite 82
artère pulmonaire gauche 82
artère radiale 78, 81
artère rénale 78, 112
artère splénique 87
artère subclavière 78, 83
artère temporale superficielle 80
artère tibiale antérieure 78
artère tibiale postérieure 81
artère ulnaire 78, 81
artère vertébrale 80
artères, principales; vue antérieure 78
artères digitales dorsales du pied 81
artères digitales palmaires propres 81
artères métatarsiennes dorsales 81
artères pulmonaires 76
artériole 106
articulation acromioclaviculaire 53
articulation de la cheville 48
articulation de la hanche 48
articulation du coude 48
articulation du genou 48
articulation du poignet 48
articulation huméroscapulaire 48, 53
articulation synoviale, coupe 50
articulation temporomandibulaire 48
articulations, principales 48
articulations cartilagineuses 48, 49
articulations fibreuses 48
articulations interphalangiennes de la main 48, 54
articulations métacarpophalangiennes 54
articulations sternocostales 48
articulations synoviales 48, 50
articulations synoviales, exemples 51
articulations zygapophysaires 48, 55
astigmatisme 127
astragale 25, 33, 51
astrocyte 60
atlas 28
audition 128
audition, mécanisme 129
auriculaire 17
autosome 13
avant-bras 17, 19
avant-bras et main, vue antérieure 81
avant-bras et main, vue postérieure 71
axis 28
axone 59, 60

B

base azotée 13
bassin 31
bassin de l'homme, vue antérieure 31
bassin de la femme, vue antérieure 31
bâtonnet 125
biceps brachial 38, 42
biceps fémoral 39
bord libre 137
bouche 16, 18, 90, **91,** 102, 104, 130
bouche, coupe sagittale 91
bouche, vue externe 91
bourgeon gustatif 133
bourse séreuse 50
bouton synaptique 59, 60, 67
bras 17, 19
bronche lobaire 106
bronche principale droite 106
bronche principale gauche 106
bronchiole 106
bulbe 136
bulbe de Krause 134
bulbe olfactif 63, 130, 131
bulbe rachidien 64, 66

145

Index français

C

cæcum 96
cage thoracique 30
cage thoracique, coupe transversale 30
cage thoracique, vue antérieure 30
calcanéum 25, 33, 51
calcitonine 141
calice rénal 113
canal central de la moelle épinière 66
canal cochléaire 129
canal dentaire 93
canal excréteur 10, 97
canal lacrymo-nasal 103
canal médullaire 23
canaux semicirculaires 129
canines 92
capillaire sanguin, coupe 77
capillaires sanguins 76, 106
capsule 87
capsule articulaire 50, 51, 52, 53, 54
capsule fibreuse 113
cardia 94
carène 107
carpe 32
cartilage articulaire 50
cartilage costal 30
cartilage thyroïde 104
cartilages trachéaux 107
cavité pleurale 107
cavité synoviale 50
cellule, structure 8
cellule caliciforme 10
cellule épithéliale 10
cellule folliculaire 141
cellule gustative 133
cellule humaine 8
cellule olfactive 131
cellule parafolliculaire 141
cellule sécrétrice 10
cellules, exemples 9
cellules sanguines 74
cément 93
centre germinatif 87
centrioles 8, 12
centromère 13
cerveau, vue latérale 62
cerveau, vue supérieure 62
cervelet 61
cervelet, coupe 64
chambre antérieure 126
chef 36
cheveux 19
cheville 16, 18
cheville, vue latérale 51
chiasma optique 61

chondrocyte 9
chorion 10
choroïde 124
chromatide 12, 13
chromatine 9
chromosome X 13
chromosome Y 13
chromosomes 12, 13
chromosomes sexuels 13
cil olfactif 131
cils 125
circonvolutions 62
circulation générale 76
circulation pulmonaire 76
circulation sanguine 76
clavicule 24, 30, 53
clitoris 120
cloison nasale 103
coccyx 25, 28, 31, 66
cochlée 129
cœur 82, 105, 140
cœur, coupe frontale 82
cœur, vue antérieure 83
col de l'utérus 118
col vésical 111
collet 93
colloïde 141
côlon 96, 99
côlon ascendant 96
côlon descendant 96
côlon sigmoïde 96
côlon transverse 96
colonne rénale 113
colonne vertébrale 24, **28**
colonne vertébrale, coupe transversale 66
colonne vertébrale, vue antérieure 28
colonne vertébrale, vue latérale 29
commissure des lèvres 91
conduit cholédoque 97, 98
conduit cystique 98
conduit déférent 117
conduit hépatique commun 98
conduit lactifère 121
conduit lymphatique droit 86
conduit pancréatique 97
conduit pancréatique, coupe 97
conduit pancréatique accessoire 97
conduit thoracique 86
condyle latéral du fémur 25
condyle médial du fémur 25
condyles du fémur 52
cône 125
conjonctive 124, 125
corde oblique 53
cordes vocales 104
cordon spermatique 117
cornée 124, 126

cornets nasaux 103, 130
corps calleux 61
corps caverneux du pénis 116, 117
corps cellulaire 59
corps ciliaire 124, 126
corps de l'estomac 94
corps jaune 119
corps spongieux du pénis 116, 117
corps vertébral 29, 49, 55
corps vitré 124
corpuscule de Meissner 134
corpuscule de Pacini 134
corpuscule de Ruffini 134
cortex cérébral 61, 63, 65, 131
cortex moteur 63
cortex rénal 113
cortex sensoriel 63
corticosurrénale 143
corticosurrénale, coupe 143
cortisol 143
côte, tête 30
côtes 24, 30
côtes, fausses 30
côtes, vraies 30
côtes flottantes 30
cou 17, 19
couche basale 135
couche cornée 135
couche épineuse 135
couche granuleuse 135
coude 17, 19
coude, vue antérieure 53
couronne 93
crâne 24, **26,** 65
crâne, coupe sagittale 27
crâne, face inférieure 27
crâne, vue latérale 26
cristallin 124, 126
crypte 94
cubitus 24, 32, 53, 54
cuir chevelu 65
cuisse 17, 19
cuspide 93
cuticule 136
cycle ovarien 119
cyphose 29
cytocinèse 12
cytoplasme 8, 12
cytosine 13

D

dendrite 59, 60
dent de sagesse 92
dentine 93
dents 91, **92**
denture inférieure 92

146

Index français

denture supérieure 92
derme 134, 135, 136, 137
détrusor 111
diaphragme 102, 105
diaphyse 22
disque de Merkel 134
disque intervertébral 28, 49
doigt 19
doigt, coupe 137
dos 17, 19
duodénum 94, 95, 97, 99
duodénum, coupe 95
dure-mère 65, 66

E

émail 93
encéphale 58, 61
encéphale, coupe frontale 61
encéphale, vue inférieure 68
enclume 129
endocarde 82
endomètre 118
endothélium 77
enveloppe nucléaire 9
épaule 16, 19
épaule, vue antérieure 53
épicondyle latéral 25
épicondyle médial 25
épiderme 134, 136, 137
épiderme, coupe 135
épididyme 116, 117
épiglotte 91, 102, 104, 132
épinèvre 67
épiphyse 22, 64, 140
épithélium olfactif 130, 131
espace épidural 66
espace subarachnoïdien 65, 66
estomac 90, 94, 95, 99
étrier 129

F

faisceau de fibres musculaires 37
faisceau nerveux 67
fascia 37
fascia dorsal de la main 43
femme 18
femme, vue antérieure 18
femme, vue postérieure 19
fémur 24, 51, 52
fémur adulte, coupe longitudinale 23
fenêtre ovale 129
fenêtre ronde 129
fente synaptique 60
fesses 17, 19

fibre musculaire 9, 37, 67
fibre musculaire cardiaque 36
fibre musculaire lisse 36
fibre musculaire striée 36
fibre nerveuse 67, 125, 129, 133, 134
fibres élastiques 77
filum terminal 66
fissure longitudinale 62
foie 90, **98,** 99, 140
foie, vue antérieure 98
follicule de De Graaf 119
follicule ovarien 119
follicule pileux 136
follicule thyroïdien, coupe 141
foramen apical 93
foramen cæcum 132
foramen intervertébral 55
foramen obturé 31
fornix 63
fosses nasales 91, 102, 103, 104
fosses nasales, coupe sagittale 130
foyer 126, 127
franges ovariennes 118
front 16, 18
fundus de l'estomac 94
fuseau mitotique 12

G

gaine du muscle droit de l'abdomen 41
gaines tendineuses des orteils 45
ganglion lymphatique, coupe 87
ganglion spinal 69
ganglions lymphatiques axillaires 86
ganglions lymphatiques cervicaux 86
ganglions lymphatiques inguinaux 86
ganglions lymphatiques intestinaux 86
ganglions lymphatiques poplités 86
ganglions lymphatiques thoraciques 86
gencive 91, 93
genou 16, 18
genou, vue antérieure 52
genou étiré, vue antérieure 52
gland du pénis 116
glande exocrine 10
glande gastrique 94
glande mammaire 121
glande muqueuse 10
glande parathyroïde 140, 141
glande salivaire 133
glande sébacée 121, 136
glande surrénale 110, 112, 140, **143**
glande surrénale, coupe 143
glande thyroïde 140, **141**
glande thyroïde, vue antérieure 141
glande thyroïde, vue postérieure 141

glandes endocrines 140
glandes salivaires 90
globe oculaire 124
globine 74
globule blanc 9, 74
globule rouge 9, 74
glomérule rénal 113
goût 132
grand os 32
grand trochanter 25
grande courbure de l'estomac 94
grande veine du cœur 83
grande veine saphène 79
granule 75
granulocyte 75
gros intestin 90, 95, 96
guanine 13

H

hanche 17, 19
hanche, vue antérieure 51
hélix 128
hème 74
hémisphère cérébelleux 64
hémisphère droit 62
hémisphère gauche 62
hémoglobine 74
hippocampe 63
homme 16
homme, vue antérieure 16
homme, vue postérieure 17
hormones thyroïdiennes 141
humérus 24, 53
hymen 118
hypermétropie 127
hypoderme 134, 137
hypophyse 61, 140, **142**
hypophyse, structure 142
hypothalamus 61, 63, 140, 142

I

iléon 95
ilion 25, 31
incisive centrale 92
incisive latérale 92
incisives 92
index 17
influx nerveux 60, 125
insertion 36
interphase 12
intestin grêle 90, 95, 96
intima 77
iris 124, 125, 126
ischion 25, 31

Index français

isthme de la glande thyroïde 141
isthme de la trompe de Fallope 118

J

jambe 17, 19
jambe, vue postérieure 71
jéjunum 95
joue 16, 18

K

kératine 135
kératinocyte 135

L

lame basale 10, 77
lame criblée de l'os ethmoïde 130, 131
langue 91, 104
langue, coupe de la surface 133
langue, vue supérieure 132
laryngopharynx 104
larynx 91, 102, 104, 107, 141
lèvre inférieure 91
lèvre supérieure 91
lèvres 91
lèvres, grandes 118, 120
lèvres, petites 118, 120
ligament 50
ligament alvéolodentaire 93
ligament annulaire du radius 53
ligament collatéral 54
ligament collatéral latéral 51
ligament coraco-acromial 53
ligament croisé antérieur 52
ligament croisé postérieur 52
ligament falciforme 98
ligament inguinal 51
ligament interépineux 55
ligament intertransversaire 55
ligament latéral externe 52
ligament latéral interne 52
ligament longitudinal antérieur 55
ligament métacarpien transverse superficiel 42
ligament rotulien 52
ligament supra-épineux 55
ligament suspenseur 124
ligament tibiofibulaire 51
ligne blanche 38, 41
lipides 8
lit de l'ongle 137
lobe de l'oreille 128
lobe de la glande mammaire 121
lobe de la glande thyroïde 141
lobe droit du foie 98

lobe frontal 62
lobe gauche du foie 98
lobe inférieur droit 105
lobe inférieur gauche 105
lobe moyen 105
lobe occipital 62
lobe pariétal 62
lobe supérieur droit 105
lobe supérieur gauche 105
lobe temporal 62
lordose cervicale 29
lordose lombaire 29
lumière 77
lunule 137
lymphe 87
lymphocyte 75

M

macula 124
main 16, 19, **32**
main, vue antérieure 32
main, vue postérieure 43
majeur 17
malléole latérale 24, 33
malléole médiale 24
mamelon 121
mandibule 24, 26, 27, 92
manubrium 30
marteau 129
matière blanche 61, 64, 66
matière grise 61, 64, 66
matrice de l'ongle 137
maxillaire 24, 26, 92
méat auditif externe 26, 128, 129
méat urétral 116
média 77
médulla rénale 113
médullosurrénale 143
mélanocyte 135
membrane cellulaire 8
membrane postsynaptique 60
membrane synoviale 50
membre inférieur 44
membre inférieur, vue antérieure 44
membre supérieur 42
membre supérieur, vue antérieure 42
méninges 65
ménisque latéral 52
ménisque médial 52
menton 16, 18
mésencéphale 64
métacarpe 32
métaphase 12
métaphyse 22
métatarse 33

métatarsien 33
microfilament 8
microgliocyte 60
microtubule 8
microvillosité 10
miction 111
mitochondrie 8
mitose 12
moelle épinière 58, 66, 69
moelle osseuse jaune 23
molaire, coupe 93
molaires 92
molécule odorante 131
mollet 17, 19
monocyte 75
mont de Vénus 120
mucus 10
mucus nasal 131
muqueuse 10
muqueuse gastrique 94
muqueuse intestinale 95
muqueuse linguale 132
muqueuse vaginale 118
muqueuse vésicale 111
muscle 36, 37, 50
muscle abaisseur de l'angle de la bouche 40
muscle abducteur de l'auriculaire 42, 43
muscle abducteur du gros orteil 44
muscle abducteur du petit orteil 45
muscle arrecteur 136
muscle auriculaire postérieur 40
muscle auriculaire supérieur 40
muscle brachial 42
muscle brachioradial 42
muscle cardiaque 36
muscle carré pronateur 42
muscle corrugateur du sourcil 40
muscle court abducteur du pouce 42
muscle court extenseur des orteils 45
muscle court extenseur du gros orteil 44
muscle court extenseur du pouce 43
muscle court fibulaire 45
muscle court palmaire 42
muscle crémaster 117
muscle deltoïde 38, 39, 42
muscle dentelé antérieur 38, 41
muscle droit de l'abdomen 41
muscle droit de la cuisse 44
muscle droit inférieur 126
muscle droit latéral 126
muscle droit médial 126
muscle droit supérieur 124, 126
muscle extenseur commun des doigts 43
muscle extenseur de l'auriculaire 43
muscle extenseur ulnaire du carpe 43
muscle fléchisseur radial du carpe 42

148

muscle fléchisseur superficiel des doigts 42
muscle fléchisseur ulnaire du carpe 42
muscle frontal 38, 40
muscle gastrocnémien 39, 44
muscle gracile 44
muscle grand adducteur 39
muscle grand dorsal 39
muscle grand fessier 39
muscle grand pectoral 38, 41
muscle grand psoas 41
muscle grand rond 39
muscle grand zygomatique 40
muscle iliaque 41
muscle infra-épineux 39
muscle lisse 36, 77
muscle long abducteur du pouce 43
muscle long adducteur 44
muscle long extenseur des orteils 38, 44, 45
muscle long extenseur du gros orteil 44
muscle long fibulaire 38, 44
muscle long palmaire 42
muscle masséter 40
muscle mentonnier 40
muscle nasal 40
muscle oblique externe de l'abdomen 38, 41
muscle oblique inférieur 126
muscle oblique interne de l'abdomen 41
muscle oblique supérieur 126
muscle occipital 39, 40
muscle orbiculaire de l'œil 40
muscle orbiculaire de la bouche 40
muscle pectiné 44
muscle petit zygomatique 40
muscle procérus 40
muscle risorius 40
muscle rond pronateur 42
muscle sartorius 38, 44
muscle semimembraneux 39
muscle semitendineux 39
muscle soléaire 38, 44
muscle squelettique 36
muscle squelettique, structure 37
muscle sternocléidomastoïdien 39, 40
muscle temporal 40
muscle tenseur du fascia lata 41
muscle tibial antérieur 38, 44, 45
muscle trapèze 39
muscle vaste latéral 44
muscle vaste médial 44
muscles, principaux 38
muscles, principaux; vue antérieure 38
muscles, principaux; vue postérieure 39
muscles, types 36
muscles intercostaux internes 41
muscles interosseux dorsaux de la main 43
muscles interosseux dorsaux du pied 45

muscles oculomoteurs 126
muscles papillaires 82
musculaire muqueuse 10
myéline 59
myocarde 82
myofibrille 37
myomètre 118
myopie 127

N

narine 103, 130
néphron 113
nerf 93
nerf abducens 68
nerf accessoire 68
nerf coccygien 69
nerf cochléaire 129
nerf cutané latéral de la cuisse 70
nerf facial 68
nerf fémoral 70, 71
nerf fibulaire commun 70, 71
nerf fibulaire profond 70, 71
nerf fibulaire superficiel 70, 71
nerf glossopharyngien 68
nerf hypoglosse 68
nerf ilio-inguinal 70
nerf intercostal 70
nerf interosseux postérieur de l'avant-bras 71
nerf médian 70, 71
nerf mixte, coupe 67
nerf obturateur 70
nerf oculomoteur 68
nerf olfactif 68, 131
nerf optique 68, 124, 126
nerf radial 70, 71
nerf saphène 70
nerf sciatique 70
nerf spinal 66, 69
nerf tibial 70, 71
nerf trijumeau 68
nerf trochléaire 68
nerf ulnaire 70, 71
nerf vague 68
nerf vestibulaire 129
nerf vestibulocochléaire 68
nerfs, principaux; vue antérieure 70
nerfs cervicaux 69
nerfs crâniens 58, 68
nerfs digitaux palmaires communs 71
nerfs digitaux palmaires propres 71
nerfs lombaires 69
nerfs sacraux 69
nerfs spinaux 58, 69
nerfs thoraciques 69
neurohypophyse 142

neurone 9, **59,** 60
neurone, structure 59
neurone moteur 37, 67
neurone sensitif 67
neurotransmetteur 60
nez 18, 103
nœud de Ranvier 59
nombril 16, 18, 41
noradrénaline 143
noyau cellulaire 8, 9
noyau pulpeux 49
noyaux basaux 61
nucléole 9
nucléoplasme 9
nucléotide 13
nuque 17, 19

O

objet 126
œil 125
œsophage 90, 91, 94, 141
œstrogènes 119
olécrâne 25
olfaction 130
olfaction, mécanisme 131
oligodendrocyte 60
omoplate 25, 53
ongle 137
orbite 26
oreille 17, 128
oreille, coupe 129
oreille externe 128
oreille externe, vue latérale 128
oreille interne 128
oreille moyenne 128
oreillette droite 76, 82
oreillette gauche 76, 82
organe de Corti 129
organes génitaux féminins 118
organes génitaux féminins, coupe frontale 118
organes génitaux féminins, coupe sagittale 120
organes génitaux masculins 116
organes génitaux masculins, coupe sagittale 116
orifice urétéral 111
origine 36
oropharynx 104
orteil 16
orteil, deuxième 18
orteil, gros 18
orteil, petit 18
orteil, quatrième 18
orteil, troisième 18
os 22, 50
os, principaux 24
os, types 22

Index français

os alvéolaire 93
os carpiens 54
os court 22
os crochu 32
os cuboïde 33
os cunéiforme intermédiaire 33
os cunéiforme latéral 33
os cunéiforme médial 33
os ethmoïde 27
os frontal 26
os hyoïde 104
os iliaque 24, 51
os irrégulier 22
os lacrymal 26
os long 22
os long, coupe 23
os nasal 26
os naviculaire 33
os occipital 26, 27
os palatin 27
os pariétal 26
os pisiforme 32
os plat 22
os pyramidal 32
os scaphoïde 32
os semi-lunaire 32
os sphénoïde 26, 27, 142
os temporal 26, 27, 129
os trapèze 32
os trapézoïde 32
os zygomatique 26, 27
osselets 129
ostéocyte 9, 23
ostéon 23
ovaire 118, 119, 120, 140
ovocyte 119
ovulation 119
ovule 9, 119

P

palais dur 91, 104, 130
palais mou 91, 104, 130
pancréas 90, **97,** 99, 140
papille caliciforme 132, 133
papille filiforme 133
papille foliée 132
papille fongiforme 132
papille optique 124
paupière inférieure 125
paupière supérieure 125
pavillon 128
pavillon de la trompe de Fallope 118
peau 67, 134
peau, coupe 134
pédoncules cérébelleux 64

pelvis rénal 113
pénis 16, 116
pénis, coupe transversale 117
péricarde 82
périlymphe 129
périmysium 37
périnèvre 67
périoste 23
péroné 24, 33, 51, 52
petite courbure de l'estomac 94
petite veine du cœur 83
petite veine saphène 79
phalange distale 32, 33, 137
phalange moyenne 32, 33
phalange proximale 32, 33
phalanges de la main 32, 54
phalanges du pied 33
pharynx 90, 91, 102, 104
phase folliculaire 119
phase lutéale 119
phase ovulatoire 119
photorécepteur 9
pie-mère 65, 66
pied 16, 18, **33**
pied, vue antérieure 33
pied, vue latérale 33, 45
pied et jambe, vue antérieure 81
plaquette sanguine 74, 75
plasma 74
platysma 38, 40
plèvre 105, 107
plèvre pariétale 107
plèvre viscérale 107
plexus brachial 70
plexus lombaire 70
plexus sacral 70
poignet 17, 19
poignet et main, vue dorsale 54
poil, coupe longitudinale 136
pomme d'Adam 16
pont 64
pouce 17
poumon droit 105
poumon gauche 105
poumons 76, 102, **105,** 107
prémolaires 92
progestérone 119
prophase 12
prostate 116
protéine 8
pseudopode 8
pubis 25, 31, 116, 120
pulpe blanche 87
pulpe dentaire 93
pulpe rouge 87
pupille 124, 125

pylore 94
pyramide rénale 113

Q

quadriceps fémoral 38, 52
quatrième ventricule 64
queue du pancréas 97

R

racine 93
racine de l'ongle 137
racine du poil 136
racine motrice 66, 69
racine sensitive 66, 69
radius 24, 32, 53, 54
rameau dorsal 69
rameau ventral 69
rate 86, 99
rate, coupe 87
rayons lumineux 125, 126
récepteur sensoriel 67
rectum 96, 116, 120
rein 110, **112,** 140
rein droit 112
rein droit, coupe frontale 113
rein gauche 112
reins, vue antérieure 112
remplissage 111
réseau veineux dorsal du pied 81
rétention 111
réticulum endoplasmique 8
rétinaculum des muscles extenseurs 43
rétinaculum inférieur des muscles extenseurs 45
rétinaculum inférieur des muscles fibulaires 45
rétinaculum supérieur des muscles extenseurs 45
rétinaculum supérieur des muscles fibulaires 45
rétine 124, 125, 126
rhinopharynx 104, 130
ribosome 8
rotule 24, 52

S

sacrum 25, 28, 31
salive 133
sang 74
sang, composition 74
sang artériel 76
sang veineux 76
sarcolemme 37
scissure oblique 105
sclérotique 124
scrotum 116
sébum 136

Index français

seins 16, 18, 121
septum interventriculaire 82
sillon médian 132
sillon terminal 132
sillons 62
sinus ethmoïdal 103
sinus frontal 27, 103, 104, 130
sinus lactifère 121
sinus maxillaire 103
sinus paranasaux 103
sinus sphénoïdal 27, 103, 104, 142
sinus veineux 80
sourcil 125
sous-muqueuse 10
spermatozoïde 9
sphincter d'Oddi 97
sphincter précapillaire 77
sphincter pylorique 94
sphincter vésical interne 111
squame 135
squelette, vue antérieure 24
squelette, vue postérieure 25
sternum 24, 30
suture crânienne 48
symphyse pubienne 31, 48
synapse 60
synchondroses de la colonne vertébrale 48, 49
système limbique 63, 131
système lymphatique, organes 86
système nerveux, structure 58
système nerveux central 58, **61**
système nerveux périphérique 58, **67**
système porte hépatique 99

T

talon 17, 19
tarse 33
télophase 12
tempe 16, 18
tendon 36, 37, 50, 54
tendon d'Achille 39, 51
terminaison axonale 59
testicule 116, 140
testicule, coupe 117
tête 17, 19
tête du pancréas 97
tête et cou 40
tête et cou, vue antérieure 40, 80
tête et cou, vue latérale 40
thorax 16, 18
thorax et abdomen 41
thorax et abdomen, vue antérieure 41
thymine 13
thymus 86
tibia 24, 33, 51, 52

tige du poil 136
tige pituitaire 142
tissu 10
tissu adipeux 11, 121
tissu cartilagineux 11
tissu du système nerveux central 60
tissu élastique 11
tissu épithélial 10, 133, 143
tissu fibreux 11
tissu musculaire 37
tissu nerveux 60
tissu osseux 23
tissu osseux compact 23
tissu osseux spongieux 23
tissus conjonctifs, exemples 11
tissus épithéliaux, exemples 10
toucher 134
trachée 102, 104, 105, 106, 107, 141
tragus 128
triceps brachial 39, 42
trigone vésical 111
troisième ventricule 61
trompe d'Eustache 129
trompe de Fallope 118, 119, 120
tronc 17, 19
tronc cérébral 61
tronc cérébral, vue postérolatérale 64
tronc cœliaque 78
tronc lombosacral 70
tronc pulmonaire 82
trou occipital 27
trou vertébral 29
tube collecteur 113
tube digestif 94
tube rénal 113
tube séminifère 117
tubercules quadrijumeaux 64
tympan 129

U

uretère 110, 111, 112, 113
urètre 111
urètre féminin 110
urètre masculin 110, 116, 117
urine 113
utérus 120
utérus, cavité utérine 118

V

vacuole 8
vagin 118, 120
vaisseau lymphatique 87
vaisseau lymphatique, coupe 87
vaisseau sanguin 74

vaisseaux sanguins 77, 93
valve aortique 82
valve mitrale 82
valve pulmonaire 82
valve tricuspide 82
valvule 77, 87
valvule connivente 95
veine 76
veine, coupe 77
veine axillaire 79
veine basilique 79
veine brachiale 79
veine brachiocéphalique 79, 83
veine cave inférieure 76, 79, 82, 99, 112
veine cave supérieure 76, 79, 82
veine céphalique 79
veine fémorale 79
veine fibulaire 81
veine hépatique 99
veine iliaque commune 79
veine jugulaire externe 79, 80
veine jugulaire interne 79, 80
veine mésentérique inférieure 99
veine mésentérique supérieure 99
veine poplitée 79
veine porte hépatique 99
veine pulmonaire 106
veine radiale 79, 81
veine rénale 112
veine splénique 87, 99
veine subclavière 79
veine temporale superficielle 80
veine tibiale postérieure 81
veine ulnaire 79, 81
veines, principales; vue antérieure 79
veines antérieures du cœur 83
veines digitales palmaires 81
veines pulmonaires 76
veines pulmonaires droites 82
veines pulmonaires gauches 82
veines subclavières 86
veines tibiales antérieures 81
veinule 106
ventricule droit 76, 82
ventricule gauche 76, 82
ventricule latéral 61
vermis 64
vertèbre cervicale 28, 29
vertèbre coccygienne 28
vertèbre lombaire 28, 29
vertèbre lombaire, deuxième 66
vertèbre proéminente 28
vertèbre sacrale 28
vertèbre thoracique 28, 29, 30
vertèbre thoracique, douzième 30
vertèbre thoracique, première 30

vertèbres thoraciques, vue latérale 55
vésicule biliaire 90, 97, 98
vésicule synaptique 60
vessie 110, **111,** 116, 120
vessie, coupe frontale 111
vestibule 129
vestibule du vagin 118
vibrations sonores 129
villosité intestinale 95
visage 16, 18
vision, défauts 127
vision, mécanisme 126
voies respiratoires supérieures 103
voies respiratoires supérieures, coupe sagittale 104
vomer 27
vue 124
vulve 18

Z

zone fasciculée 143
zone glomérulée 143
zone réticulée 143

English index

A

abdomen 16, 18
abdominal aorta 78, 98, 112
abducent nerve 68
abductor muscle of big toe 44
abductor muscle of little finger 42, 43
abductor muscle of little toe 45
abductor muscle of thumb, long 43
abductor muscle of thumb, short 42
accessory nerve 68
accessory pancreatic duct 97
acetabulum 31
acinus 97
acoustic meatus, external 26, 128, 129
acromioclavicular joint 53
acromion 25, 53
Adam's apple 16
adductor muscle, long 44
adenine 13
adenohypophysis 142
adipose tissue 11, 121
adrenal androgens 143
adrenal cortex 143
adrenal cortex, section 143
adrenal medulla 143
aldosterone 143
alveolar bone 93
alveolar canal 93
alveolodental ligament 93
amygdala 63
anaphase 12
ankle 16, 18
ankle, lateral view 51
ankle joint 48
annular ligament of radius 53
anterior cardiac veins 83
anterior cerebral artery 80
anterior chamber 126
anterior cruciate ligament 52
anterior interventricular artery 83
anterior longitudinal ligament 55
anterior tibial artery 78
anterior tibial muscle 38, 44, 45
anterior tibial veins 81
antihelix 128
antitragus 128
anus 90, 96
aorta 76, 82
aorta, arch 83
aorta, ascending 78, 83
aortic valve 82
apex of tongue 132
apical foramen 93
arachnoid 65, 66
areola 121

arm 17, 19
armpit 16, 18
arrector pili muscle 136
arterial blood 76
arteries, principal; anterior view 78
arteriole 106
artery 76
artery, section 77
articular capsule 50, 51, 52, 53, 54
articular cartilage 50
articular cavity 50
articular process 29, 55
association cortex 63
astigmatism 127
astrocyte 60
atlas 28
atrium, left 76, 82
atrium, right 76, 82
auditory tube 129
auricle 128
auricular muscle, superior 40
autosome 13
axillary lymph nodes 86
axillary vein 79
axis 28
axon 59, 60
axon terminal 59

B

back 17, 19
basal ganglia 61
basal lamina 10, 77
basal layer 135
basilar artery 80
basilic vein 79
belly 36
biceps muscle of arm 38, 42
biceps muscle of thigh 39
bile duct 97, 98
blood 74
blood, composition 74
blood cell, red 9, 74
blood cell, white 9, 74
blood cells 74
blood circulation 76
blood vessels 74, **77,** 93
body of stomach 94
bone, long 22
bone, short 22
bone marrow, yellow 23
bone tissue 23
bones 22, 50
bones, main 24
bones, types 22
brachial artery 78

brachial muscle 42
brachial plexus 70
brachial vein 79
brachiocephalic vein 79, 83
brachioradial muscle 42
brain 58, 61
brain, frontal section 61
brain stem 61
brain stem, posterolateral view 64
breasts 16, 18, 121
bronchial tree 106
bronchiole 106
bulboid corpuscle 134
bursa 50
buttocks 17, 19

C

calcaneal tendon 39, 51
calcaneus 25, 33, 51
calcitonin 141
calf 17, 19
canines 92
capillaries 76, 106
capillary, section 77
capitate bone 32
capsule 87
cardia 94
cardiac muscle 36
cardiac muscle fiber 36
cardiac vein, small 83
carina of trachea 107
carotid artery, external 80
carotid artery, internal 80
carpal bones 54
carpus 32
cartilage 11
cartilaginous joints 48, **49**
cavernous body of penis 116, 117
cecum 96
celiac trunk 78
cell 8
cell, structure 8
cell body 59
cell membrane 8
cell nucleus 8, 9
cells, examples 9
cementum 93
central incisor 92
central nervous system 58, **61**
central nervous system tissue 60
centrioles 8, 12
centromere 13
cephalic vein 79
cerebellar hemisphere 64
cerebellar peduncles 64
cerebellum 61

English index

cerebellum, section 64
cerebral cortex 61, 63, 65, 131
cerebrum, lateral view 62
cerebrum, superior view 62
cervical lordosis 29
cervical lymph nodes 86
cervical nerves 69
cervical vertebrae 28, 29
cervix of uterus 118
cheek 16, 18
chin 16, 18
chondrocyte 9
chorion 10
choroid 124
chromatid 12, 13
chromatin 9
chromosome, X 13
chromosome, Y 13
chromosomes 12, 13
ciliary body 124, 126
circular fold 95
circumflex artery 83
circumvallate papilla 132, 133
clavicle 24, 30, 53
clitoris 120
coccygeal nerve 69
coccygeal vertebrae 28
coccyx 25, 28, 31, 66
cochlea 129
cochlear duct 129
cochlear nerve 129
collateral ligament 54
collateral ligament of ankle, lateral 51
collecting duct 113
colliculi 64
colloid 141
colon 96, 99
colon, ascending 96
colon, descending 96
colon, sigmoid 96
colon, transverse 96
common carotid artery 78, 80, 83
common extensor muscle of fingers 43
common fibular nerve 70, 71
common hepatic artery 78
common hepatic duct 98
common iliac artery 78
common iliac vein 79
common palmar digital nerves 71
common tendinous ring 126
compact bone tissue 23
condyle of femur, lateral 25
condyles of femur 52
cone 125
conjunctiva 124, 125
connective tissues, examples 11
coracoacromial ligament 53
coracoid process 53

cornea 124, 126
coronary artery, left 83
coronary artery, right 83
corpus callosum 61
corpus luteum 119
corrugator supercilii muscle 40
cortisol 143
costal cartilage 30
cranial nerves 58, 68
cranial suture 48
cremaster muscle 117
cribriform plate of ethmoid bone 130, 131
crown 93
crypt 94
cuboid bone 33
cuneiform, lateral 33
cusp 93
cutaneous nerve of thigh, lateral 70
cuticle 136
cystic duct 98
cytokinesis 12
cytoplasm 8, 12
cytosine 13

D

deep artery of thigh 78
deep fibular nerve 70, 71
deep palmar arch 81
deferent duct 117
deltoid muscle 38, 39, 42
dendrite 59, 60
dental pulp 93
dentin 93
dentition, lower 92
dentition, upper 92
depressor muscle of angle of mouth 40
dermis 134, 135, 136, 137
detrusor muscle 111
diaphragm 102, 105
diaphysis 22
digestive system, organs 90
digestive tract 94
distal phalanx 32, 33, 137
DNA 13
DNA molecule 13
dorsal artery of foot 81
dorsal branch 69
dorsal digital arteries of foot 81
dorsal fascia of hand 43
dorsal interosseous muscles of foot 45
dorsal interosseous muscles of hand 43
dorsal metatarsal arteries 81
dorsal venous network of foot 81
dorsi muscle, latissimus 39
duodenum 94, 95, 97, 99
duodenum, section 95
dura mater 65, 66

E

ear 17, 128
ear, external 128
ear, external; lateral view 128
ear, internal 128
ear, section 129
earlobe 128
elastic fibers 77
elastic tissue 11
elbow 17, 19
elbow, anterior view 53
elbow joint 48
enamel 93
encephalon, inferior view 68
endocardium 82
endocrine glands 140
endometrium 118
endoplasmic reticulum 8
endothelium 77
epicondyle, lateral 25
epicranial aponeurosis 40, 65
epidermis 134, 136, 137
epidermis, section 135
epididymis 116, 117
epidural space 66
epiglottis 91, 102, 104, 132
epinephrine 143
epineurium 67
epiphysis 22
epithelia, examples 10
epithelial cell 10
epithelium 10, 133, 143
esophagus 90, 91, 94, 141
estrogens 119
ethmoid bone 27
ethmoid sinus 103
excretory duct 10, 97
exocrine gland 10
extensor muscle of big toe, long 44
extensor muscle of big toe, short 44
extensor muscle of little finger 43
extensor muscle of thumb, short 43
extensor muscle of toes, long 38, 44, 45
extensor muscle of toes, short 45
extensor retinaculum, inferior 45
extensor retinaculum, superior 45
extensor retinaculum of muscles of hand 43
extraocular muscles 126
eye 125
eyeball 124
eyebrow 125
eyelashes 125
eyelid, lower 125
eyelid, upper 125

F

face 16, 18
facial nerve 68
falciform ligament 98
false ribs 30
fascia 37
fat cell 9
femoral artery 78
femoral nerve 70, 71
femoral vein 79
femur 24, 51, 52
femur, longitudinal section 23
fibrous capsule 113
fibrous joints 48
fibrous ring 49
fibrous tissue 11
fibula 24, 33, 51, 52
fibular artery 78
fibular collateral ligament 52
fibular muscle, long 38, 44
fibular muscle, short 45
fibular retinaculum, inferior 45
fibular retinaculum, superior 45
fibular vein 81
filiform papilla 133
filling 111
fimbriae of uterine tube 118
finger 19
finger, section 137
flat bone 22
floating ribs 30
focus 126, 127
foliate papilla 132
follicular cell 141
follicular phase 119
foot 16, 18, **33**
foot, anterior view 33
foot, lateral view 33, 45
foot and leg, anterior view 81
foramen cecum 132
foramen magnum 27
forearm 17, 19
forearm and hand, anterior view 81
forearm and hand, posterior view 71
forehead 16, 18
fornix 63
free margin 137
frontal bone 26
frontal lobe 62
frontal muscle 38, 40
frontal sinus 27, 103, 104, 130
fundus of stomach 94
fungiform papilla 132

G

gallbladder 90, 97, 98
gastric gland 94
gastrocnemius muscle 39, 44
genital organs, female 118
genital organs, female; frontal section 118
genital organs, female; sagittal section 120
genital organs, male 116
genital organs, male; sagittal section 116
germinal center 87
glans penis 116
glenohumeral joint 48, 53
globin 74
glomerulus 113
glossopharyngeal nerve 68
gluteus maximus muscle 39
Golgi apparatus 8
Graafian follicle 119
gracilis muscle 44
granular layer 135
granule 75
granulocyte 75
gray matter 61, 64, 66
great adductor muscle 39
great cardiac vein 83
great saphenous vein 79
greater curvature of stomach 94
greater pectoral muscle 38, 41
greater psoas muscle 41
greater trochanter 25
greater zygomatic muscle 40
groin 16, 18
guanine 13
gum 91, 93
gyri 62

H

hair, longitudinal section 136
hair bulb 136
hair follicle 136
hair root 136
hair shaft 136
hairs 19
hamate bone 32
hand 16, 19, **32**
hand, anterior view 32
hand, posterior view 43
hard palate 91, 104, 130
head 17, 19
head and neck 40
head and neck, anterior view 40, 80
head and neck, lateral view 40
hearing 128
hearing, mechanism 129
heart 82, 105, 140
heart, anterior view 83
heart, apex 83
heart, frontal section 82
heel 17, 19
helix 128
heme 74
hemisphere, left 62
hemisphere, right 62
hemoglobin 74
hepatic portal system 99
hepatic portal vein 99
hepatic vein 99
hepatopancreatic ampulla 97
hip 17, 19
hip, anterior view 51
hip joint 48
hippocampus 63
horny layer 135
humerus 24, 53
hymen 118
hyoid bone 104
hyperopia 127
hypoglossal nerve 68
hypophysis 140, **142**
hypophysis, structure 142
hypothalamus 61, 63, 140, 142

I

ileum 95
iliac bone 24, 51
iliac muscle 41
ilioinguinal nerve 70
ilium 25, 31
incisor, lateral 92
incisors 92
incus 129
index finger 17
infraspinatus muscle 39
infundibulum of uterine tube 118
inguinal ligament 51
inguinal lymph nodes 86
inhaled air 130, 131
insertion 36
intercostal muscles, internal 41
intercostal nerve 70
intermediate cuneiform 33
interphalangeal joints of hand 48, 54
interphase 12
interspinous ligament 55
intertransverse ligament 55
interventricular septum 82
intervertebral disk 28, 49
intervertebral foramen 55
intestinal lymph nodes 86
intestinal villus 95
intestine, small 90, 95, 96
iris 124, 125, 126
irregular bone 22
ischium 25, 31
isthmus of the thyroid gland 141
isthmus of uterine tube 118

English index

J

jejunum 95
joints, main 48
jugular vein, external 79, 80
jugular vein, internal 79, 80

K

keratin 135
keratinocyte 135
kidney 110, **112,** 140
kidney, frontal section 113
kidney, left 112
kidney, right 112
kidneys, anterior view 112
knee 16, 18
knee, anterior view 52
knee, extended; anterior view 52
knee joint 48
kyphosis 29

L

labia majora 118, 120
labia minora 118, 120
labial angle 91
lacrimal bone 26
lactiferous duct 121
lactiferous sinus 121
large intestine 90, 95, 96
laryngopharynx 104
larynx 91, 102, 104, 107, 141
leg 17, 19
leg, posterior view 71
lens 124, 126
lesser curvature of stomach 94
lesser zygomatic muscle 40
ligament 50
light rays 125, 126
limb, lower 44
limb, lower; anterior view 44
limb, upper 42
limb, upper; anterior view 42
limbic system 63, 131
linea alba 38, 41
lingual tonsil 132
lip, lower 91
lip, upper 91
lipids 8
lips 91
little finger 17
liver 90, **98,** 99, 140
liver, anterior view 98
lobar bronchus 106
lobe, left inferior 105
lobe, left superior 105
lobe, middle 105
lobe, right inferior 105
lobe, right superior 105
lobe of liver, left 98
lobe of liver, right 98
lobe of mammary gland 121
lobe of the thyroid gland 141
long bone, cross section 23
longitudinal fissure 62
lumbar lordosis 29
lumbar nerves 69
lumbar plexus 70
lumbar vertebra, second 66
lumbar vertebrae 28, 29
lumbosacral trunk 70
lumen 77
lunate bone 32
lung, left 105
lung, right 105
lungs 76, 102, **105,** 107
lunula 137
luteal phase 119
lymph 87
lymph node, cross section 87
lymphatic duct, right 86
lymphatic system, organs 86
lymphatic vessel 87
lymphatic vessel, cross section 87
lymphocyte 75

M

macular area 124
main bronchus, left 106
main bronchus, right 106
malleolus, lateral 24, 33
malleus 129
mammary gland 121
man 16
man, anterior view 16
man, posterior view 17
mandible 24, 26, 27, 92
manubrium 30
masseter muscle 40
mastoid process 26
maxilla 24, 26, 92
maxillary sinus 103
medial condyle of femur 25
medial cuneiform 33
medial epicondyle 25
medial malleolus 24
medial meniscus 52
medial rectus muscle 126
medial vastus muscle 44
median lingual sulcus 132
median nerve 70, 71
medulla oblongata 64, 66
medullary cavity 23
Meissner's corpuscle 134
melanocyte 135
meninges 65
meniscus, lateral 52
mentalis muscle 40
mesenteric artery, inferior 78
mesenteric artery, superior 78
mesenteric vein, inferior 99
mesenteric vein, superior 99
metacarpophalangeal joints 54
metacarpus 32
metaphase 12
metaphysis 22
metatarsal 33
metatarsus 33
microfilament 8
microgliacyte 60
microtubule 8
microvillus 10
midbrain 64
middle cerebral artery 80
middle ear 128
middle finger 17
mitochondrion 8
mitosis 12
mitotic spindle 12
mitral valve 82
mixed nerve, section 67
molar, section 93
molars 92
monocyte 75
mons pubis 120
motor cortex 63
motor neuron 37, 67
motor root 66, 69
mouth 16, 18, 90, **91,** 102, 104, 130
mouth, external view 91
mouth, sagittal section 91
mucous cell 10
mucous gland 10
mucous membrane 10
mucous membrane of small intestine 95
mucous membrane of stomach 94
mucous membrane of tongue 132
mucous membrane of urinary bladder 111
mucous membrane of vagina 118
mucus 10
muscle fiber 9, 37, 67
muscle fiber, striated 36
muscle fibers, bundle 37
muscle tissue 37
muscles 36, 37, 50
muscles, main 38
muscles, main; anterior view 38
muscles, main; posterior view 39
muscles, types 36
muscularis mucosae 10
myelin 59
myocardium 82
myofibril 37
myometrium 118
myopia 127

English index

N

nail 137
nail bed 137
nail matrix 137
nail root 137
nape 17, 19
nasal ala 103
nasal bone 26
nasal cavity 91, 102, 103, 104
nasal cavity, sagittal section 130
nasal conchae 103, 130
nasal mucus 131
nasal muscle 40
nasal septum 103
nasolacrimal canal 103
nasopharynx 104, 130
navel 16, 18, 41
navicular bone 33
neck 17, 19, 93
neck of urinary bladder 111
nephron 113
nerve 93
nerve fascicle 67
nerve fiber 67, 125, 129, 133, 134
nerve impulse 60
nerves, main; anterior view 70
nervous system, structure 58
nervous tissue 60
neurohypophysis 142
neuron 9, **59,** 60
neuron, structure 59
neurotransmitter 60
nipple 121
nitrogenous base 13
node of Ranvier 59
norepinephrine 143
nose 18, 103
nostril 103, 130
nuclear envelope 9
nucleolus 9
nucleoplasm 9
nucleotide 13

O

object 126
oblique cord 53
oblique fissure 105
oblique muscle, external 38, 41
oblique muscle, inferior 126
oblique muscle, internal 41
oblique muscle, superior 126
obturator foramen 31
obturator nerve 70
occipital bone 26, 27

occipital lobe 62
occipital muscle 39, 40
oculomotor nerve 68
odorous molecule 131
olecranon 25
olfactory bulb 63, 130, 131
olfactory cell 131
olfactory cilium 131
olfactory epithelium 130, 131
olfactory nerve 68, 131
oligodendrocyte 60
oocyte 119
optic chiasm 61
optic disk 124
optic nerve 68, 124, 126
orbicular muscle of eye 40
orbicular muscle of mouth 40
orbit 26
organ of Corti 129
origin 36
oropharynx 104
ossicles 129
osteocyte 9, 23
osteon 23
oval window 129
ovarian cycle 119
ovarian follicle 119
ovary 118, 119, 120, 140
ovulation 119
ovulatory phase 119
ovum 9, 119

P

Pacinian corpuscle 134
palatine bone 27
palatine tonsil 132
palmar aponeurosis 42
palmar digital veins 81
palmar muscle, long 42
palmar muscle, short 42
pancreas 90, **97,** 99, 140
pancreas, head 97
pancreatic duct 97
pancreatic duct, section 97
papillary muscles 82
parafollicular cell 141
paranasal sinuses 103
parathyroid gland 140, 141
parietal bone 26
parietal lobe 62
parietal pleura 107
patella 24, 52
patellar ligament 52
pectineal muscle 44
pelvis 31

pelvis, man's; anterior view 31
pelvis, woman's; anterior view 31
penis 16, 116
penis, cross section 117
pericardium 82
perilymph 129
perimysium 37
perineurium 67
periosteum 23
peripheral nervous system 58, **67**
phalanges of fingers 32, 54
phalanges of toes 33
phalanx, middle 32, 33
phalanx, proximal 32, 33
pharyngeal tonsil 104
pharynx 90, 91, 102, 104
photoreceptor 9
pia mater 65, 66
pineal gland 64, 140
pisiform bone 32
pituitary gland 61
pituitary stalk 142
plasma 74
platelet 74, 75
platysma 38, 40
pleura 105, 107
pleural cavity 107
pons 64
popliteal artery 78
popliteal lymph nodes 86
popliteal vein 79
posterior auricular muscle 40
posterior cerebral artery 80
posterior cruciate ligament 52
posterior interosseous nerve of forearm 71
posterior tibial artery 81
posterior tibial vein 81
postsynaptic membrane 60
precapillary sphincter 77
premolars 92
procerus muscle 40
progesterone 119
proper palmar digital arteries 81
proper palmar digital nerves 71
prophase 12
prostate 116
protein 8
pseudopod 8
pubic symphysis 31, 48
pubis 25, 31, 116, 120
pulmonary alveolus 106
pulmonary arteries 76, 106
pulmonary artery, left 82
pulmonary artery, right 82
pulmonary circulation 76
pulmonary trunk 82

157

English index

pulmonary valve 82
pulmonary vein 106
pulmonary veins 76
pulmonary veins, left 82
pulmonary veins, right 82
pulp, red 87
pulp, white 87
pupil 124, 125
pyloric antrum 94
pyloric sphincter 94
pylorus 94

Q

quadrate pronator muscle 42
quadriceps muscle of thigh 38, 52

R

radial artery 78, 81
radial flexor muscle of wrist 42
radial nerve 70, 71
radial vein 79, 81
radius 24, 32, 53, 54
rectum 96, 116, 120
rectus abdominis muscle 41
rectus muscle, inferior 126
rectus muscle, lateral 126
rectus muscle, superior 124, 126
rectus muscle of thigh 44
rectus sheath 41
renal artery 78, 112
renal calix 113
renal column 113
renal cortex 113
renal medulla 113
renal pelvis 113
renal pyramid 113
renal tubule 113
renal vein 112
respiratory system, organs 102
respiratory tract, upper 103
retention 111
retina 124, 125, 126
rib, head 30
ribosome 8
ribs 24, 30
ring finger 17
risorius muscle 40
rod 125
root 93
root apex 93
round pronator muscle 42
round window 129
Ruffini's corpuscle 134

S

sacral nerves 69
sacral plexus 70
sacral vertebrae 28
sacrum 25, 28, 31
saliva 133
salivary glands 90, 133
saphenous nerve 70
saphenous vein, small 79
sarcolemma 37
sartorius muscle 38, 44
scalp 65
scaphoid bone 32
scapula 25, 53
sciatic nerve 70
sclera 124
scrotum 116
sebaceous gland 121, 136
sebum 136
secretory cell 10
semicircular canals 129
semimembranous muscle 39
seminiferous tubule 117
semitendinous muscle 39
sensory cortex 63
sensory impulse 125
sensory neuron 67
sensory receptor 67
sensory root 66, 69
serratus anterior muscle 38, 41
sex chromosomes 13
shoulder 16, 19
shoulder, anterior view 53
sight 124
skeletal muscle 36
skeletal muscle, structure 37
skeleton, anterior view 24
skeleton, posterior view 25
skin 67, 134
skin, section 134
skull 24, 26, 65
skull, bottom 27
skull, lateral view 26
skull, sagittal section 27
smell 130
smell, mechanism 131
smooth muscle 36, 77
smooth muscle fiber 36
soft palate 91, 104, 130
soleus muscle 38, 44
sound vibrations 129
spermatic cord 117
spermatozoon 9
sphenoid bone 26, 27, 142
sphenoidal sinus 27, 103, 104, 142
sphincter of Oddi 97
spinal cord 58, 66, 69
spinal cord, central canal 66
spinal ganglion 69

spinal nerves 58, 66, 69
spinous layer 135
spinous process 29, 55
spleen 86, 99
spleen, cross section 87
splenic artery 87
splenic vein 87, 99
spongy body of penis 116, 117
spongy bone tissue 23
squama 135
stapes 129
sternocleidomastoid muscle 39, 40
sternocostal joints 48
sternum 24, 30
stomach 90, 94, 95, 99
styloid process of temporal bone 26
subarachnoid space 65, 66
subclavian artery 78, 83
subclavian veins 79, 86
subcutaneous tissue 134, 137
submucosa 10
sulci 62
superficial fibular nerve 70, 71
superficial flexor muscle of fingers 42
superficial palmar arch 81
superficial palmar venous arch 81
superficial temporal artery 80
superficial temporal vein 80
superficial transverse metacarpal ligament 42
suprarenal gland 110, 112, 140, 143
suprarenal gland, section 143
supraspinous ligament 55
suspensory ligament 124
synapse 60
synaptic cleft 60
synaptic knob 59, 60, 67
synaptic vesicle 60
synchondroses of vertebral column 48, 49
synovial joint, cross section 50
synovial joints 48, 50
synovial joints, examples 51
synovial membrane 50
synovial sheaths of toes 45
systemic circulation 76

T

tactile meniscus 134
tail of pancreas 97
talus 25, 33, 51
tarsus 33
taste 132
taste bud 133
taste cell 133
teeth 92
telophase 12
temple 16, 18
temporal bone 26, 27, 129
temporal lobe 62

English index

temporal muscle 40
temporomandibular joint 48
tendon 36, 37, 50, 54
tensor muscle of fascia lata 41
teres major muscle 39
terminal filum 66
terminal sulcus 132
testis 116, 140
testis, section 117
thigh 17, 19
thoracic aorta 78, 83
thoracic cage 30
thoracic cage, anterior view 30
thoracic cage, transverse section 30
thoracic duct 86
thoracic lymph nodes 86
thoracic nerves 69
thoracic vertebra, first 30
thoracic vertebra, twelfth 30
thoracic vertebrae 28, 29, 30
thoracic vertebrae, lateral view 55
thorax 16, 18
thorax and abdomen 41
thorax and abdomen, anterior view 41
thumb 17
thymine 13
thymus 86
thyroid cartilage 104
thyroid follicle, section 141
thyroid gland 140, **141**
thyroid gland, anterior view 141
thyroid gland, posterior view 141
thyroid hormones 141
tibia 24, 33, 51, 52
tibial collateral ligament 52
tibial nerve 70, 71
tibiofibular ligament 51
tissue 10
toe 16
toe, big 18
toe, fourth 18
toe, little 18
toe, second 18
toe, third 18
tongue 91, 104
tongue, superior view 132
tongue's surface, section 133
tonsils 86
tooth 91
touch 134
trachea 102, 104, 105, 106, 107, 141
tracheal cartilages 107
tragus 128
transverse process 29, 55
trapezium bone 32
trapezius muscle 39

trapezoid bone 32
triceps muscle of arm 39, 42
tricuspid valve 82
trigeminal nerve 68
trigone of urinary bladder 111
triquetral bone 32
trochlear nerve 68
true ribs 30
trunk 17, 19
tunica adventitia 77
tunica intima 77
tunica media 77
tympanic membrane 129

U

ulna 24, 32, 53, 54
ulnar artery 78, 81
ulnar extensor muscle of wrist 43
ulnar flexor muscle of wrist 42
ulnar nerve 70, 71
ulnar vein 79, 81
upper respiratory tract, sagittal section 104
ureter 110, 111, 112, 113
ureteric orifice 111
urethra 111
urethra, female 110
urethra, male 110, 116, 117
urethral orifice 116
urethral sphincter, internal 111
urinary bladder 110, **111,** 116, 120
urinary bladder, frontal section 111
urinary system, man's; anterior view 110
urinary system, organs 110
urinary system, woman's; anterior view 110
urination 111
urine 113
uterine tube 118, 119, 120
uterus 120
uterus, uterine cavity 118

V

vacuole 8
vagina 118, 120
vagus nerve 68
valve 77, 87
vastus muscle, lateral 44
vein 76
vein, section 77
veins, principal; anterior view 79
vena cava, inferior 76, 79, 82, 99, 112
vena cava, superior 76, 79, 82
venous blood 76
venous sinus 80
ventral branch 69

ventricle, fourth 64
ventricle, lateral 61
ventricle, left 76, 82
ventricle, right 76, 82
ventricle, third 61
venule 106
vermiform appendix 96
vermis 64
vertebra prominens 28
vertebral arch 29
vertebral artery 80
vertebral body 29, 49, 55
vertebral column 24, **28**
vertebral column, anterior view 28
vertebral column, cross section 66
vertebral column, lateral view 29
vertebral foramen 29
vertebral pulp 49
vestibular nerve 129
vestibule 129
vestibule of vagina 118
vestibulocochlear nerve 68
visceral pleura 107
vision, mechanism 126
vision defects 127
vitreous body 124
vocal cords 104
vomer 27
vulva 18

W

white matter 61, 64, 66
wisdom tooth 92
woman 18
woman, anterior view 18
woman, posterior view 19
wrist 17, 19
wrist and hand, dorsal view 54
wrist joint 48

X

xiphoid process 30

Z

zona fasciculata 143
zona glomerulosa 143
zona reticularis 143
zygapophysial joints 48, 55
zygomatic bone 26, 27
zygomatic process 27

French	Le visuel du corps humain.
611	Aurora P.L. MAR10
.003	33164004098989
Vis